低碳创新与城市责任

——2010年上海青年学者城市低碳研究报告

于宏源　等著

海洋出版社

2010年·北京

图书在版编目（CIP）数据

低碳创新与城市责任：2010年上海青年学者城市低碳研究报告/于宏源等著．—北京：海洋出版社，2010.9
ISBN 978-7-5027-7810-1

Ⅰ.①低… Ⅱ.①于… Ⅲ.①城市环境-生态环境-城市建设-研究报告-上海市②城市-节能-研究报告-上海市
Ⅳ.①X321.251

中国版本图书馆CIP数据核字（2010）第164121号

责任编辑：庞从容
责任印制：刘志恒

海洋出版社 出版发行

http：//www.oceanpress.com.cn
北京市海淀区大慧寺路8号　邮编：100081
北京海洋印刷厂印刷　新华书店北京发行所经销
2010年9月第1版　2010年9月第1次印刷
开本：880 mm×1230 mm　1/32　印张：9
字数：225千字　定价：28.00元
发行部：62147016　邮购部：68038093　总编室：62114335
海洋版图书印、装错误可随时退换

感谢 WWF 对
"上海气候变化青年学者沙龙"
和"上海气候变化工作室"
活动的支持

本书为国家社会科学基金一般项目"限容和创新:气候变化两大挑战的综合研究"(项目批准号码:09BGJ008)和国家社会科学基金青年项目"气候变化框架下国际贸易法的创新与我国的应对策略研究"(项目批准号码:10CFX083)的阶段性成果。

于宏源和 IPCC 主席帕乔里

于宏源和联合国环境署创始主任莫利斯·斯特朗

于宏源和美国能源部长朱棣文

上海气候变化工作室成员在上海环境能源交易所的合影

序

很高兴能为"上海气候变化青年学者沙龙"活动的总结——《低碳创新与城市责任》作序,同时,也利用这个机会谈谈对青年学者在应对气候变化与上海低碳城市建设中所发挥作用的一些感受。

气候变化是全球性的科学、政治、经济和发展的议题。对于 WWF(世界自然基金会)这样的非政府环境保护组织来说,应对气候变化的行动是减少人类生态足迹和保护生物多样性的依托和实践,需要学界、政府、企业和社会公众的积极而又广泛的参与。从国际气候谈判到地方低碳发展探索,我们高兴地看到越来越多的中国学者在积极行动,尤其是一些知名学者,代表中国学界在很多场合发表了自己的意见和看法。

作为 WWF 上海项目,我们希望能够为上海低碳城市建设示范的不同利益相关方搭建一个沟通交流的平台,为包括学者、决策者、企业家、媒体和公众在内的有志之士提供学习交流的机会,共同探索应对气候变化、低碳发展之道。其中积极活跃的青年学者们不可或缺;因此,当一直致力于国际问题研究的于宏源博士以"上海气候变化工作室"召集人的身份带着"上海气候变化青年学者沙龙"活动策划与我们接触的时候,我们非常高兴。因为这与我们项目目标相符,能为青年学者提供拓展研究思路和发声的机会。

这一活动模式为青年学者们提供了一个很好的与政府、企业、非政府组织以及社区直接对话的机会。通过实地调研与沟通,这些不同学科背景的青年学者们可以从各自的视角来观察理解应对气候变化这一复杂的"跨界"难题,思考城市低碳发展之路,并依托他们背后的资源将这些思考和影响传播出去。当然,活动也为参与单位提供一个

了解国际战略趋势和学术前沿观点的机会,可谓双赢。

2010年是上海世博之年,也是媒体所称的"低碳元年"。全社会都在关注"低碳"和"世博",关注切实的低碳解决方案,关注世博低碳效应的扩散。WWF是上海世博会唯一参展的国际非政府环境保护组织,以自身行动支持着"低碳世博",沙龙活动与总结报告也在其中。

这份报告很长,充分展示了这一批年轻学者活跃的思维和想要表达的意愿。我们看到,即使对于同一问题,不同青年学者所持观点和看法也不尽相同,因为学术研究本身就是追求思辨,鼓励百家争鸣,百花齐放。当然,这些观点只代表这些青年学者自己的观点。我们也看到,总结报告中对宏观趋势分析很多,希望将来有更多的实际方案和最佳实践能够通过他们的眼睛去发现,去分析,去传播。

WWF上海项目主任　任文伟　博士

前　言

迈入21世纪，低碳发展已成为国际社会普遍关注的重要问题。低碳的影响远不限于生态环境本身，也对人类价值观念、经济社会发展方式和人类生活方式等提出了重要挑战，甚至对国际秩序和人类文明形态以深层次冲击。中国政府高度重视应对气候变化和低碳发展问题，胡锦涛总书记指出：要从全面建设小康社会、加快推进社会主义现代化的全局出发，科学判断应对气候变化对我国发展提出的新要求，充分认识应对气候变化工作的重要性、紧迫性、艰巨性，把应对气候变化作为我国经济社会发展的重大战略和加快经济发展方式转变和经济结构调整的重大机遇。温家宝总理在十一届全国人大三次会议所做的政府工作报告中指出，要努力建设以低碳排放为特征的产业体系和消费模式，积极参与应对气候变化国际合作，推动全球应对气候变化取得新进展。

一、全球应对气候变化进入新的阶段

气候变化成为国际社会的关注焦点有一个逐步演变过程。早在1988年联合国大会就通过了为当代和后代人类保护气候的决议；1992年联合国环境与发展大会通过《联合国气候变化框架公约》（以下简称《公约》）；1997年12月日本京都会议通过了旨在限制发达国家温室气体排放量以抑制全球变暖的《京都议定书》（以下简称《议定书》）；2007年印度尼西亚巴厘岛大会通过了"巴厘路线图"，确定了在《公约》和《议定书》下双轨谈判的进程，要求发达国家制定出2012年后量化的减排指标，发展中国家在发达国家提供技术和资金的支持下，采取具有实质性效果的国内减缓行动。

2009年12月关系到后京都制度安排的哥本哈根气候变化大会如期召开，但大会过程中出现的外交波澜说明发达国家和发展中国家的矛盾空前激烈。在金融危机和新兴大国经济持续增长等因素推动下发达国家越来越不愿意承担强制性减排义务并给予发展中国家资金技术支持，他们积极通过各种形式让发展中国家尤其是新兴大国承担实质性减排义务。经过中、巴、印、南"基础四国"坚定的支持和推动，哥本哈根大会最终达成了一项没有法律约束力的政治协议。该协议延续"巴厘路线图"的谈判进程，授权《公约》和《议定书》两个工作组继续进行谈判，标志着国际社会应对气候变化将进入一个新的阶段。《哥本哈根协议》最终维护"共同但有区别责任"的原则，坚持了"巴厘路线图"的授权，维护了《公约》和《议定书》"双轨制"的谈判进程，反映了各方自"巴厘路线图"谈判进程启动以来取得的共识，也包含了包括我国在内的各方的积极努力。

需要指出的是与哥本哈根谈判的国家间较量相伴随，国际社会关于气候变化的怀疑主义也重新抬头，气候科学家邮件曝光、喜马拉雅山冰雪融化时间出现失误以及近五年全球平均气温下降趋势都深刻冲击着大众心理。根据最近美国的一项民间问卷调查显示，认同变暖观点的比例已经下降到40%左右，而一年前这个比例还高达70%。与这种怀疑主义相伴随，人们对政治经济技术手段应对气候变化的成本和效果越发担忧，国内一些学者也开始提出气候变化只不过是发达国家用来限制发展中国家崛起的工具这一论调。在这一氛围下国际各方都在不断调低各方气候变化应对和各种国际会议成果预期，可以预测国际社会已不可能短期内拿出有法律意义的协议文本。全球气候变化应对进程受到重大打击，同时也折射出一个值得注意的事实，那就是各国都在向对方喊话，希望其他国家在全球性气候变化上做出更大贡献，而把自身置于观望的有利位置。这种做法在国际政治经济博弈中也无可厚非，但问题是是否可能会实质性贻误气候变化应对的最佳时机，是否可能失去全球范围内可持续发展最好的政策探索。

二、应对气候变化已成为国家行动

虽然气候变化科学认知仍然存在极大的不确定性，虽然温室气体减排的环境意义可能并不是那么显著，但在欧美等国塑造下气候变化已成为政治正确性议题即无论承认不承认都得参与全球行动框架下并承担某种义务，都得从法律、政治、经济、社会、技术等不同领域众多角度采取行动。或者积极发展以新能源产业为核心的低碳经济、或者着力推动总量与交易碳排放制度、或者行命令与控制的法律法规或者积极研究环境税，无论哪一种措施都会对企业生产和居民生活构成明显影响，提高生产和消费成本，这实质性说明气候变化绝不仅仅是环境议题更是关涉经济发展模式的发展议题。

我国是一个正处于高速工业化和现代化的发展中国家，在经济增长和化石燃料驱动下二氧化碳排放呈迅猛增长态势，这不但实质上影响到了国际形象招致了严峻舆论压力而且也实实在在说明了经济发展模式转换的必要性，某种意义说气候变化已经成为我国科学发展最主要的限制性要素。正因为如此，党中央、国务院高度重视应对气候变化问题，先后做出重大战略部署。2007年6月，中国正式发布《中国应对气候变化国家方案》。2007年9月8日，胡锦涛主席在亚太经合组织（APEC）第15次领导人会议上明确主张"发展低碳经济"。2007年12月26日，国务院新闻办发表《中国的能源状况与政策》白皮书将可再生能源发展正式列为国家能源发展战略的重要组成部分。2009年11月26日正式对外宣布控制温室气体排放的行动目标。低碳城市已经成为未来城市发展的必然方向。

三、上海市与低碳发展

气候变化应对实质是经济竞争力，低碳发展实质就是一场崭新的产业革命，这场产业革命不仅对能源效率和能源结构提出革命性的要求，还会对城市的生产方式和生活方式提出史无前例的挑战。中央提出的2020年单位GDP二氧化碳排放在2005年基础上减少40%～45%，各地区目标任务分解过程中上海必定需要承担相应指标，而指标落实又需要相当基础工作比如企业温室气体信息通报、监测、核实，上海作为中国经济社会发展的领头羊无疑发挥着重要作用，那么上海低碳城市建设情况究竟如何呢？目前上海碳排放与经济增长已处于相对弱脱钩阶段，但能源强度（能源利用效率）和碳生产率仍然高于全国平均水平，但人均碳排放量却是全国平均水平2倍，无论单位GDP能耗还是人均碳排放与香港、东京、纽约相比都存在较大差距；城市化率虽已接近90%，工业化也接近中期的后半段，但上海固定资产投资仍然呈现高速增长态势，从产业结构看重工业依然占据较大比重。目前钢铁、石化、交通运输等重化行业的用能量还保持上升趋势，前几年投资的高耗能工业项目预计至未来几年将进入产出期，进一步拉动上海的能源消费量。统计数据显示上海各种能源结构虽趋于改善，但是从消费总量上化石能源消费总量仍然高达60%以上，可再生能源利用不足倾向仍比较突出。以上均说明上海经济技术减排潜力巨大，加强低碳城市的规划和管理很有必要。

全球低碳未来和低碳核心技术的勃兴将在世界范围内提升能源产业及其装备制造业的战略地位，上海企业既面临着空前的竞争压力，又存在跨越式发展的机遇。在这个过程中要积极加强应对气候变化的法律法规、政策体系和管理机制建设，为企业低碳发展营造良好的制度环境、政策环境和市场环境，把政策激励和企业自身发展动力结合起来，使企业自身最终形成低碳技术发展模式并掌握低碳核心技术。鉴于上海产业结构和产能，进行产业升级、淘汰落后产能，提高能效，积极进行绿色能源的投资是必要的，但更重要的是要通过鼓励技术创新、推动立法、转变消费模式、建立碳市场等方法建立适应气候变化的市场机制和产业体系，同时适当调整贸易政策，适当限制高能耗产品的出口，并扩大工业制成品进口。

发展低碳经济目前是科学发展观的重要内容，上海市政府认识到发展低碳经济既是国家可持续发展的内在要求，也是自身实现经济转型升级、提高综合竞争力的有效途径，有意识地制定出了发展低碳经济的财政和税收激励政策，先后在工业节能、交通节能、建筑节能、新能源、资源循环利用等方面进行了相关技术、资金安排，为低碳经济的发展奠定技术基础。然而总体说来上海低碳经济的状况并不乐观，如能耗增长过快、能耗结构不合理、产业结构过于重化，居民低碳意识尚欠不足，防止气候变化的资金、技术、制度能力上都还比较薄弱。上海作为中国对外开放的窗口，航运中心、金融中心、经济中心在这一场涉及生产模式、生活方式、价值观念和国家权益的全球性革命中，显然也不应该落后世界其他城市。

笔者和研究上海市气候变化的其他学者对上海企业、政府和非营利组织进行一系列参访，调研低碳产业中的交通、建筑、规划、静脉园区和智慧城市等领域。通过上述活动，收集经验案例，组织专业文章，并利用本地媒体及2010年上海世博会论坛等平台，研讨上海市低碳经济发展中的问题，消释企业在发展低碳经济中的瓶颈，促进上海政府企业协同减排，提升公民绿色理念，推动建设上海低碳城市。这些研讨活动的成果汇聚成本书的基本内容。本书的主要内容涵盖：
（一）世博会和低碳城市发展战略研究。应对气候变化是一项系统工程，建设低碳城市是应对气候变化的必然选择。分析全球应对气候变化给中国城市发展带来的影响，基于中国国情，提出中国低碳城市发展战略。（二）建设上海低碳城市的对策研究。分析中国建设低碳城市的进展、困难和需要采取的推进措施。研究国家宏观调控和具体政策措施比如下达节能减排具体指标在主要城市的具体执行情况，成功程度以及对居民、企业和消费者造成的影响进行评估。以上海为例，评估上海低碳发展进展，分析气候变化对上海造成的负面和正面影响，形成的净损失，研究上海作为世界自然基金会的低碳经济试点城市，发展低碳经济的现状、面临的主要困难、已经采取的政策措施和这些政策措施效果的评估，以及需要着力推进的措施和领域。同时通过调研还可以与世界其他主要城市比较，了解上海碳排放节能水平与世界先进城市的差距以及应该借鉴的经验。（三）上海应对气候变化机制与低碳城市发展研究。详细比较国外低碳经济主要政策工具如碳税与碳排放交易的政策效果，从而对碳税、碳排放交易在不同层次尤其是城市层次上的应用性做出初步分析。（四）上海企业低碳发展研究。企业是城市经济的基本单位，是应对气候变化的关键主体。对我国示范性大型企业调研了解重点能耗性企业如何应对海内外节能减排，并对他们的措施和成功的经验进行推介等。根据上述四个部分主题研讨和相关研究成果，本书分成三篇：第一篇是世博会与城市低碳发展；第二篇是上海国际中心建设与低碳发展的国际挑战研究；第三篇是上海企业低碳发展研究。各篇由上海市气候变化工作室举办的圆桌会议讨论纪要开篇，分为两个部分发表研究成果，第一部分为上海气候变化工作室主题报告，由笔者主笔。第二部分为上海气候变化工作室专家，由各位与会的专家学者主笔。各章节按顺序排列。

2010年的上海世博会这一特大活动成为低碳发展难得历史机遇，希望本书的出版能够为提倡低碳发展和迎接世博会做出贡献。有人说"如果此届世博会有什么特色的话，那就是低碳"，总的说来世界博览会低碳主要归结为战略、经济、技术和理念四大方面，低碳城市体现了世博会所弘扬的新技术、新理念、新文化。低碳创新是解决人类发展中面临的挑战的重要技术保障和有效措施，当前各国对低碳的理解不尽一致，对发展低碳城市的政策各不相同，亟须凝聚未来低碳发展道路的共识。在这一历史机遇下，上海世博会可以推进全球形成低碳城市的共识。如果上海市政府能有效结合世博会这一战略工具协同使用多种政策工具那必然就能推进低碳城市建设,实现经济和环境协同,从而最大限度地体现"城市,让生活更美好"这一主题。

于宏源　李威

2010年6月于上海

上海气候变化工作室简介

"上海气候变化工作室"成立于 2009 年初,由上海地区研究气候变化问题的自然科学与社会科学领域的青年学者和专家组成,致力于研究气候变化对上海乃至我国的政治、经济影响及应对策略的学术论坛和松散型研究项目课题组。

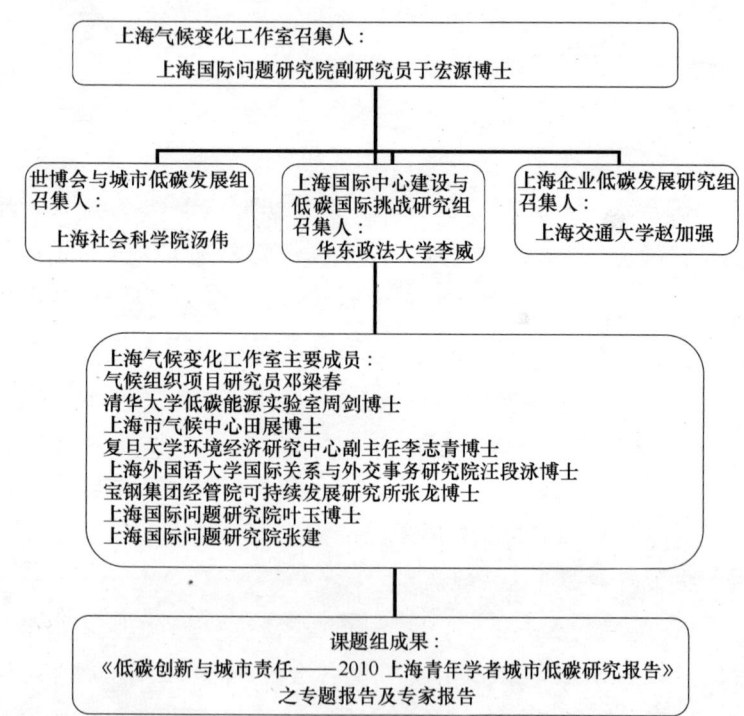

"上海气候变化工作室"由上海国际问题研究院于宏源副研究员牵头组织,核心成员包括气候组织项目研究员邓梁春、清华大学低碳能源实验室周剑博士、上海市气候中心田展博士、复旦大学环境学院

上海气候变化工作室第一次圆桌会议纪要

2010年世博会在上海召开给上海经济社会发展带来了一次难得的历史机遇，同时也给上海低碳城市建设带来诸多推动。这种推动作用显然不局限于公众参观、论坛思想理念阐发，更不局限于世博会所联系的城市建筑更新，而是与理念普及、经济增长、技术应用、大众行为变化、制度创新深刻联系在一起。上海气候变化工作室集中青年学者，以世博会与低碳城市发展为研讨主题，本次圆桌讨论由于宏源博士召集，在上海国际问题研究院进行。上海国际问题研究院于宏源副研究员、同济大学环境科学与工程学院牛冬杰博士、复旦大学环境经济研究中心副主任李志青博士、华东政法大学国际法研究中心李威博士、上海外国语大学国际关系与外交事务研究院汪段泳博士、上海社会科学院汤伟博士、上海交通大学法学院赵加强博士和上海国研院信息研究所张建博士参加了本次论坛，并于会后撰写主题报告及专题论文。

本次气候变化工作沙龙中各位专家的主要观点如下：

与会专家普遍认为，一座城市要称得上低碳城市，起码应做到以下三点：一是经济增长和碳排放脱钩；二是单位GDP衡量温室气体排放（碳强度）持续下降；三是高碳的生活方式和消费偏好得到根本性扭转。世博会低碳效应首先表现在战略效应上，其次表现在技术效应上，再次表现在经济效应上，最后表现在理念效应上。历届世博会从诸多方面推动了城市发展，推动经济增长、增加就业、创新科技形成颇具特色的产业区域群和生态环境，甚至从根本上提升城市文化和品位，而上海世博会在气候环境变化大背景下从战略、技术、经济和理念几方面将低碳引入上述效应。

于宏源博士指出，世博会"城市，让生活更美好"提出环境变化中的城市责任，其概念进一步深化就是城市政府责任、城市居民责任和城市企业责任的三维分度，企业尤其是能源型企业和环境危机、气候变化息息相关。重视企业环境责任的建立与世博会应展开全面的协调共进。上海为代表的城市也必须首先做好应对未来低碳发展的责任，显然在这一过程中中国企业尤其是能源企业的作为将起着不可或缺的基础性作用，而世博会无疑将成为整合这种发展的历史性地标。

汤伟博士指出，历届世博会从诸多方面推动了城市文化和城市发展，而上海世博会低碳效应的落实仍然需要适当条件和途径。世博会是人类经济技术发展史上的盛会，随着时代的发展必然也会对时代的要求做出回答，而气候变化作为人类目前遇到的最棘手的环境问题也必然在世博会上有所展现并要求做出某种形式的回应。在哥本哈根谈判无果而终，气候变化国际政治正确性越演越烈的条件下，中国上海在世博会上如何表现不仅关系到国际形象，还关系到未来的发展空间和国际竞争力，因此世博会的低碳效应已不是需不需要的问题，而是如何更好的问题。

与会各位专家讨论指出，以下问题将有助于政策制定者和城市居民抓住本城市可持续发展活动的灵魂：（1）究竟是什么影响了城市的可持续发展，是过分的消费还是经济的粗放型增长；（2）究竟是什么是导致城市目前可持续技术和措施不上位，是成本太高还是技术没有成熟或者体制和制度上出现了问题；（3）究竟是什么导致城市居民的节能或者环保意识还不够高，是习惯使然还是利益使然；（4）究竟是什么导致目前企业对循环经济和能源的可持续发展兴趣不高，是无利可图还是政策不够到位；（5）究竟哪条途径更能促进城市循环经济和能源可持续发展，是政府还是市场？通过对这些问题的讨论，各位专家指出,我国的城市循环经济和能源利用的可持续发展将更加符合和谐社会以人为本的要求,也更加符合城市可持续发展所必需的科技、经济、资源内涵,最终不但能完成城市快速而理性和均衡的发展还能实现城市居民体制和观念的整体变革。

与会专家指出,城市作为国家的基本行政单元,对上需要对国家负责,对下需要对企业、市民负责,因此对于气候变化这样的全球性问题,城市责任十分明确。安全化趋势要求城市意识到气候变化不仅是关涉自身的环境问题,而且是关系到自身的安全问题。气候变化法律化趋势对气候变化中的城市责任提出了刚性要求。只要国家对温室气体减排予以法律确定并对达成目标的方法和制度予以规定,那么城市作为该国的行政单位就必然需要承担相应的责任,法律彻底解决了悬而未决的政治意愿问题。

汤伟博士指出,鉴于气候变化中的城市责任说明低碳城市的必要性,然而发展低碳城市并不只是雄心壮志,需要踏踏实实的行动和足够充分的准备。

李威博士则从国际法的视角指出上海建设碳金融中心的路径。他指出,当金融和气候危机肆虐全球的时候,基于国际金融体制改革和全球应对气候变化的背景,正在承办世博会的上海获得了谋建新兴国际金融中心的历史机遇,而将金融与气候两"危"化解为"碳金融"之机,需要以全球化的视角,充分利用现有国际多边机制的平台,在贯彻"负责任大国"的国际形象之余,促进国际金融法和国际环境法的改革向有利于我国可持续的经济和金融安全的方向发展。在减缓与适应气候变化的国际协作之中,积极争取话语权,以最大化地争取未来的排放权利空间;也应积极争取对国际货币基金组织和世界银行改革的影响力,以"碳货币"的创新设想为起点,最大化地拓展人民币未来的国际地位。基于以上构想,应以政府为主导,着力推动以上海为中心的碳信用市场的建立,整合京津沪等地现有的碳交易机构,积极筹建以中央银行为监管主体、以商业银行为运行主体,以专业交易机构为核心,各类中介机构和国内重要企业广泛参与的,统一协调的"碳金融"体系。总之,通过上海建设国际金融中心的规划,树立应对气候变化和金融危机的双重目标,将为上海确立国际"碳金融"中心的发展方向。

田展博士指出,哥本哈根会议背景、实质及对上海的发展产生了积极的影响,利用世博契机,建立可测度的上海低碳城市发展目标规划与路线图,打造上海碳交易金融中心,在城市发展规划中充分考虑气候变化,加强气候变化的基础研究、广泛加强国际和区域气候变化合作。

于宏源博士指出,打造低碳世博,是一个相对持续的宣传和倡导过程,需要充分发挥媒体的重要作用,引导社会各界的广泛参与和共同努力,积极倡导低碳的生产、生活和消费行为。

同济大学环境科学与工程学院牛冬杰博士指出,采用经验估算法,对上海和东京的陆地碳汇总量进行估算,通过两个城市的园林绿地、湿地、耕地等类型碳汇的对比分析,提出了增强上海陆地碳汇的建议。

本次论坛取得了丰硕的成果,各位专家基于本次论坛撰写了专题论文,从各个角度阐释和论证了上海市的低碳发展与世博会的联系和促进,为上海市气候变化工作室的下一步工作和研究方向提供了思路和模式。

上海气候变化工作室第一次专题报告

低碳世博与城市发展

■ 于宏源*

为了充分演绎"城市,让生活更美好"的世博会主题,上海不断加快城市绿色进程,在世博会规划、建设、运营和园区场馆等后续利用全过程,积极倡导环保节能理念,努力打造"低碳世博",使本届世博会成为低碳发展的典范,引领城市未来发展的方向。世博会举办本身就是探讨和实践"低碳发展"的过程,主办方将这一理念贯彻到世博园区规划、设计、施工、运营和后续利用等各环节。

选址上体现可持续发展。2010 年世博会选址在上海城市中心的黄浦江两岸区域,开创性地将旧城改造与未来城市功能规划有机结合。黄浦江是上海的母亲河,两岸有着醇厚的历史文化底蕴和景观资源,也是上海城市发展与改造的重点地区。世博园区的规划整合了大量现有建筑,保留了 38 万平方米建筑面积内受保护的建筑,同时实施了1.8 万余户居民和 272 家企事业单位的动迁,对旧居住区和码头进行了拆除并关闭、搬迁了污染企业,明显减少了这个地区的碳足迹,很好地体现了"城市,让生活更美好"主题。

规划上突出绿色和谐。整个世博园区的规划以"和谐城市"为主

---

* 于宏源,上海国际问题研究院国际组织与国际法中心副主任、副研究员,主要研究方向为国际能源问题、环境保护。

要理念,参照适宜的步行距离和宜人的尺度进行设计,现在4个大型绿地公园和其他绿化景观已基本建成,绿地总面积超过100万平方米,其中后滩公园是个具有生态净化功能的湿地系统。这个地区将成为黄浦江沿岸的重要景观区和生态走廊。

筹办过程中广泛采用低碳节能技术。广泛开展绿色交通、绿色能源、绿色建筑、绿色工程、绿色办公实践,提高能源资源利用效率、减少废物排放。世博会场馆建设中广泛采用了太阳能、冰蓄冷、江水源、地源热泵等控温降温技术及垃圾气力输送技术、节水和雨水回用技术等。注重后续利用减少碳排放,世博会结束后,这个区域的总体定位是城市的文化展览中心、滨江居住区以及生态景观走廊。永久建筑将作为展览馆、文化演出场所等予以保留,临时建筑拆除后将建设新型的生态居住区。所有临时建筑均采用易于组装、拆卸的环保建材,可以最大限度减少碳排放。

实施碳补偿。为了抵偿世博会举办过程中增加的碳排放量,减少对环境的影响,目前主办方已采取了一些碳补偿措施。包括:增加碳汇,植树造林。参加了联合国"十亿棵树"活动,大力推进绿地和林地建设,目前上海绿化覆盖率已达到38%;发展公共交通。大力推进公交优先战略,发展轨道交通,预计到2010年底轨道交通运营线路总长将达到400公里,为世博会游客提供快捷、低碳的公共交通系统;倡导绿色出行,鼓励公众选择更为节能环保的出行方式;采取高污染车辆交通限行措施,新车提前实施国Ⅳ排放标准等;鼓励机构和个人购买碳指标,特别是建议乘坐国际航班或国内航班的世博会参观者购买碳信用额度,抵偿由此产生的碳排放。

世博会主办方积极响应国际社会低碳发展要求,在世博园区广泛应用,并集中展览、展示低碳发展的最新技术成果和应用实践。

广泛应用新能源技术成果。世博园区太阳能光伏发电总装机容量将达到4.7兆瓦左右,其中主题馆2.83兆瓦,是目前国内最大的单体建筑太阳能屋面;有1 000辆清洁能源汽车将于世博会前投入使用,园区内将实现公共交通"零排放";世博中心首批获得我国最高级别"三星级绿色建筑设计评价标识",并正在申请LEED美国建筑环保认证金奖;城市最佳实践区将着重诠释全新生态居住理念并集中使用LED光源,世博轴阳光谷自然采光,中国馆斗拱造型自然遮阳,主题馆4 000平方米超大规模生态绿墙,演艺中心独特的碟形外观,都起到了良好的建筑节能效果。各参展方的自建馆也积极运用各国、各地的节能环保新技术,来体现对世博会主题的理解和实践。

汇聚并展示低碳技术和实践。如中国馆33米长的平台精彩演绎了节能减排的展示主题;改造后的南市电厂内将专辟展区,展示新能源应用;城市最佳实践区更是汇聚了全球诸多城市先进的低碳实践。如"沪上·生态家"代表了2030年前后绿色建筑水平的示范案例;南市电厂改建后的主厂房内将集中发布园区用能情况和环境信息,并展示我国新能源研究应用成果和未来展望;德国汉堡案例展示了环保节能型空调系统、能源控制网络等先进的绿色建筑技术;伦敦贝丁顿BEDZED案例则采用了大量的节能技术和新能源技术,以实现"零能耗"的目标。

打造低碳世博,是一个相对持续的宣传和倡导过程,需要充分发挥媒体的重要作用,引导社会各界的广泛参与和共同努力,积极倡导低碳的生产、生活和消费行为。

广泛宣传低碳理念。在筹备期间,世博会主办方编写了《中国2010年上海世博会环境报告》,联合国环境规划署组织第三方独立发布了《上海世博会环境评估报告》,并共同编制了《中国2010年上海世博会绿色指南》,系统地提出筹展、参展、运营和参观的环保要求,用绿色、低碳的理念来指导世博会的具体实践。

探讨低碳发展模式。世博会前,上海正与全国各省市合作举行公众论坛,其中不少涉及了低碳的主题。世博会环境顾问组的专家多次召开会议，为打造低碳世博献计献策。世博会期间，主办方还将举办"环境变化与城市责任"主题论坛，论坛将邀请与会的各城市市长、环保部门领导和国际组织代表就城市的可持续发展战略发表共同宣言，倡导环境友好的城市发展模式。通过理念和实践的探讨，进一步推动低碳转型与可持续发展理念的传播。

举办多种形式的宣传和实践活动。上海世博会联合各方力量积极策划组织各类低碳活动。与美国环保协会共同发起了"绿色出行"活动，聘请著名影星周迅担任了首位绿色出行大使，最近组织的"穿越长三角——绿色出行看世博"活动又进一步将这个活动的触角延伸至长三角区域；同时组织发起"椅我为荣"活动，将回收的废弃饮料纸包装变废为宝，制作成世博园区内的休闲长椅；与中国移动合作推广"绿箱子环保计划"，在世博园区设置"绿箱子"——回收废弃的手机、手机电池、充电器及各类配件；与上海市大学生绿色志愿者联席会议合作开展"低碳世博大学生创意大赛"；在上海市发起"人人行动，添绿上海，共迎世博"等植树造林活动。另外，主办方还计划推出世博绿色出行纪念公交卡，举办"绿色出行达人"评选等活动，将碳减排的理念融入其中。通过这些全民参与的活动，"宣传造势"，让社会各界亲身体验低碳世博。

经过多年不懈的努力，低碳世博已经对上海经济与环境的协调发展起到了积极的推动作用。特别是在世博会筹办过程中引入的这些绿色、低碳理念、技术以及实践的案例和活动，是一笔重要的"绿色财富"，必将在世博会之后，经过再创造、再发展，得到传承和发扬，持续推动上海以及中国的社会进步及可持续发展。

哥本哈根会议背景、实质及对上海影响

■ 于宏源

一、国内外应对气候变化最新进展和趋势

全球温室气体浓度达历史新高。2009年11月23日，世界气象组织（WMO）在日内瓦发布了2008年度《温室气体公报》（以下简称《公报》）。《公报》显示，2008年大气中几种主要温室气体浓度再次突破有历史纪录以来最高点。二氧化碳浓度达385.2ppm（摩尔比浓度10^{-6}）、甲烷浓度达1797ppb（摩尔比浓度10^{-9}）、氧化亚氮浓度达321.8ppb，分别比工业革命前增加了38%、157%和19%。2008年也成为自1998年以来，这三种温室气体大气浓度增长最快的年份。据悉，这是WMO自2004年以来发布的第五次年度《温室气体公报》，其数据来自于WMO全球大气观测网。截至2008年年底，全球大气观测网共由近60个国家的400多个本底站组成。自1990年以来，我国瓦里关全球本底站开始温室气体采样分析，1994年开始在线观测，大气二氧化碳和甲烷浓度资料进入全球同化数据库，应用于WMO《温室气体公报》和联合国政府间气候变化专门委员会（IPCC）评估报告。二氧化碳、甲烷、氧化亚氮是大气中三种最主要的温室气体，主要来自于化石燃料燃烧和工农业生产等的人类活动排放。

大众舆论开始质疑"气候变暖"，气候变化的方向和影响因素存在争论，尽管从国际主流声音来看，特别是在IPCC第四次气候变化评估报告发布后，气候朝着变暖变化的方向得到了多数人的认可，但随着时间的推移，越来越多的人开始怀疑这个观点，尤其是在近五年全球的平均气温出现了下降的趋势，并且在应对气候变化上举足轻重的

大众舆论，也出现转向的迹象。根据最近美国的一项民间问卷调查，认同变暖观点的比例已经下降到40%左右，而在一年前，这个比例还高达70%，虽然可以进一步探究出现如此变化的不同原因，但客观上IPCC本身也并没有得出100%的肯定结论，说明在气候变化方向以及影响因子等问题上还是有待科学的进一步论证，并非已经盖棺定论。

人类采取相应手段应对和干预气候变化，其效果和作用并不确定。到目前为止，尽管还没有形成国际上的统一步骤，但各国都或多或少地已经在众多领域里采取了相应的气候变化应对和干预手段，包括从法律、政治、经济、社会、技术等角度出发，发起了迈向最终可持续发展的强大攻势，但实际上，除了由此而在政治和经济上带来一些收益外，比如新能源的发展既有利于转移国际金融危机在全球产生的政治和经济压力，又可以在短期创造出产值和就业，造就新一轮的经济繁荣，但这些措施在气候变化问题本身的解决上却收效甚微，甚至是无能为力，最典型的案例便是年年出现、并愈演愈烈的气象灾难，这可以说是气候变化带来的最直接影响，我们在全力找寻应对和解决气候变化源头（即碳排放）的各种方法时，却在其直接影响的应对和干预上束手无策，这似乎是在证明当前气候变化应对策略的某种盲目性，或者是无效性。由此，我们也似乎很难得出一个关于当前气候变化应对策略的肯定结论，很难保证这些策略在20年、50年乃至100年后就会发挥预期的作用。

气候变化在全球难以形成强制性的制约。在国际政治经济错综复杂的体系中，全球气候变化作为一个非强制性的松散型政治议题，既吸引了各国和地区的关注，同时也无法对各国和地区的政策形成强制性制约。各国和地区的态度及政策极不协调、统一，削弱了这些政策和努力向未来延伸的积极性，使未来的气候变化应对策略变得极不确定。从政策选择来看，控制气候变化影响因素的手段主要有两种，一种是命令与控制（Command and Control），另一种是总量与交易（Cap and Trade），前者依赖于政府制定相应的法律、法规，后者主要依赖于市场交易，并辅之以环境税（Environmental Tax），无论是哪一种，在其执行之后，都会直接对企业生产和居民生活产生影响，提高生产和消费的成本，这在很多国家和地区是无法承受的。因而，历经多次全球气候会议的国际间气候政策协商，在屡受挫折后很可能会出现倒退的趋势，政策前景并不乐观。

二、哥本哈根谈判前景前瞻

哥本哈根进程仍然处于胶着状态。目前发达国家和发展中国家分歧甚为严重，发达国家至今回避减排责任。欧盟承诺到 2020 年其温室气体排放比 1990 年减少 20%~30%，其中挪威已经宣布减排 40%。美国 2005 年排放比 1990 年增加 16.3%，而美国《清洁能源安全法案》宣称自 2005 年到 2020 年减排 17%，实际减排很少。日本鸠山新政府提出比 1990 年到 2020 年减排 25% 目标，澳大利亚陆克文政府则坚持 2020 年在 2006 年的基础上减排 20%。发展中国家谈判集团（G77）主席卢蒙巴认为，目前所看到发达国家的减量目标，都远低于科学家所建议的减碳建量。根据小岛国家联盟（AOSIS）的统计，目前为止所有发达国家，对于 2020 年减碳目标的承诺，大约只等同于 1990 年再减 11%~18%，远低于联合国的建议。巴塞罗那会议上为了抗议发达国家衰微的减排政治意愿，非洲国家还一度退出会议，虽然会议同意决定把讨论的重点放在发达国家的减排问题上，但发展中国家和发达国家目前的分歧仍然要比想象来得大。

国际舆论低调谈判预期成果。国际舆论已经开始不断调低各方对会议成果的预期，可以预测本次气候会议已经不可能拿出有实际价值的协议文本，只能是各方妥协下的政治性宣言。这既是对全球气候变化应对进程的巨大打击，同时也折射出一个值得注意的事实，那就是，以往的气候变化应对策略在国际社会只有"道义上"的市场，而没有

"执行上"的市场,其背后的意思非常明显,大多数国家都以所谓"公平"原则希望少数大国或者国家集团在全球性气候变化上做出更大贡献,而把本国置于气候变化受害国的有利位置。这种做法在利益至上的国际政治经济博弈中也无可厚非,但问题是,无论气候变化是否确实,在全球范围内实现可持续发展的方向却是没错的,我们还是要找寻能够实质性地推动这一发展的可操作方法和途径。

三、2012年后上海应对气候变化策略

着眼本地,兼顾全球。目前国际关于应对气候变化的工作主要的落脚点是在全球气候变化,然而全球间区域间由于地理位置、经济水平的差异造成了应对气候变化极其不平衡的状况。上海是典型的沿海大三角洲气候变化脆弱带,不仅受到由于温室气体增加引起的全球气候变化的影响(如台风和梅雨特征的改变),而且近年来大规模城市化进程所导致的局地气候改变也日趋明显(如城区热岛效应加剧和短时强雷暴天气增多等)。对上海来讲,不仅要关注全球气候变化的问题而且更要重视局地人为因素所造成的气候变化。

因此上海应对气候变化应当采取"着眼局地,兼顾全球"的思路,根据局地的气候效应,使"适应(adaptation)"和"减缓(mitigation)"兼蓄并重,即将主要精力放在研究局地的气候变化上,着重分析改革开放以来经济飞速发展所造成的上海各种局地气候效应,弄清楚导致这些局地气候变化的真正原因。需要强调的是,除了气候变化对上海自然系统如生态系统的影响的研究以外,应着重加强社会经济系统对气候变化脆弱性(vulnerability)方面的研究力度。结合上海的社会发展状况提出既经济实际(即不必付出过大的社会经济成本),又合理可行的适应-减缓措施。

经济转型、产业调整。目前,还需要进一步考虑的是哥本哈根之后上海现有的经济增长方式如何承受碳减排的压力?上海作为中国的

经济龙头，受到的经济结构转型的压力尤其巨大。有一种观点认为上海可以借此实现经济增长方式的转型，但如果压力来得过急过大可能既实现不了转型，又失去传统产业的国际竞争力。

但目前也有相关研究提出，是否可以转换人们对于应对气候变化的认识角度，可以从经济和就业的角度来认识气候变化问题，比如为了克服国际金融危机，发展新能源产业，带动就业，尽管初衷不在于应对气候变化，但客观结果却是朝着改善气候的方向发展。上海应该把握低碳经济和两个中心建设的发展机遇，积极推进先进制造业的低碳转型，现代服务业的低碳成长以及低碳金融创新，成为一个真正的负责任的低碳城市。

"低碳发展、高温应对"。在此，还需要特别强调的是，应对气候变化不应只有"低碳发展"的应对，也要有"高温发展"的应对，当前人们的注意力往往集中于碳减排问题上，以实现低碳的生产和生活方式，这固然没错，但十年或者数十年的低碳发展无法改变几百年来长期高碳发展的气候变化结果，我们必须去学会适应越来越明显的"高温时代"，包括应付气象灾难、海平面上升以及季节特征的转变等等。

统计显示，上海在过去的100年增温速率为1.43℃/100年，显著高于全球陆地升温率的0.74℃/100年。特别是1994年以来，上海连续14年年平均气温距平为正，其中2007年偏高达2.26℃（多年年平均气温为18.5℃），是有史以来最热的一年。值得注意的是，近年来市区的平均气温上升幅度明显高于郊区。随着气温的不断升高，温热浪频繁出现，相反，平均露点温度则呈下降趋势。这说明上海市区在气温上升的同时，空气湿度却在减小，干热特征越来越明显。另外，"城市热岛"效应也越来越明显，如2007年7月29日，上海市区极端最高气温达到39.6℃；郊区却仍然维持在32℃～35℃，比市区偏低将近6℃。

随着城市温度的升高，城市生产和生活方式也得进行相应的改变，这种改变的方向在很大程度上与"低碳化"的改变有所区别，其中也会派生出众多的技术、产品和服务需求，在长期的应对气候变化策略中，"高温发展"也会成为国际社会经济发展的重要选项，上海应该抓住这个契机，在不降低人的舒适度的情况下千方百计地调整城市的消费方式和生活方式，比如说节能灯的推广等。

四、上海应对气候变化政策建议

1. 建立可测度的上海低碳城市发展目标规划与路线图

根据国际能源机构（IEA）的估计，2006年全球城市能耗达79亿吨油当量，占全球总能耗的2/3，这一比例到2030年将上升到3/4。因此，未来与能源有关的二氧化碳排放量的增长将主要来自城市。到2030年，由能耗产生的二氧化碳排放中将有76%来自城市。作为崛起中的区域全球城，发展低碳城市是上海应对气候变化、发展低碳经济、面向"后哥本哈根"的必然选择。国内所有关于低碳城市的概念界定与量化评价还处于模糊的阶段，缺乏明晰的标准。因此需要针对上海城市经济发展水平、产业结构、能源结构等诸多相关因素，选择易于理解、便于计算、可进行国际比较的城市碳排放指标，对上海低碳城市发展进行可测度评价。

上海2007年能源消耗碳排放比例，各部门能耗和由耗能产生的碳排放量的排序是工业－交通－建筑，正好与发达国家的排序颠倒过来。作为国家经济中的重要角色，先进制造业与现代服务业的发展是上海未来很长一段时间内仍将肩负的使命。理性分析上海现况"本底"，弱化"低碳壁垒"，依据上海低碳城市发展的可测度评价，根据不同的情景分析为上海制定低碳城市发展目标和低碳发展路线图。

2. 利用世界契机，打造上海碳交易金融中心

资金一直是应对气候变化的重要议题之一。在中国，现阶段低碳

领域的实践包括深入发展可再生能源、深入开展节能减排工作等，都强烈依赖于国家的财税补贴政策。然而市场认可和私营部门的参与才是长效资金机制的关键。对于肩负建设"国际金融中心"任务的上海，其有效链接就是金融业和现代服务业。以低碳资金方案（低碳金融）和低碳服务平台（产业互动机制）为研发策略的重点，开展上海低碳城市发展关键行业支撑与综合示范。具体可包括：以提高行业能效为目标的绿色金融产品设计研究和示范，包括改变政府财政补贴模式，设立环境投资私募股权中心、能效贷款、合同能源管理信托计划及集合理财计划；充分利用上海已有的交易体制，对接国际标准体系，研究开发适合上海和中国国情的碳金融产品；示范设立上海低碳城市基金，支持中小型企业低碳转型的市场运作；研究与示范低碳服务平台和相关标准，帮助大型制造企业低碳转型和中小型企业开拓低碳服务，进行区域市场对接等。

3. 在城市发展规划中充分考虑气候变化

目前，上海正在开展"十二五"发展规划的编制工作，在以往的规划中往往很少考虑到气候变化的因素，然而在气候变化的背景下应当重新认识城市发展的策略。结合气候变化对上海城市增长的影响和城市增长模式的适应性评价，研究上海城市增长的要素、内涵及作用机制，总结上海城市增长的空间模式及其相应的动力机制，构建适应气候变化影响的城市增长的理论框架，依据相应的地域、经济、社会、文化等条件，提出有针对性的上海城市增长空间模式和优化手段，为气候变化下的上海城市发展提供科学可行的空间发展模式，促进河口海岸带城市上海的可持续健康和谐发展。

4. 加强气候变化的基础研究、广泛加强国际和区域气候变化合作

"应对气候变化"是一个涉及领域多，解决过程繁琐的国际性议题。当前应对气候变化这一问题已经深入到社会经济各个领域，远远

超出了原有的自然科学的范畴，因此当下迫切需要多学科的科研人员开展跨领域的综合研究，这就需要建立一个完善的应对气候变化研究平台。上海作为中国第一大城市，理应在城市应对气候变化的研究工作中起到示范作用，因此建议尽快成立市属的综合性的应对气候变化研究机构为政府的科学决策提供支持。

另外，上海需要打造适合本地特色的低碳城市发展之路，也需要进一步加强城市间交流，拓展低碳城市发展与低碳服务领域，从长三角走向国际。提高上海自身应对气候变化能力；进一步加强区域（长三角）合作，提高上海服务全国的能力。

上海气候变化工作室专家报告

上海世博会的低碳效应研究

■ 汤伟*

气候变化引起的粮食安全、水资源稀缺、海平面升高、生态系统崩溃等诸多自然和社会危害，根本上触及到了人类生存，使人类不得不对现有经济社会发展模式进行系统反思，以寻求未来发展之道。然而哥本哈根谈判结果说明反思并不总是带来期许的结果，全球气候治理陷入僵局和集体行动失败迫切需要其他层面突破和其他行动主体的率先行动，"世界大都市气候先导集团"、市长与地方政府气候保护协定等低碳城市网络兴起表明城市正重塑全球气候应对新局面。由于没有战略利益诉求，城市温室气体自主行动有其特有的便宜性和突破性。统计数据显示城市温室气体排放已占全球总排放的 75%～80%[1]，2008 全球人口首次超过一半生活在城市均说明低碳已成为世界城市当仁不让的时代命题。上海作为中国的经济金融贸易和航运中心以及令人瞩目的国际性大都市，面对日趋恶化的气候暖化局面和不断攀升的能源消耗碳排放总量，更需要在低碳发展方面承担起自己的责任，然而如何推进却没有现成的经验和惯例可循。2010 年世博会在上海召开

---

* 汤伟，上海社会科学院生态经济与可持续发展研究中心助理研究员，主要研究方向为生态经济。

[1] David Doman, "Blaming cities for climate change? An analysis of urban greenhouse gas emissions inventories" Environment and Urbanization 2009, pp. 185 – 201

给上海经济社会发展带来了一次难得的历史机遇,同时也给上海低碳城市建设带来诸多推动。这种推动作用显然不局限于公众参观、论坛思想理念阐发,更不局限于世博会所联系的城市建筑更新,而是与理念普及、经济增长、技术应用、大众行为变化、制度创新深刻联系在一起。

一、世博会低碳效应的内涵

低碳城市必要性已积淀为社会共识,但城市究竟怎样才算低碳却众说纷纭。根据公认一致的定义,低碳是通过提高资源生产效率,减少自然资源消耗和环境污染,大幅度减少碳排放,其实质是能源高效利用、清洁能源开发和绿色 GDP,核心是能源技术和减排技术创新、产业结构和制度创新以及人类生存发展观念的根本性转变。低碳定义为低碳指标体系奠定了基础,一座城市要称得上低碳起码做到以下三点:(1)经济增长和碳排放脱钩,当经济增长快于碳排放增长时是弱脱钩,当经济增长而碳排放总量反而下降时是强脱钩;(2)单位 GDP 衡量温室气体排放(碳强度)持续下降,以单位温室气体排放衡量的 GDP(碳生产率)持续上升;(3)高碳的生活方式和消费偏好得到根本性扭转,人均碳足迹稳步下降。低碳城市建设推荐比较艰难,需要税收、财政补贴、碳标签、技术、工业生态园等多种政策工具的协同和配合[①]。诸多政策工具中有一种政策工具尤为特殊,它不但能有效整合其他政策工具还能对城市发展有实质性提升作用,可以称得上是战略工具,这就是特大活动(mega - event)。特大活动是主权国家(政府)通过创造政治、经济和文化标识对人类某一方面的成就(工业科技)进行集中展示,具备大量参与性、环境影响性与文化推动性

---

① 托马斯·思纳德:《环境与自然资源管理的政策工具》,张蔚文、黄祖辉译,上海三联书店 2005 年版,第 104 - 105 页。

等特性①。世博会就属于特大活动，由主权国家主办，近200个国家、数十个国际组织、无数企业和个人共同参与，展现全球性社会、经济、文化和科技领域成就，必定会对上海经济社会发展产生引导、牵引和推动作用，那么其对上海低碳城市建设推进作用又表现在哪些方面呢？

世博会低碳效应首先表现在战略效应。从1851年英国伦敦万国工业博览会起，世博会在150多年的历史征程中最突出的便是对人类价值理念的宣扬②。1972年斯德哥尔摩人类环境会议以来，世博会清醒地认识到人与环境的和谐共存成为历史潮流，必须在这一价值上有所体现。从1982年诺克斯维尔的"能源"主题、1988年里斯本的"海洋"主题、2000年汉诺威的"人—自然—科技"、2005年爱知的"自然的睿智"、2010年上海"城市，让生活更美好"，2015年米兰"给养地球：生命的能源"都深刻说明能源危机以及随之而来的气候环境变化已成为影响人类未来命运的最大威胁。从理念上确立应对气候环境变化的必要性，从姿态上展示人类全面探索全球低碳转型已成为世博会当然使命。这种使命必然也对世博会举办地产生实质性导向作用，这种导向作用对上海来说亦具有政治上的必然性。时间上看哥本哈根谈判刚刚结束和清洁能源为核心的低碳经济刚刚取得国际社会主流话语之时，上海乃至中国如果不在自己主办的全球性盛会上谈及气候变化、低碳发展以及自己可能的贡献，不但世界舆论会质疑中国在全球性公共问题上承担责任的政治意愿，而且国内民众、地方政府也会产生中央政府和中国主要城市不重视气候变化低碳发展的错觉；从空间上看，世博会在上海这个中国最大的世界性城市召开，虽然上海低碳城市稳步推进，边际碳生产率也逐步提高，碳排放增长速率小于经济增长，但碳排放总量在全球主要城市中仍居于首位，单位GDP排放仍

---

① 姜智彬："特大活动与城市发展的品牌导向研究"，载《山西财经大学学报》2008年第9期，第29-33页。
② 吴建中："世博会的核心价值观"，载《检察风云》2009年第13期，第30-31页。

是东京、纽约、悉尼的3倍，人均碳排放也远远高于其他主要城市[1]，低碳城市建设总体上处于相对脱钩而非绝对脱钩阶段。这种前提下如果上海不通过世博会高举低碳发展大旗，不但会实质性地损害中国国际形象，不利于中国经济社会发展转型，而且对上海城市竞争力和东方之都城市品牌构建亦相当不利。

世博会低碳效应其次表现在技术效应。气候变化是唯一真正的全球性环境问题，其治理特殊性和复杂性就在于与人类衣食住行的息息相关，就在于气候容量的有限性和减排成本的高昂，国际社会必须在综合各国经济增长、代际公平与人类生存的基础上对各国的排放量加以限制，于是在世界各国中间产生了环境容量和发展空间的竞争。哥本哈根谈判清晰显示出欧美发达国家妄图通过强硬和压迫来占有未来能源市场和环境容量逐渐实现对低碳经济的控制[2]。对低碳经济控制的方式多种多样，有资金、规则制定权、话语权等等，但最核心的还是技术以及围绕技术建立起来的标准和知识产权体系，低碳核心技术已毫无争议成为未来国际体系竞争焦点。此届世博会最突出的特色恰恰就是低碳技术的广泛运用，节能技术、减排技术和新能源技术几乎贯穿到世博准备、设计、建造和运营的整个过程和不同方面。从主题馆到国家馆、从外国馆到中国馆、从底层到楼顶、从里面到外面、从规划到公共交通、从空中到地面处处体现了节能、减排和美好生活。虽然世博会不是秀场，也不是技术交易会，但最尖端低碳科技综合演绎、未来低碳生活图景展示均给予中国和上海政府、企业和社会低碳发展的决心。只要条件适当、机会合适，通过世博会这种大型活动低碳核心技术扩散和商业普及势在必行，只要有完整战略规划和创新支

---

[1] 赵建夫："2009年上海－东京－曼谷－悉尼碳排放及气候能源政策对比研究报告"，载《同济大学研究报告》。

[2] 于宏源："整合气候和经济危机的全球治理：气候谈判新发展研究"，载《世界经济研究》2009年第7期，第9－15页。

持，中国上海绝不会在下一轮的低碳技术竞争中处于下风。

世博会低碳效应再次表现在经济效应。特大活动向来具有宏观经济维度，历届世博会基础设施投资和运营、参观者和参展者游览、关联公共事业投入会对当地经济社会发展产生巨大影响[①]，而上海世博会不同之处就在于成功地把低碳引入这种经济影响，具体表现在低碳基础设施投资、低碳市场扩容和产业结构升级。筹备阶段部分钢铁厂、交通建筑等重点碳源（carbon source）迁移改造、世博园区低碳技术全方位应用、运营阶段1 000辆新能源汽车和LED灯的大规模应用等对低碳市场容量的推动、后续阶段等低碳技术应用和节能服务均说明世博会具有低碳经济效应。不仅如此，世博会本身投资、展期消费以及后续技术再利用还会对其他投资、产业形成挤出效应，如果在政府税收、补贴等诸多政策工具下使这种挤出效应做到了经济合理性，那么低碳经济对传统经济、低碳产业对传统产业（如服务业对重化工业）替代性就有了自我增强机制，产业结构也就开始朝着低碳优化路径迈进。从这个意义上说，世博会不但对低碳产品市场扩容做出了贡献，而且还对未来投资方向形成了明显指引作用，其规模化应用也必将促进相关产业发展、就业增加和整体经济社会转型。

世博会低碳效应最后表现在理念效应。低碳世博具有战略效应，而将这种战略效应落实为日常行为最重要方式便是低碳理念在公众层次上的内化。世博会清晰认识到公众意识改变的艰难，不仅需要对现状进行披露，而且需要对公众意识流变有前瞻性的塑造。现状披露来说，世博会先是编写了《中国2010年上海世博会环境报告》，对上海环境保护现状和世博会对上海的环境影响进行了详细评估，后又与联合国环境规划署发布了《上海世博会环境评估报告》，对上海的能源

[①] 孙元欣："世博会的长期效应"，http：//finance.sina.com.cn/hy/20090621/17356377469.shtml

消耗和二氧化碳排放现状进行了详细的披露。就公众意识塑造而言,世博会设立专门绿色活动负责机构"绿色办公室",联合国际国内各方力量策划各类低碳活动,如与美国环保协会共同发起的"绿色出行"活动、世界无车日活动等等,还与中国移动、Tetra Pak等著名气候先锋公司合作推广的公益广告活动①等等。通过这些活动,低碳理念逐渐从纵向上深入学校、机关、企业、社区,横向上扩散到上海、长三角乃至全国和全世界社会的各个层次、各个角落,为上海低碳城市建设中低碳生活、低碳社会打下了坚实群众基础。

世博会低碳效应具体表现在战略效应、技术效应、经济效应和理念效应(如下图所示),而这几个效应并不是独立的、分裂的,而是有机一体。

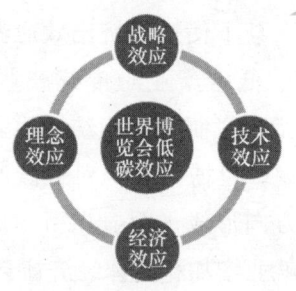

图1　世博会低碳效应表现示意图

战略效应需要技术、经济效应和理念效应的支撑,而技术效应则是经济效应实现合理性的前提,经济效应则是理念效应得以长期存续并得以影响实际社会的关键,这几种效应的环环相扣充分说明世博会对气候变化回应已贯穿到理念、技术、思想和行动各个层面。上海高举低碳世博已绝非仅仅某些人声称的那样只是形象问题,而扎扎实实

---

① UNEP: Shanghai Environment Assessment: expo 2010, Shanghai China p.75

深入到经济社会系统的各个方面。某种意义上说世博会正对上海、上海为核心的长三角低碳发展起到战略、技术、经济和理念支撑作用,而中国上海也确实把世博会作为低碳城市建设的战略契机,以争取在日益激烈而又复杂的气候谈判和低碳发展格局中诸多方面对发达国家阵营进行赶超①。

二、世博会低碳效应的实现途径

历届世博会从诸多方面推动了城市发展,如推动经济增长、增加就业、创新科技、形成颇具特色的产业区域群和生态环境,甚至从根本上提升城市文化和品位②,而上海世博会在气候环境变化大背景下从战略、技术、经济和理念几方面将低碳引入上述效应。然而没有任何证据说明低碳战略重要性会在经济社会得到自然落实,技术先进也不代表逻辑正当得到扩散和应用,经济增长也未必一定是低碳,低碳理念的广泛传播并不意味着人们会把这些原则和行动付诸实践,世博会低碳效应的落实仍然需要适当条件和途径。

首先,战略效应主要通过国家和城市管理者将低碳纳入到世博会筹备、运营和后续的整个过程而实现。一般说来,世博会对城市发展推动是从会展旅游开始迅速扩展到金融、保险、法律服务、广告等为主体的现代服务业,而高度发达的服务业又会进一步提升城市的服务能力和综合竞争力,加速信息、技术、人群、物品以及资金流动,从而对周边区域产生强大的辐射和吸引作用。然而无论人口信息流动还是物质资源运输都需要城市空间和交通运输,而城市空间和交通运输

---

① 目前气候变化、低碳经济主要理念和技术创造主要源自欧美国家,比如低碳经济、碳预算等概念由英国提出并推广,总量-排放权交易也主要由欧洲实践,更为紧要的是主要清洁能源核心技术也主要存在于欧美日等国手中。

② 姜智彬:"特大活动与城市发展的品牌导向研究",载《山西财经大学学报》2008年第9期,第29-33页。

又都需要能源。上海围绕世博会已投入了巨额资金，基础设施建设更新①、道路扩展、房屋修葺以及城市景观维护等都会消耗大量原料，世博会运营也会产生大量能源需求②，因此短期看世博会将增加上海碳排放。短期的排放激增促使世博会追求后续效应，而建筑、交通基础设施长期"锁定效应"使得后续低碳效应成为现实就必须有全面规划和安排③，而全面规划和安排的前提是城市管理者将低碳纳入决策范围。世博会以低碳理念统领规划，在日常管理中应有低碳技术、追求低碳经济增长甚至以理念和技术重大创新避免出现高碳"锁定"，这样未来城市管理者组织特大活动便有了参考的先例。从这个意义上说世博会正成为中国推动低碳城市建设最大也是最重要试点工程，一些成功的经验和做法也必将为未来更多城市管理者所效仿。

其次，技术效应主要通过企业广泛而积极的支持参与和竞争来实现。世博会对城市和区域经济社会发展有推动作用，而这种推动作用直接触发点是企业尤其是大企业，因此企业参与世博会竞争异常重要。一些大企业如日立、IBM、东芝、三菱、松下以及三星正是通过在世博会设立企业馆，快速提升企业形象与品牌形象，同时也极大增强自身核心竞争力。气候环境变化背景下，企业在上海世博会上展示低碳技术、低碳产品已不仅仅是社会责任和企业公民的需要，更是企业生存和开拓市场机遇的需要。尼古拉斯·斯特恩爵士指出，清洁能源、低碳技术等基础设施投资回报率要远远大于汽车、建筑等旧领域，英国《新能源财经》、《全球未来》也指出目前清洁能源投资正呈现迅猛

---

① 据估计 2010 年世博园直接投资额将达到 30 亿美元，参观人数将达到 7 000 万人次，其中 1/3 将继续在长三角周边区域进行旅游或贸易活动，参见：吴泓，等："世博经济圈形成基础和机制研究"，载《地域研究与开发》2007 年第 8 期，第 21 - 26 页。

② 王武林、王涵："上海世博会的不利影响极其对策"，载《城市》2007 年第 8 期，第 37 - 39 页。

③ 上海世博会事务协调局：《上海世博会环境报告：2000—2008》，第 17 - 22 页。

增长态势，未来谁先掌握低碳技术谁就可以在全球竞争中获取主动。上海世博会作为全球最及时的低碳经济技术盛宴将全球最尖端的低碳技术聚集一堂，不但创造了先进技术试用的机会，而且还让全球企业了解到最新技术信息，了解自己和别人的差距和优势，从而创造了一种竞争氛围、技术扩散机制和知识外溢机制。可以想象随着企业尤其是上海乃至中国的企业积极参与世博会，世博会低碳技术效应必然随着企业间的市场竞争、比较而扩散，而中国企业自身也必将在未来上海低碳城市建设中发挥更大作用。

再次，经济效应主要通过政策制度创新和资源优化配置而实现。通过投资、市场容量创造、产业结构升级，世博会确实产生了低碳经济效应，然而由于技术不够成熟和基础设施的匮乏，低碳经济成长并没有内生基础和自我增长机制，也就是说如果没有政策支持，低碳经济并不具备经济合理性和对传统经济的替代性。上海世博会特色就在于它已是上海乃至全国的工作重中之重，中央和上海必然会调动多方面资源予以支持和配合，这种条件下推出政策创新具有显著的便宜性。低碳经济成长目前最缺乏的便是环境评估、低碳技术标准、低碳指标体系，可以想象标准一旦确立低碳经济成长空间和可能性便会大大释放，企业也就有了更多的激励动机，同时再加上世博会低碳交通、低碳城市规划的相关配套设施，低碳发展经济合理性大大增强。在诸多政策创新中碳排放权自愿交易尤为特殊，不仅因为碳交易已实质性地成为国际社会应对变化主要方案，而且其积淀的经验和知识储备还将为中国未来强制性交易市场建立、完善打下基础。目前"绿色世博"与上海能源环境交易所联合构建的交易平台在推动中国自愿减排市场发展的同时还显著改善了那些正在努力低碳转型的企业的市场环境，使有志于低碳转型企业有了更高的经济合理性。此外，上海世博会从制度上和政策上巩固周边区域的协调和合作机制，统一区域规划、资源共享，对避免当前过度重复低碳经济建设（如新能源产业）必然有所助益。通过以上政策措施相信会有越来越多的建筑、交通、能源领域低碳技术会迅速走向商业化、规模化，也相信会有越来越多的厂商走入到低碳经济的投资、生产、应用和服务中来。低碳要素自由流动、成本迅速低廉以及低碳产业振兴规划都说明低碳经济在世博会推动下开始缓慢具备内生动力。

最后，理念效应主要通过宣传和公众参与而实现。IPCC诸多结论说明了气候变化的人为特性，即气候变化和人行为之间存在着因果联系，最终和最有效措施也在于改变人的行为，但是人的行为又和气候认知、其中利益密切相关，因此如何改变人的气候认知、实现人与低碳发展利益的契合至关重要。《上海世博会环境评估报告》明确指出城市可持续发展的最关键利益攸关者是城市居民，而城市居民生活方式和意识水平最为重要[①]。零点公司对气候问题公众意识的调查说明中国公众对气候变化低碳发展已经跨越了无意识阶段，但人们如何应对、应对的成本有多大仍然缺乏清晰的认识，换言之中国公众应对气候变化虽有积极的心态，但却无实际行动的能力和动力[②]，而这种状态又为政策方面没有激励公众参与的任何规定所强化。世博会在强化公民意识、推动公众参与方面有着与生俱来的制度优势，周期长、规模宏大、科技前瞻、文化内涵丰富，天生具有吸引公众参与的力量。世博会充分展示低碳技术与生活的紧密联系，与媒体合作宣传过程主动向公众阐释应对气候变化的实际方法（比如交通、电力使用等方面）、这些方法的成本和便宜性以及这种做法的有效性，公众在实施这些方法的主动性方面无疑会有所加强。上海世博会还将积极加强与环境NGO、媒体的制度化合作，通过发布低碳世博评估报告等一系列行动使低碳世博逐渐积淀为上海、长三角和全国人民记忆的一部分。

---

① UNEP：Shanghai Environment Assessment：expo 2010，Shanghai China p. 141
② 张军："气候问题公众意识变化与对策"，载《"关注气候变化：挑战、机遇与行动"论坛》，2009年9月8日。

毫不夸张的说上海世博会正在进行一场消除气候变化"民主赤字"的伟大尝试。

世博会低碳战略效应需要城市管理者落实，技术效应需要企业去努力，经济效应需要政策推动和制度创新，而理念效应则需要宣传和公众参与，正如战略效应、技术效应、经济效应和理念效应并不是毫不相关一样，这几项实现途径之间也是关系密切甚至环环相扣。城市管理者、企业和公众之间围绕低碳成长互动频繁，城市管理者通过政策制度创新规制激励企业和公民，而企业又通过技术创新推动经济成长，公民又通过低碳产品的消耗和生活方式改变最终决定着低碳市场容量，可以说正是世博会把多方行动主体和碳交易、技术标准等多项政策工具、制度创新有效结合在一起，从而成功地把自己变为低碳城市建设抓手。

三、世博会低碳效应的优化

作为特大活动，世博会优点在于其整合性，整合多方行为主体、整合诸多政策制度工具。然而从低碳世博提出的发展态势来看，世博会低碳效应还存在以下不足：第一，战略效应上，虽然世博会集中展示的是最新技术产品，世博园规划可以和低碳城市建立相结合，世博园自身可以打造成低碳样板，但并无足够的制度确保世博会一旦结束低碳效应会持续不断地深入并渗透经济社会各个层面；第二，技术效应上，世博会提供的只是技术展示平台，虽然有可能促进节能技术和新能源的规模化应用，但企业参与尤其中国本土企业对世博会的参与仍显不足，通过世博会形成国外核心低碳技术对中国的扩散似乎不会有什么突破性进展；第三，经济效应上，世博会举办点一般是由符合条件拥有完善基础设施的大型城市，而此次上海世博会的主题是"城市，让生活更美好"也暗合了城市在气候变化应对中关键地位，然而低碳城市远不仅仅属于城市，城市尤其特大城市自身生产引致的碳排放低于消费碳排放说明城市从农村和周边区域进口大量碳内涵产品，因此低碳城市建设不可能离开低碳农业、低碳社会、低碳乡镇，然而农业、农村和农民在世博会在低碳经济成长过程中的隐身不免是个缺陷；第四，理念效应上，按照西方市民参与阶梯理论，"公共完全被动"、"受约束的尝试"、"公众受引导的互助合作"三个层次[①]，公众仍然处于无条件接受规划的阶段，受到的教育多、被动性强、主动性不足，这固然与社会公众长期养成的"政府依赖性"有关，气候变化应对与公民的利益关联、宣传手段方法和方式仍然单一也是重要诱因，因此建立起低碳发展与公民的利益联系才是推动公众参与的根本解决途径。

世博会低碳效应触发机制上的不足逻辑自然地提出优化问题，而以上不足核心归结起来就是无足够制度创新保证世博会低碳效应持续深入，无有效手段把业已存在的低碳发展政策工具如碳交易、低碳投资、低碳市场扩容、技术创新有效整合起来构成协同效应，为最大化世博会低碳效应。笔者以为，世博会低碳效应还可以做出以下几点优化：首先，战略效应上，为促使未来城市管理者更好借鉴世博会低碳经验，并使世博会筹备、举办和后续取得低碳发展经验得到有效扩散，世博局可考虑成立专门气候变化委员会或者充实绿色办公室的既有职能，将有益经验、做法汇编成册并公开出版，内容设置一定要细化专业，例如气候变化基本认知、碳计算标准、碳排放交易应该具备的技术条件、法律基础、知识储备等等；此外世博会还可以尝试自愿减排，考虑建立总量—排放权交易体系，让每个部门、每个馆都参与其中并明确规定自身碳排放硬约束，一定程度上还可借鉴 CDM 方法学内容设置温室气体基准值和预测减排目标。其次，技术效应上，为促使国际

---

① 李丽红："政府主导性公众参与生态规划的难点及法律解决途径"，载《现代财经》2009 年第 8 期，第 79 - 82 页。

低碳技术转让、国内构建有效的技术交流和合作机制，上海世博会应加强与国际环保组织的合作，建议由相关组织牵头，联合有兴趣的国家和组织设立节能、环保、新材料、新能源等理念、技术、办法奖项，推动国际合作，促进技术转化，并通过企业和政府推动我国相关自主创新能力；同时设立"碳产品博览会"组委会，展示世界各国的碳产品生产和消费情况，增进各国消费者的相互理解。再次，经济效应上，中央已提出2020年单位GDP二氧化碳排放在2005年基础上减少40%～45%，伴随指标分解上海亦需承担相应任务，而指标落实又需要相当基础工作，比如企业温室气体信息通报、监测、核实，节能相关政策实施以及低碳技术标准确立等等，这些基础工作繁琐缓慢且遭遇重重阻力，世博会组织工作独特之处在于：不但有效整合各个部门资源，而且具有高度政治正确性，因此上海市政府应以此为契机融入上述工作相关议程。通过这些基础工作，世博会对低碳市场容量就不仅局限于自身，低碳投资会拉动而扩散深化到整个区域。在推动农村和周边区域低碳经济方面，世博会应在论坛讨论、技术展示、经济圈形成过程中将农民、农村和农业纳入其中。鉴于中国固有的二元经济结构中国或者上海市政府应充分利用世博会构建城乡一体的低碳扩散机制，以补贴、免税等形式加大低碳产品、低碳技术对农村的渗透，以政府收购的形式加大对低碳农业的支持，以世博文化下乡的方式增强农民低碳感知认识。最后，理念效应上，世博会应进一步强化气候变化与普通大众的利益关联，宣传点除重点放在气候变化—能源利用—生活成本的因果联系以外，多宣传国际国内气候政策与经济、贸易相结合的一面，宣传面上除了深入社区、学校、合作先锋企业、国有企业、政府和公共区域外还应该将广大中小企业、外资企业纳入规划。在气候认知和利益推动前提下，推动公众自愿参与碳减排交易体系，最终使低碳成为个人生活一部分和思考中的一个环节。

四、基本结论

世博会是人类经济技术发展史上的盛会,随着时代的发展必然也会对时代的要求做出回答,而气候变化作为人类目前遇到的最棘手的环境问题也必然在世博会上有所展现并要求做出某种形式的回应。在哥本哈根谈判无果而终,气候变化国际政治正确性越演越烈的条件下,中国上海在世博会上如何表现,不仅关系到国际形象,还关系到未来的发展空间和国际竞争力,因此世博会的低碳效应已不是需不需要的问题,而是如何更好的问题。

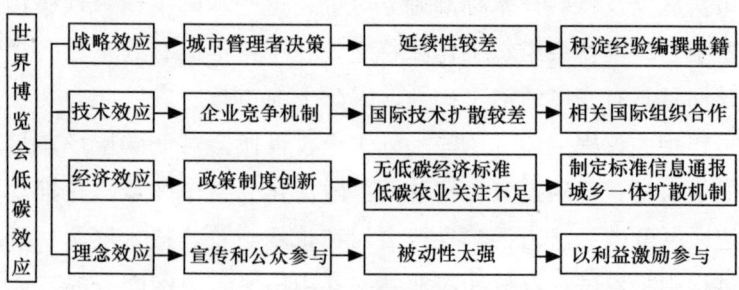

图 2　世博会低碳效应示意图

从本文逻辑结构图(上图)可以看出世博会低碳效应主要分为战略效应、技术效应、经济效应和理念效应四方面,而低碳效应实现途径中的战略效应主要通过城市管理者的综合示范将低碳纳入决策范围、技术效应上主要为企业提供竞争平台、经济效应上主要是政策和制度创新、理念效应主要通过宣传和公民参与予以实现。虽然世博会低碳效应也有不足,比如无法确保低碳效应会得到持续深入、技术效应上没有构建有效技术转让机制、经济效应上对低碳农业的关注不足、理念效应公众参与过于被动等等,但这些不足还是通过制度创新、组织专门性的活动予以缓解,因此如何更好地优化延长世博会的低碳效应,如何通过世博会成功拉动我国低碳经济竞争力将成为未来一段时间上海乃至全国不得不认真思考的问题。我们有理由认为世博会已经成为而且将进一步成为上海、上海为核心的长三角乃至中国低碳发展的战略工具。

上海建设"碳金融"中心的国际法考量

■ 李威*

当金融和气候危机肆虐全球的时候，基于国际金融体制改革和全球应对气候变化的背景，上海获得了谋建新兴国际金融中心的历史机遇，而将金融与气候两"危"化解为"碳金融"之机，需要以全球化的视角，充分利用现有国际多边机制的平台，在贯彻"负责任大国"的国际形象之余，促进国际金融法和国际环境法的改革向有利于我国可持续的经济和金融安全的方向发展。在减缓与适应气候变化的国际协作之中，积极争取话语权，以最大化地争取未来的排放权利空间；也应积极争取对国际货币基金组织和世界银行改革的影响力，以"碳货币"的创新设想为起点，最大化地拓展人民币未来的国际地位。基于以上构想，应以政府为主导，着力推动以上海为中心的碳信用市场的建立，整合京津沪等地现有的碳交易机构，积极筹建以中央银行为监管主体、以商业银行为运行主体，以专业交易机构为核心，各类中介机构和国内重要企业广泛参与的，统一协调的"碳金融"体系。总之，通过上海建设国际金融中心的规划，树立应对气候变化和金融危机的双重目标，将为上海确立国际"碳金融"中心的发展方向。

一、"碳金融"：上海国际金融中心建设的"蹊径"

中国已经成为国际社会负责任的新兴大国，而大国的国家政策和

---

* 李威，华东政法大学国际法研究中心客座研究员、国际法学博士研究生；河南工程学院副教授、能源法研究所副所长，研究方向为国际法学。

战略目标制定,都必须在国际法的多边机制下进行。因此,我国将上海市建设国际金融中心的战略目标,亦需要在相关国际法体系下,经由现有规则的广泛参与和未来规则改革和发展的积极推动,实现国家战略的同时维护国家利益。基于中国在应对气候变化的国际环境法与应对金融危机的国际金融法改革中越来越重要的国际地位,"碳金融"将为上海谋建国际金融中心战略目标的实现另辟蹊径。

(一) 上海建设国际"碳金融"中心的机遇

金融危机逐步演变成的全球经济衰退,使得国际货币和金融安全为核心的国际金融法,正面临从 IMF 机制到世界银行股权构成、从美元与 SDR 的国际储备地位消长到人民币的双边货币互换及区域一体化安排的全面改革,中国正逐步争取着国际货币金融体系改革的话语权。同时,《京都议定书》(以下简称《议定书》)为全球减排温室气体提供了市场化的运行机制,引发"碳金融"的产生和发展,中国已经成为国际碳金融交易的主体,更以新兴大国的身份推动了《哥本哈根协议》的达成,并在未来多边减排机制中获得了举足轻重的话语权。因此,上海正面临建设国际"碳金融"中心的历史机遇。

1. 金融危机引发中国强力推进国际金融法改革

2007 年 4 月,以美国第二大次级房贷公司新世纪金融公司破产事件为标志,美国次贷危机爆发。① 次贷危机迅速由房地产市场蔓延到信贷市场,进而演变为全球性金融危机。始于美国的金融危机在国际金融市场之间、金融市场与全球实体经济之间引发传导效应,并通过国际贸易传导到对外依存度较高的国家的实体经济。② 世界各国的国

---

① Atif R. Mian, Amir Sufi, 2008. "The Consequences of Mortgage Credit Expansion: Evidence from the 2007 Mortgage Default Crisis." SSRN Working Paper. http://papers.ssrn.com/sol3/papers.cfm? abstract_ id =1072304.

② 张明:"次贷危机的传导机制",载《国际经济评论》2008 年第 4 期。

内救市措施从稳定金融市场入手，进而通过刺激政策促进实体经济增长。而国际经济政策的协调则从深层次上引发了对现有国际货币金融机制的质疑和改革浪潮。2009 年，我国以推动深层次治理国际金融体制弊病的姿态，针对国际金融体制及国际金融法的现状，特别是以美元为主体的国际储备货币问题，提出了强有力的改革路径。中国人民银行行长周小川于 2009 年 3 月 23 日发表《关于改革国际货币体系的思考》指出，"美国次贷危机的深层次根源，是由美元充当国际结算货币造成的，① 有必要在长远期内创立一种超主权国际储备货币"。② 为渐进式改革国际金融体制，中国除提出上述宏观改革目标外，亦开始在微观策略中谋求话语权的实现。首先，我国开始建立双边或多边非美元结算体制，使各国在经济交往中绕开美元，从而降低大量持有美元带来的风险，并最终创立一个"世界货币多元体系"。③ 其次，我国正着力推动 SDR（特别提款权）的分配改革，以加强新兴国家对 SDR 的话语权。第三，我国愿意买入 IMF 发行的债券，为扩充国际货

---

① 因为世界各国需要出口自己以美元计价、结算的商品的方式，将商品出口到美国，来换取美元用作国际结算货币，然后开展国际贸易。对美国而言，为了维持本国经济体价格体系的正常运转，需要以国债与商业债券等金融创新的方式，将其所需美元从海外吸纳回来。其结果就是，美元外汇储备国的出口经济增长换来的只是美国的货币债权，而不是等价的贸易交换。这样一来，美国只需要出售或出口印刷的美元纸币，就能得到其所需的各种商品。最终，美国变成了"世界的央行"。而金融危机又促使其大肆印制美元，再用美元以购买的方式促进经济复苏，于是，世界经济平衡的杠杆被打破，世界通货膨胀发生。所以，在这次金融危机的冲击下，世界多数国家及金融界专家都已认识到创立一种超主权国际储备货币的重要性。

② 周小川：《关于改革国际货币体系的思考》，http：//news. hexun. com/2009/xwrw302/，[2009 - 5 - 25]。鉴于美国在 SDR（特别提款权）的绝对地位（美国以 371.493 亿特别提款权排第一，中国排第八），及美国在 IMF（国际货币基金组织）中的特殊权利（一票否决权），短期内实现创立一种超主权国际储备货币的目标很困难。

③ 目前，中国已经与韩国、香港、马来西亚、白俄罗斯、印度尼西亚等周边经济体货币当局建立了总计 5 800 亿元人民币的 3 年期双边本币互换安排。通过货币互换支持需要救助的新兴和发展中国家，既有利于中国稳定周边环境，也有助于帮助新兴和发展中国家提振信心，共同应对危机。

币基金组织资金库做出力所能及的贡献。① 中国基于上述国际金融危机引发的国际金融法改革思路，获得了谋取国际金融体制话语权的良机，也正是因为中国对国际金融体制改革的上述倡议和实践，确定了中国谋建国际金融中心的决心。2009 年 4 月 29 日，中国政府明确提出，到 2020 年，要将上海基本建成与中国经济实力和人民币国际地位相适应的国际金融中心。②

2. 气候危机引发中国积极参与国际环境法发展与改革

当前，"全球和地区各级都发生了前所未有的环境变化，并可能已达到临界点，而超过这一临界点就有可能出现迅速甚至是不可逆转的变化。这种前所未有的变化，是由于人类在日益全球化、城市化和工业化的世界上从事活动，导致货物、服务、资本、人员、技术、信息、主张和劳动力的流通不断扩张造成的。"③ 为治理日益恶化的全球气候环境，国际环境法④逐渐成为近年来国际法发展的核心。1992 年《联合国气候变化框架公约》（以下简称《公约》）和 1997 年通过的《议定书》，全面确立了规制全球气候变化领域的国际环境法律制度。2009 年年底的第 15 次公约缔约方会议（Conference of the Parties，COP）虽然达成了《哥本哈根协议》（Copenhagen Accord），但是由美

---

① 2009 年 3 月 27 日，王岐山在《泰晤士报》发表署名文章：*G20 must look beyond the need of the top 20*，http：//news.ifeng.com/mainland/200903/0327_17_1079948.shtml.［2009 - 5 - 25］

② 参见：《国务院关于推进上海加快发展现代服务业和先进制造业建设国际金融中心和航运中心的意见》。

③ 2010—2013 年中期战略：环境促进发展之全球环境的现状和主要趋势，联合国环境规划署环境与发展网，http：//www.unep.org/gc/gcss - x/download.asp? ID = 470.［2008 - 5 - 25］

④ 本报告所提的"国际环境法"均限定在与应对全球气候变化有关的国际公约、国际惯例及国际法院规约第 38 条所阐释的国际法渊源范围内。

国和包括中国在内的"基础四国"① 推动达成的此项政治性协议,未获 UNFCCC 缔约方大会一致通过,因此,《哥本哈根协议》并非是一项具有国际法意义的多边协议。截至 2010 年 3 月 31 日,全世界共有 108 个国家建立了与《哥本哈根协议》的联系,但只有 74 个国家提出了到 2020 年的减排目标和行动计划。② 寄托全球多边政治合作希望的《哥本哈根协议》本身就是未经全体通过的"政治性协议"。因此表明哥本哈根大会在基本政治共识方面未能取得全球一致,全球气候变化谈判已经日趋碎片化,各国都秉承本国发展利益最大化的国家战略,已使未来的减排协作走入了死胡同。

基于中国在应对气候变化的国际机制中的重大贡献和举足轻重的地位,中国政府已经于 COP15 之前公布了自愿减排计划,即到 2020 年我国单位国内生产总值二氧化碳排放比 2005 年下降 40% ~ 45%。③ 2010 年 2 月 24 日,胡总书记在主持政治局集体学习时强调,把应对气候变化作为我国经济社会发展的重大战略和加快经济发展方式转变和经济结构调整的重大机遇,进一步做好应对气候变化各项工作,确保实现 2020 年我国控制温室气体排放行动目标。2010 年 3 月的"两会"期间,减排和低碳发展更成为中国政治经济政策的核心议题。鉴于中国市场经济的发展已经初具规模,中国积极参与应对气候变化的国际机制必须充分重视经济可持续发展这一刚性需求,充分利用市场化的手段而非简单的减排指标,充分结合金融危机治理下的国际金融

---

① 巴西(Brazil)、南非(South Africa)、印度(India)、中国(China)四国首字母刚好组成英文单词:BASIC(基础),基础之意也喻指中国、印度、巴西、南非为当今世界最重要的发展中国家。2009 年 11 月,面对气候变化这个全球议题,2009 年 11 月 26 日 - 27 日,印度、巴西、南非代表曾齐聚北京,共商这次气候大会上的基本立场,四国就开始被冠以"基础四国"的称谓。

② 参见:联合国气候变化框架公约官方网站,http://unfccc.int/

③ 2009 年 11 月 25 日,国务院常务会议决定,上述作为约束性指标纳入国民经济和社会发展中长期规划,并制定相应的国内统计、监测、考核办法。

规则与制度的发展,才能走出逆境。

(二)碳金融:应对金融与气候两重危机的综合方案

面临国际金融危机及其治理,中国推动的国际金融法律体系的全面改革还是个长远的目标,而对于应对气候变化危机的全球协作,中国参与的国际环境法律体系的改革之路又充满荆棘,因此,促使两"危"同时转化为"机"的综合方案将是全球政治资源最经济的策略选择,而"环境金融"的产生乃至"碳金融"的发展恰恰为这一综合方案提供了蓝本。

1. 环境金融的产生

随着国际经济一体化的发展,国际金融日益成为国际经济发展的重要支撑力量。同时,为使日益严重的环境问题和各国经济发展的需求相协调,基于"可持续发展原则"指引的发展路径必然需要在市场经济框架下寻求成本效益的均衡点。当经济手段通过法律的确认而广泛应用于解决环境问题的时候,以资金融通为核心的金融因素顺其自然地与环境问题联系起来了。美国环保局环境金融中心(Center for Environmental Finance, CEF)指出,由于解决环境问题的成本在迅速增大,国家应对环境问题需要制定长期的环境筹资战略,以充分利用金融工具规制环境问题。① 有学者将环境金融定义为,由金融机构主导的,将环境因素引入金融理论和实践中,开发"为转移环境风险的以市场为基础的金融产品"。② 权威的环境金融杂志则将范围广泛的涉及金融的环境问题,概括为天气风险管理(weather risk management),可再生能源证书(renewable energy certificates),排放市场(emissions

---

① 美国环保局环境金融中心网, http://www.epa.gov/efinpage/index.htm, [2009 - 2 - 25]

② Sonia Labatt & R. R. White (2002), "Environmental Finance: A Guide to Environmental Risk Assessment and Financial Products", New York: John Wiley & Sons. 2002, pp viii of foreword.

markets）和"绿色"投资（green investments）。① 相关环境金融产品有：包括绿色抵押（green mortgages）在内的银行产品；② 天气衍生产品（weather derivations）；③ 社会责任投资（socially responsible investment）市场中的绿色基金（green funds）；④ 可交易的排放减少信用（tradable emission reduction credits）；⑤ 巨灾债券（catastrophe bonds）；⑥ 以及基于温室气体减排信用（greenhouse gas reduction credits）而开创的金融产品。⑦

2."碳金融"的发展

2005年生效的《京都议定书》为有效应对气候变化设计了以市场

---

① Environmental Finance, Fulton Publishing, 22 - 24 Corsham Street, London N1 6DR.
② 发达国家的许多银行已经把环境因素、可持续发展因素纳入贷款、投资和风险评价程序。一般情况下，环保企业凭借其"绿色"即可获得绿色抵押贷款，一些银行还会给予有很好环境记录的客户以更多的优惠。2003年7个国家的10个主要银行还宣布实行"赤道原则"，即由这些银行制定的、旨在管理与发展项目融资有关的社会和环境问题的一套自愿性原则。目前赤道原则已经成为项目融资的新标准。
③ 利用天气衍生品对天气风险进行控制以避免天气的不确定性对经济的影响始自1997年，目前天气衍生品市场已成为金融衍生品市场中最新、最具活力的市场。美国、欧洲、亚洲、拉美的金融机构都纷纷进入这一市场，利用航空港、海港的天气指数与大豆、原油、汽油等大宗商品的期货价格之间的差价进行套利。
④ 类似可持续基金、生态基金等基金是由基金管理公司管理的专门投资于能够促进环境保护、生态环境和可持续发展的共同基金。这类基金产品将投资者对社会以及环境的关注和他们的金融投资目标结合在一起，随着低碳经济的发展，这类基金的总体的投资收益将高于一般的投资基金。
⑤ 排放减少信用是指若排污者治理污染而使其实际排污量低于允许排污量，该排污者可以向主管机构申请排放减少信用（即实际排污量与允许排污量之间的差额）。美国已立法确立了排污权（排放减少信用）的金融衍生工具地位，并可以有价证券的方式在银行存储，并且可出售。
⑥ 巨灾债券于1997年推出。巨灾风险证券化成为将巨灾保险风险向资本市场转移的有效途径，有利于投资品种的多样化，使资本市场的充足资金应用于保险业，并消除了政府直接承受环境污染等巨灾赔偿资金的负担。
⑦ Sonia Labatt & R. R. White (2002), Environmental Finance: A Guide to Environmental Risk Assessment and Financial Products. New York: John Wiley & Sons, 2002, p10.

为基础的三种灵活机制,① 使得市场化手段开始在全球范围内为提高"气候公共物品"的稀缺性资源配置的效率而发挥作用。由于《京都议定书》对各工业化国家温室气体限排和减排义务的规定都是用 CO_2 减排量来计算,所有其他五种温室气体(CH_4、N_2O、HFCs、PFCs、SF_6)的减排量都要折算成 CO_2 的减排量(CO_2 当量)。因此,基于温室气体减排而产生的信用即可统称为"碳排放减少信用"(carbon emission reduction credits)。随着碳信用的产生,碳市场和碳交易开始发展。自《议定书》生效以来,碳交易规模显著增长,2007 年达到 640.35 亿美元,② 相当于 2005 年的 6 倍,碳市场发展成为全球最具发展潜力的商品交易市场。同时,与碳交易相关的贷款、保险、投资等金融问题相应产生。可以说,由《议定书》规制的碳排放减少信用而开发的金融衍生工具,属于上述环境金融的组成内容,但具备了"碳金融"的独特内涵。"碳金融"包含了市场、机构、产品和服务等要素,是金融体系应对气候变化的重要环节。为实现可持续发展、减缓和适应气候变化、灾害管理三重环境目标提供了一个低成本的有效途径。③

世界银行碳金融部门认为,碳金融提供了各种金融手段,利用新的私人和公共投资项目,减少温室气体的排放,从而缓解气候变化,同时促进可持续发展。④ 因此,碳金融可以理解为应对气候变化的金融解决方案。碳金融发展必须依托全球碳市场,目前这个市场由京都

---

① Kyoto Protocol to the United Nations Framework Convention on Climate Change, Conference of the Parties, 3d Sess., U. N. Doc. FCCC/CP/1997/L. 7/Add. 1. [1997 - 12 - 10].

② "Carbon Market at a Glance, Volumes & Values in 2006 - 07", [M/OL]. World Bank Institute. http://wbcarbonfinance.org/docs/State_ Trends_ FINAL.pdf. [2009 - 1 - 28].

③ Labatt, Sonia., White, Rodney R. John (2007), "Carbon finance: the inancial implications of climate change", Wiley & Sons, 2007. pp12.

④ "About World Bank Carbon Finance Unit (CFU)", [M/OL]. World Bank Institute, http://wbcarbonfinance.org/Router.cfm? Page = About&ItemID = 24668, [2009 - 1 - 28].

机制下两个不同但又相关的交易系统组成：一种是以配额（Allowances）为基础的交易，在欧盟、澳大利亚新南威尔士、芝加哥气候交易所和英国等排放交易市场创造的碳排放许可权；另一种是以项目（Project-based transactions）为基础的减排量交易，通过清洁发展机制、联合履行以及其他减排义务获得的减排信用交易额。国际金融公司（International Finance Corporation，IFC）下设专门机构 Sustainable Financial Markets Facility（SFMF）开展"可持续发展和减轻气候变化领域的金融服务"。

环境金融的产生和碳金融的发展，将应对气候变化为主的环境问题的解决纳入了现代货币金融体系，为治理环境问题提供了交易和资金融通的便捷，成为当前治理气候危机与金融危机的综合手段。已经开发并已进入实质运行阶段的碳金融手段包括：以排放权为载体的许可证、减排信用及相关衍生交易产品；以"负责任的投资原则"[①]和"赤道原则"为基础的银行类环境金融产品；以投资基金和担保基金为主的基金类环境金融产品；以及环境项目融资和环境保险等。

二、"碳金融"市场的创建：应对气候变化的国际环境法

为治理日益恶化的全球气候环境，国际环境法逐渐成为近年来国际法发展的核心。《公约》和《议定书》为"碳金融"市场的创建确定了国际法基础。目前，温室气体减排量全球交易已经形成了一个特殊的碳金融市场（包括直接投融资、碳指标交易、银行贷款）。金融机构也在不断开发关于碳排放权的商品并提高金融服务水平，而作为超限排放需求方的企业为减少今后的减排费用也开始筹建各类减排资产项目组合。根据世界银行报告，2008年碳金融市场的交易额度已经

---

① 该原则是在多个国际投资机构与联合国秘书长安南的倡议下，由联合国环境规划署"金融倡议"和联合国"全球契约"共同起草制定的。

达到 1 263 亿美元，预计 2009 年将达到 1 500 亿美元。[1]

（一）《议定书》"灵活机制"创立的碳信用市场

追溯 1968 年欧洲议会理事会通过的《控制大气污染原则宣言》，国际环境保护首创国际软法。1997 年通过的《京都议定书》，全面确立了规制全球气候变化的国际环境法，更创建了国际碳金融市场。1997 年 COP3 通过的《京都议定书》，为议定书附件 B 国家[2]的温室气体排放量做出了具有法律约束力的定量限制；为各国采用成本效益最佳的方式来削减排放温室气体开创了灵活机制。截至 2010 年 3 月 31 日，共有 191 个缔约方，其中附件 B 国家 39 个[3]。《议定书》建立的"灵活机制"包括第 17 条规定的排放贸易机制（Emission Trading，ET）、第 6 条规定的联合履行机制（Joint Implementation，JI）以及第 12 条规定的清洁发展机制（Clean Development Mechanism，CDM）统称为"灵活机制"。[4] 前者是基于配额的交易机制，后两者是基于项目的交易机制。由于二氧化碳是主要的温室气体，此类交易被统称为"碳交易"。由于"碳"成了和其他商品一样受人们关注和交易的对象，"碳市场"就自然形成了。

京都机制是由美国代表团将巴西申请为发展中国家减排和适应气候变化的拨款建议书改变而成的补偿机制。[5] 美国代表团根据美国

---

[1] State and Trends of The Carbon Market 2009, World Bank, EXECUTIVE SUMMARY, P1.

[2] 附件 B 国家指《京都议定书》附件 B 列出了同意在 2008 年至 2012 年承诺控制其温室气体（GHG）排放的发达国家，包括经济合作与发展组织（OECD）成员国、中欧和东欧国家及俄罗斯联邦。

[3] UNFCCC, http://unfccc.int/parties _ and _ observers/parties/annex _ i/items/2774.php, [2009-1-28].

[4] 灵活机制的中文翻译以《京都议定书》的中文文本为准。UNFCCC. Text of the Kyoto Protocol. http://unfccc.int/resource/docs/convkp/kpchinese.pdf, [2008-10-10].

[5] Oberthür, S. and H. Ott (1999). "The Kyoto Protocol: International limate Policy for the 21st Century". Springer, Berlin.

1995 年《美国酸雨项目》（U. S. Acid Rain Program）以及《清洁空气法案》（Clear Air Act）规范的二氧化硫排放交易计划,[1] 希望在《议定书》大范围采用交易机制。发达国家相信，通过向发展中国家拨款而要求他们减排温室气体，会比改进发达国家本身的能源基础设施还要便宜。[2] CDM 和 JI 允许发达国家投资于温室气体减排活动，以换取在国外抵消排放信用。其中 CDM 预期将在 2012 年前年减少二氧化碳当量（$MtCO_2e$）达 515 亿吨。[3] 清洁发展机制的主要目的就是协助非附件一国家能够达到可持续发展，并协助附件一国家履行《京都议定书》之减量承诺。清洁发展机制通过一级市场的建立，完善了基于项目的碳排放交易市场。

京都机制利用市场手段，以实现高效率的基础广泛地应对气候变化的经济模式。这些新兴市场从污染源交易中创造新的财富。通过确立包括成本、价格等因素的碳交易机制，以及不同类型的配额和排放减少信用，为各经济体创造新的发展模式并赢得竞争优势。AAUs[4]、ERUs[5]、CERs[6] 等都属于可交易的碳信用范围，由于其归属分配和实际使用并非发生在一个时间点上，使得碳信用具备了金融衍生产品的某些特性，为国际金融充分介入碳交易奠定了基础。

---

[1] Sonia Labatt & R. R. White (2002), "Environmental Finance: A Guide to Environmental Risk Assessment and Financial Products". New York: John Wiley & Sons, 2002. pp vii of forword.

[2] Burtraw, D. (2000), "Innovation Under the Tradable Sulfur Dioxide Emission Permits Program in the US Electricity Sector." Resources for the Future, Washington, DC.

[3] "CDM Pipeline Spreadsheet", [M/OL]. UNEP Risoe Center, http://www.cdmpipeline.org/publications/CDMpipeline.xls (estimating CDM projects reduce 464 MtCO2e annually; see Table 2, Totals for 1000 CERs). JI projects reduce approximately 51 MtCO2e annually. See UNEP Risoe Center, JI Projects: Status of JI Projects, http://cdmpipeline.org/ji-projects.htm, [2008-11-01].

[4] 指排放贸易机制下的"分配数量单位"（Assigned Amount Units），一个 AAU 等于 1 吨 CO_2 当量。

[5] 指联合履行机制下的项目减排量"减排单位"（Emission Reduction Units）。

[6] 指清洁发展机制下的减量单位"核证减排量"（Certified Emission Reductions）。

(二)国际"碳金融"市场的现状

"碳交易"市场机制基于《京都议定书》规范为国际法之后,大量碳交易是通过各国在京都机制之外单独建立的国际碳排放权交易一级和二级市场进行的。并且在"配额"和"项目"两个框架内依据不同方式发展起来。

1. 碳信用的配额型交易市场

除《京都议定书》下的分配数量单位(AAUs)产生的碳交易市场外,英国于2002年启动了排放交易体系(UK ETS),英国排放贸易体系创建了世界上第一个经济金融手段进行的温室气体交易体系。① 澳大利亚新南威尔士温室气体减排体系(NSW/ACT)于2003年建立。设立了为期10年的州一级温室气体减排体系。通过分配一定数量的许可排放量,实现碳信用下的实际交易。② 美国的芝加哥气候交易所(Chicago Climate Exchange,CCX)和气候期货交易所(Chicago Climate Futures Exchange,CCFX)建成了全球第一家规范的气候交易市场,是合法约束温室气体减排、登记和交易的机制。目前最大的碳交易系统是欧盟于2005年建立的排放交易体系(EU ETS)。通过对每一个排放实体分配"欧洲排放单位"(EAU,相当于每吨CO_2当量排放权),在超额排放和富裕排放实体之间进行碳信用的交易。下表说明了碳交易市场的巨大活力。

---

① The International Energy Agency (IEA), http://www.iea.org/textbase/work/2003/ghgem/uk.pdf,[2009-3-01].

② 王卉彤:《应对气候变化的金融创新》,中国财政经济出版社2008年版,第181页。

表1 2007—2008年碳市场成交量与成交额

	2007		2008	
	成交量（百万吨二氧化碳当量）	成交额（百万美元）	成交量（百万吨二氧化碳当量）	成交额（百万美元）
基于项目的交易（Project-based Transactions）				
清洁发展机制一级市场（Primary CDM）	552	7 433	389	6 519
联合履行机制（JI）	41	499	20	294
自愿减排市场（Voluntary market）	43	263	54	397
小计	636	8 195	463	7 210
清洁发展机制二级市场（Secondary CDM）				
小计	240	5 454	1 072	26 277
配额市场（Allowances Markets）				
欧盟排放交易体系（EU ETS）	2 060	49 065	3 093	91 910
澳大利亚新南威尔士	25	224	31	183
芝加哥气候交易所	23	72	69	309
区域温室气体应对行动计划（RGGI）	na	na	65	246
温室气体排放分配数量单位（AAUs）	na	na	18	211
小计	2 108	49 361	3 276	92 859
总计	2 984	63 007	4 811	126 345

资料来源：State and Trends of The Carbon Market 2009, World Bank, EXECUTIVE SUMMARY, P1.

2. 碳信用的项目型二级交易市场

项目型交易基本规范在《议定书》框架下的清洁发展机制和联合履行机制中的一级市场上。项目型碳交易的二级市场是由大量碳投资基金的投资行为引发的,使得在法定的一级市场之外建立起了规模庞大的不受国际法约束的碳金融市场。这类投资基金已经从环保项目的二级市场投资中获得了巨大的利益,但这并不是国际法应对气候变化的灵活机制所预设的情景。此类市场的交易模式是投资基金与发展中国家项目业主签署合同后,将购得的碳信用转售给公约附件一国家。二级市场的建立属于纯粹的碳投机行为,但是作为碳金融的一种形式,适度发展将推动 CDM 机制的效率。目前的碳投资基金数量庞大,从世界银行 1999 年的原型碳基金(PCF)、生物碳基金(BioCF)、社区发展碳基金(CDCF)、伞形碳基金、框架碳基金(UCF)到国家层面上的荷兰清洁发展机制基金(NCDMF)、荷兰欧洲碳基金、意大利碳基金(ICF)、丹麦碳基金(DCF)、西班牙碳基金(SCF)、欧洲碳基金(CFE);从商业金融机构瑞士信托银行的"排放交易基金"到非政府组织管理的"美国碳基金组织"再到私募碳基金"复兴碳基金",投资基金的大量出现和运作在推动碳金融市场繁荣的同时,也增加了虚拟经济过度炒作而带来的巨大风险。

三、"碳金融"中心的保障:国际金融法的创新与改革

国际金融中心是国际金融市场发展的产物,它不仅可以平衡私人、企业储蓄和投资以及将金融资本从存款人转向投资者,还可以影响地区之间的存款转移。银行与金融服务中心充当了交易功能和层际空间的价值储藏功能的媒介。金融中心不仅要为国内区域间的支付提供场所,而且必须能够提供专业化的国际支付和借贷等服务。[①] 碳交易市场的发展也必将产生碳金融中心,其发展也将为国际金融法开辟新的治理领域,并为其改革提供契机。

---

① Kingderberger, Chris: *The Formation of Centers: A Study in Comparative Economy History*, Princeton Study in International Finance, 1974, p. 36.

(一) 国际金融法体制下的"碳金融"发展与改革

国际金融组织已经在多边国际金融框架下,依托世界银行集团的各个机构开展了多年的"碳金融"业务。然而,以国际货币基金组织 IMF 为代表的最重要的国际金融组织却仍然在"布雷顿森林体系"的阴影下,扮演着维护美国金融霸权的代言人的角色,随着碳信用交易的飞速发展,以排放权为业务支点的"碳金融"产品的开发浪潮,正借着金融危机之机,以"碳货币"的主张,向不公正的国际金融体制发起挑战。

1. 国际金融组织开展的碳金融实践

世界银行成立了专门的碳金融部门(World Bank Carbon Finance Unit, CFU),使用 OECD 国家政府和企业的资金,向发展中国家和经济转型国家购买以项目为基础的温室气体减排量。减少的排放量由碳金融部门的一个碳基金出资购买,同时,也在清洁发展机制或联合履行机制框架内进行。与世界银行其他发展产品不同,碳金融部门不向有关项目贷款或赠款,而是采用类似商业交易的模式通过合同进行减排量的交易。碳金融不但可以增加项目的资金融通能力,还能降低纯粹商业贷款或赠款的风险。世行碳金融部门的工作则是促进全球碳市场的发展,降低交易成本,支持可持续发展,使发展中国家受益。① 另外,世界银行还通过"碳金融援助计划"(Carbon Finance Assist)来确保发展中国家和经济转型国家能够充分参与《京都议定书》的灵活机制,并受益于可持续发展的成果。同时,世界银行集团的"清洁能源投资框架"(Clean Energy Investment Framework, CEIF)通过投资致力于扩大能源服务,探索选择低碳增长,增强适应气候变异与变化的能力建设。2007 年,世界银行集团还发起了"碳伙伴关系基金"

---

① World Bank Carbon Finance Unit (CFU), http://wbcarbonfinance.org/Router.cfm?Page = About&ItemID = 24668,[2008 – 08 – 22].

(Carbon Partnership Facility，CPF），并在 2007 年末开始发展一项名为"气候变化与发展战略框架"（Strategic Framework on Climate Change and Development）计划。① 国际金融公司（International Finance Corporation，IFC)② 致力于开发碳市场。IFC 为此专设碳金融机构（IFC Carbon Finance Unit），直接为合格的买家和卖家提供碳融资服务。该机构指导并支持私营部门参与不断变化的碳市场，通过碳融资项目的碳信用额度，创建长期信贷风险的新兴市场。IFC 的碳融资产品和服务包括：碳交付保险（Carbon Delivery Guarantee）、销售碳信用额度现金流的货币安排（monetization of future cash flows from sales of carbon credits）、富碳产品与营业的债权和资产安排（Debt and equity for carbon rich products and businesses）与气候中介机构和政府合作，以各种资本运营手段促进碳信用的实现。

2. "碳货币"博弈对现有国际金融体制的冲击

国际社会动用巨大的政治资源进行碳排放限制的谈判，本质上就是各国碳排放量额度的争夺，政治博弈的焦点就是碳排放的配额及其分配问题。今后，各国国际收支平衡、贸易摩擦、汇率问题都会与碳市场高度联系起来。因此，在目前的这种美元继续衰落、欧元难以担当重任的国际金融体系下，基于经济实力、地缘政治等诸多因素进行多方博弈所形成的碳排放量，有可能成为未来重建国际货币体系和国际金融秩序的基础性因素。国际货币金融体系的发展史就凸显了"煤炭－英镑"、"石油－美元"的商品货币金融模式。金融危机引发了建立超主权货币的倡议，加之碳交易市场的多元供给容易造成计价货币

---

① WRI ISSUE BRIEF: "Correcting the World's Greatest Market Failure: Climate Change and the Multilateral Development Banks". http://pdf.wri.org/correcting_the_worlds_greatest_market_failure.pdf, [2008-12-05].

② 国际金融公司是联合国的专门机构，它为发展中国家私营部门的项目提供多边贷款和股本融资，http://www.ifc.org/fms, [2008-12-05].

的多元化，因此，碳金融的发展将有可能促使未来货币格局的改变。碳交易的兴起和与之相关低碳能源的巨大市场前景将成为助推货币多元化格局的绝好契机。欧美已经展开了强劲的"碳货币"博弈，中国作为日益崛起的经济大国，将成为碳货币博弈的积极参加者。由于欧盟是京都机制最大的推动者，欧元已经成为碳金融的最强有力的结算货币。目前在欧盟排放交易体系（ET ETS）下的七大碳排放交易中心都以欧元计价，欧元已经成为碳现货和碳衍生品场内交易的主要计价结算货币。例如欧洲气候交易所（ECX）、欧洲能源交易所（EEX）①和奥地利能源交易所（EXAA）②、法国能源交易所（Powernext）③、北欧电力库（Nord Pool）④、环境交易所（Bluenext）⑤和气候交易所（Climex）⑥等。与之相比，由于美国至今未加入《京都议定书》，以美元计价的芝加哥气候交易所和推出碳期货、期权的芝加哥气候期货交易所的交易规模相对较小，但美元借助国际储备货币的地位亦成为碳货币的主要竞争者。印度多种商品交易所（MCX）已推出 EUA 期货和 5 种 CER 期货，是发展中国家的真正交易所交易。印度国家商品及衍生品交易所（NCDEX）2008 年 4 月也推出了 CER 期货，印度的两个交易所都以卢比计价。⑦此外由于印度采取的是单边碳策略，将

---

① 2002 年由德国莱比锡电力交易中心与位于法兰克福的欧洲能源交易市场合并而成。参见：http://www.eex.com

② 该机构成立于 2001 年，从事排放权的现货交易，参见：http://www.exaa.at.

③ 该机构进行排放权的现货实时交易，参见：http://www.powernext.fr.

④ 挪威于 1993 年建立，1996 年瑞典加入，2000 年芬兰、丹麦加入而成为北欧国际交易中心。参见：http://www.nordpool.com

⑤ 2008 年由纽约泛欧交易所集团与法国信托投资银行合作设立。参见：http://www.bluenext.com

⑥ 2005 年，荷兰的 Climex 交易所与西班牙 SendeCO$_2$ 交易所及亚洲国际碳交易所建立合作关系，以期实现与 CERS 的交易，该机构从事排放权的现货与期货交易。参见：http://www.climex.com

⑦ CDM 及 JI 追踪第 6 卷第 16 期 2008 年 8 月 20 日，参见：http://www.pointcarbon.com

注册成功CDM项目所涉及的碳减排权存储起来,受制买方较小,采用卢比计价和结算的空间较大。澳大利亚借助新南威尔士温室气体减排体系(GGAS)成为全球最早强制实施的减排体系之一。将于2010年正式实施的排放交易制度也以澳元计价。澳大利亚气候交易所(ACX)与澳大利亚证券交易所(ASX)已于2009年初开始碳信用期货交易。[①] 作为GGAS的延续,澳元仍将在全球碳交易计价结算货币中占一定比例。此外,2006年7月成立的加拿大蒙特利尔气候交易所(MCeX)、2008年7月成立的新加坡贸易交易所及香港交易所都计划推出CER交易。韩国、阿联酋等也有此动议。此外还有属于拍卖性质的巴西商品期货交易所(BM&F)和新加坡亚洲碳交易所(ACX)。以上新兴市场的碳交易所都将采用本币标价,竞争可谓非常激烈。伴随各国在碳交易市场的参与度提高,将有越来越多的国家搭乘碳交易快车提升本币在国际货币体系中的地位,加速走向世界主导国际货币的行列,而中国等发展中国家会因为标价权的丧失而错过这一历史机遇。

(二) 国际碳金融中心的争夺

现有的公认的国际金融中心,无外乎伦敦、纽约和东京。伦敦拥有18%的全球银行借贷额,33%的全球外汇交易额、60%的全球股票成交额,以及决定世界黄金价格的黄金市场和世界第二大金融期货市场。[②] 伦敦、纽约和东京三大国际金融中心,集中了全球外汇交易量的60%,国际银行贷款的40%以及国际债券发行量的30%。[③] 现有的碳金融中心也集中在英美两国。

---

① 点碳网:http://www.pointcarbon.com
② 冯德连、葛文静:"国际金融中心成长的理论分析",载《中国软科学》2004年第6期,第42-43页。
③ 游碧蓉:"透视国际金融中心的百年变迁",载《亚太经济》2001年第21期,第11-13页。

1. 英国伦敦的国际碳金融中心地位

英国是京都减排机制下最积极的倡导者和推动者，于 2002 年启动了排放交易体系（the UK Emissions Trading Scheme, UK ETS），英国排放贸易体系创建了世界上第一个通过经济金融手段进行温室气体交易的体系。其目标是双重的，不但要使英国企业从碳交易中获利，还要协助实现英国的减排指标。该体系建立早期，计划使伦敦金融城建成全球温室气体排放权交易中心。① 为了协调与欧盟排放交易体系的关系，该体系于 2006 年年底结束，② 但伦敦一直都是欧盟的碳交易金融中心。基于 2003 年 10 月 25 日生效的欧盟理事会《在共同体内建立温室气体排放权交易框架的指令》，欧盟建立了全球最大的排放交易体系（EU ETS），交易中心仍在英国伦敦。该交易体系是典型的总量控制和排放交易（cap-and-trade）。③ 2004 年 11 月 13 日生效的欧盟连接指令（EU linking directive）④ 允许 EU ETS 所管辖的各设施从 2005 年起使用 CDM 机制的核证减排量（CER）、JI 机制的减排单位（ERU）来抵消自己的减排量 EUA，从而将 EUA 与京都机制紧密联系在一起。2008 年全球碳市场总成交额中有 919.1 亿美元是通过 EU ETS 的平台完成的，占全部成交额的 72.7%，EU ETS 在国际碳金融市场占据绝对的主导地位。在交易所建设方面，气候交易所公共有限公司（Climate Exchange plc, CLE）⑤ 更使伦敦成为全球碳金融的中心，CLE

---

① The International Energy Agency (IEA), http://www.iea.org/textbase/work/2003/ghgem/uk.pdf, [2009-3-01].

② 吴向阳：" 英国温室气体排放贸易制度"，载《中国社会科学院可持续发展研究中心研究快讯》，2006 年 3 月。

③ EU ETS, http://ec.europa.eu/environment/climate/emission/, [2009-11-22].

④ Directive 2004/101/EC of the European Parliament and of the Council, http://eur-lex.Europa.eu/LexUriServ/LexUriSer.do?uri=CELEX:32004L0101:EN:NOT, [2007-11-12].

⑤ http://www.climateexchangeplc.com/

是伦敦证券交易所公共有限公司（London Stock Exchange, LSE）[①] 的组成部分。主要从事包括减排信用单位在内的环境金融业务的运营和交易，旨在帮助交易主体以较低的经济成本实现环境目标。气候交易所公共有限公司有三个核心业务：首先，通过欧洲气候交易所（ECX）[②] 为 EU ETS 提供合格证书认证；其次，通过芝加哥气候交易所（CCX）[③]，为温室气体减排提供自愿的，但受合同约束的"上限和贸易"（cap and trade）交易系统；第三，通过芝加哥气候期货交易所管理正在发展壮大的环境期货合约的组合投资。此外，气候交易所公共有限公司还投资于类似保险期货交易所（IFEX）[④] 的新金融产品开发，并在全球拥有三处投资，包括中国天津排放权交易所[⑤]、加拿大气候交易所[⑥]、澳大利亚气候交易所[⑦]。

2. 美国芝加哥的国际碳金融中心地位

2001 年 3 月，布什政府宣布退出《京都协议书》。[⑧] 然而，美国却在国内展开了全面的、以自愿减排为核心的市场化机制。成为国际碳金融中心，必须拥有最基本的金融机构——商业银行，也必须拥有促

[①] 伦敦证券交易所地处全球最大金融中心伦敦，是全球最成功和最充满活力的金融机构。2007 年 10 月，与意大利证交所合并组建伦敦证券交易所集团，创造了欧洲领先的多元化的金融业务。
[②] http://www.ecx.eu/
[③] http://www.chicagoclimatex.com/
[④] The Insurance Futures Exchange, http://www.theifex.com/
[⑤] http://www.chinatcx.com.cn/templet/default/index_ cn.jsp
[⑥] http://www.mcex.ca/index_ en
[⑦] http://www.envex.com.au/contactus.htm
[⑧] 1997 年 7 月 25 日，美国参议院通过伯瑞德—海格尔决议（Byrd - Hagel Resolution），该决议规定在以下任一情况下，美国不得签署任何与 1992 年《联合国气候变化框架公约》有关的议定书或协定：一是《联合国气候变化框架公约》的发展中国家缔约方不同时承诺承担限制或者减少温室气体排放义务，却要求美国等发达国家缔约方承诺承担限制或者减少温室气体排放义务的；二是签署该议定书或协定将会严重危及美国经济的。该决议成为此后美国历届政府制定气候变化政策的纲领性文件。

进交易效率的交易所。美国已经依托其国内活跃的金融交易平台，获得了国际碳金融中心的地位。芝加哥商品交易所（Chicago Mercantile Exchange，CME）①是美国最大的期货交易所，2007年与芝加哥期货交易所（CBOT）合并成立芝加哥交易所集团，成为世界上期货与期权交易规模最大且最多元化的金融交易所，造就了金融市场的全球领袖。芝加哥交易所集团提供诸如天气等投资产品的期货与期权。美国芝加哥期货交易所（Chicago Board of Trade，CBOT）②还是经美国环保部指定的二氧化硫排放权交易场所，获得了环境金融交易的丰富经验。成立于2003年的芝加哥气候交易所（Chicago Climate Exchange，CCX）是全球第一个温室气体减量的市场交易平台，是全球第二大的碳汇贸易市场，是全球交易品种最多的气候交易市场，可同时开展二氧化碳、甲烷等6种温室气体的减排交易。2004年，芝加哥气候交易所在欧洲建立了分支机构欧洲气候交易所（ECX），2005年与印度商品交易所建立了伙伴关系，此后又在加拿大建立了蒙特利尔气候交易所。美国芝加哥气候交易所的成立，促使美国碳金融额度交易价格透明化，提升了国家整体减排能力。联合国秘书长安南先生称赞芝加哥气候交易所是"建二氧化碳排放市场的成功范例"。③芝加哥气候期货交易所（Chicago Climate Futures Exchange，CCFE）创立于2004年，是全球第一家气候金融衍生品交易所。CCFE提供的碳金融服务包括标准化合约服务和中央结算服务，CCFE提供的碳金融服务秉承价格透明原则，以提高市场交易效率，为市场交易、风险管理和投机目的

---

① http://www.cme.com
② 芝加哥期货交易所是世界上最古老的期货和期权交易所。拥有超过50个不同的期权和期货合约的交易，由超过3 600个会员单位通过公开竞价和网络进行交易。2007年7月12日，芝加哥期货交易所与芝加哥商品交易所合并，成立了芝加哥商品交易所集团。
③ 朱家贤：《环境金融法研究》，法律出版社2009年版，第147-158页。

提供参考。① 美国银行（Bank of America）已于2007年7月宣布成为最重要的场内碳交易市场芝加哥气候交易所（CCX）的会员。之后，美国银行还成为了CCFE和欧洲气候交易所（ECX）的会员。该银行还将以战略投资者的身份入股以上三家交易所的控股股东——气候交易所公司（Climate Exchange PLC，CLE）。美国银行将此次加入CCX和入股CLE视为是其发展碳排放权交易平台的重要步骤。传统意义上交易所场内温室气体排放权市场，为《京都议定书》限制的企业提供了排放权的融通途径，而其标准化的标的和碳价格的波动也为金融机构提供了具备吸引力的机会。从自身而言，碳交易所也希望借助金融机构的作用使碳交易具有更广阔的市场。②

四、"碳金融"博弈：上海的定位和目标

应对气候变化的国际环境法已经为碳金融设置了基本规则，应对金融危机下的国际货币金融法改革又为中国谋取国际金融话语权提供了契机，中国银监会主席刘明康于2010年初指出，金融机构要成为低碳理念推广的"践行者"和低碳金融服务的"创新者"。随着国际碳交易市场不断扩大，碳排放权已经衍生成为具有投资价值和流动性的金融资产。③ 上海正着力建设新兴国际金融中心，应将发展思路定位于"碳金融"，确定以中央银行监管、商业银行推进、交易机构整合、企业广泛参与的碳金融目标。

（一）上海建设国内统一的碳金融市场的必要性

由于中国可能会在较长一段时间内不放开资本项下的人民币可兑

---

① hppt：//www.ccfe.com
② 金士星："美国银行染指碳交易市场"，载《中国证券报》，2007年7月27日第A14版。
③ 刘明康："后金融危机时代中国金融业的改革和发展"，2009中国金融论坛，2010年1月22日。

换，同时中国的储蓄动员和资本积累在较长一段时间内依旧由银行主导，导致上海国际金融中心发展模式在较长一段时间内很难成为像纽约、伦敦那样的国际、国内资本输出地，即上海国际金融中心发展的大国、服务实体经济模式可能需要较长一段时间才能确立。因此，上海不能忽略国际金融中心发展模式的小国模式，即重视发展有专业优势的金融业务，依靠"碳金融"尚未发展完善的新兴均势，在短期内丰富上海金融市场的"碳金融"品种和服务类型，充分利用我国在多边金融体制和多变气候机制改革的成果和日益提升的国际地位，以"碳金融"策略在上海谋建国际新兴金融中心。

目前，中国处在推进产业结构调整、实现经济结构由"高碳"向"低碳"转型的关键时期，金融服务方式的转变已经刻不容缓。在低碳经济转型过程中，银行业在业务拓展方面将大有可为。传统产业的改造升级，使银行业在提供低碳经济相关金融服务创新方面空间巨大，并将产生巨大的"绿色信贷"需求。另外，银行可通过提供信用咨询、理财产品、低碳项目融资等服务新产品直接参与碳交易市场。我国从2007年开始，即由国家环保总局与金融业联手推出"绿色信贷"、"绿色保险"、"绿色证券"三项绿色环保政策，使"绿色金融"制度初建。随着全球"碳减排"需求和碳交易市场规模的迅速扩大，碳排放权进一步衍生为具有投资价值和流动性的金融资产，碳金融逐渐成为抢占低碳经济制高点的关键。目前，中国是全球最大的碳排放国。联合国开发计划署的统计显示，中国提供的碳减排量已占到全球市场的30%以上，预计到2012年，中国出售的碳排放指标将占到全球市场的40%左右。面对中国庞大的碳交易市场，北京环境交易所、上海环境能源交易所、天津排放权交易所、重庆排污权交易所和山西吕梁节能减排项目交易中心等交易机构竞相成立。最近，广东、江苏、湖北等省也在加紧筹备成立碳排放交易所。然而，由于这些碳交易市场主要基于项目交易，不是标准化的交易合约，加之信息不透明，中国企业在谈判中常常处于弱势地位，所以，不具备价格方面的话语权。碳排放交易中大部分买方是境外企业，国内企业与国际买家谈判时，最终的成交价格与国际市场价格相去甚远。

与欧美国家的碳交易市场相比，中国分散而隔离的碳交易市场不论是在规模上还是在功能上都有很大差距，组建国家级的碳交易市场不仅十分必要，而且迫在眉睫。中国亟须建立一个包括碳排放在内的统一的排放权市场，以整合各种资源信息，通过市场发现价格，用市场化的方法去规范企业的单兵作战。而统一的交易市场的成立则能够为买卖双方提供一个公平、公正、公开的对话机制；交易的模式也非常简洁，即通过引入竞价机制充分发现价格，从而有效地避免暗箱操作。同时，统一的交易市场还是一个更有利参与国际市场的途径。因为，统一的碳交易市场不仅有利于减少买卖双方的交易成本，还能极大地增强中国在国际碳交易定价方面的话语权。可以设想，在现有的多家碳交易所的基础上，增加一个自动报价系统，将所有区域性交易所合并为国家级碳排放交易所，从而建立一个和证券交易所、期货交易所以及金融期货交易所相似的碳排放交易所。

（二）以上海为核心的碳金融中心布局

以减排温室气体为核心的全球应对气候变化国际机制的博弈，充分表明了欧美国家借以碳排放指标和减排额度的重新分配，旨在建立新的国际政治、经济秩序和利益格局。中国既然已经置身其中，就必须把握机遇，利用自身优势发展低碳经济，尽快建立中国的碳金融制度。当前，中国的碳金融中心布局散乱，缺乏规划，难以形成规模优势，散布于京津沪三地为主的交易机构没有统一的交易标准，也无法进行场内交易，各类金融机构的参与度仍然停留在"绿色信贷"的层面，无法与英美两国已经形成的碳金融中心大规模的金融衍生交易相比。国家发改委正在酝酿环境权益交易相关管理办法，全国能源交易机构将被限定在 10 个以内。① 因此，当务之急，就是要整合中国现有的碳金融机构，借助中央政府谋建上海国际金融中心的契机，以上海为中心，尽快构建碳金融中心。

首先，我国应尽快整合中国参与的清洁发展机制市场。截至 2010 年 2 月 2 日，在 EB 注册的 CDM 项目为 2 029 个；其中注册的中国 CDM 项目为 732 个；被拒绝的 CDM 项目为 137 个；其中被拒绝的中国 CDM 项目为 40 个；签发的笔数为 1 497；总的签发量为 3.731 717 91亿吨，其中中国 CDM 项目获得签发量为 1.778 904 43 亿吨。据 2010 年 4 月 8 日发布的最新信息，截至 2010 年 3 月 17 日，国家发展改革委批准的全部 CDM 项目为 2 443 个。② 目前，在国内已经掀起高潮的 CDM 项目也正在国际上遭受权证审批阻碍。而最根本的原因是场内交易的缺失，大量的碳交易在无法监测的环境下进行，使得目前国内不具备碳交易的价格形成机制。碳金融体系不健全，导致我国碳交易议价能力弱。目前我国企业参与碳交易，一部分是通过经纪商从中撮合我国的项目开发者和海外的投资者，另一种主要途径则是由一些国际大投行充当中间买家，收购中国市场上的项目，然后打包到国际市场上寻找交易对象。中介方易手使得国内碳价格远低于国际市场价格，降低了碳资产的价值转化效率，也制约了本土碳交易市场的发展。

其次，整合中国的自愿减排交易机构。目前，京津沪三大碳交易所都在开展资源减排交易业务，例如 2009 年 8 月，北京环境交易所达成中国第一笔自愿减排交易。2009 年 11 月，天津排放权交易所做成国内首笔碳中和交易。2009 年 12 月上海环境能源交易所启动上海市虹口区正式碳强度标准的研究。2009 年 12 月，北京环境交易所开发

---

① "中国环境能源交易争夺国际话语权"，载《中国企业报》，2010 年 4 月 8 日。
② 国家发改委清洁发展机制网，http://cdm.ccchina.gov.cn/WebSite/CDM/UpFile/File2436.pdf

的"熊猫标准"或将成为中国唯一成形的碳交易标准。北京环境交易所目标是成为国内、国际环境类权益的价值发现平台和市场交易平台；天津排放权交易所的目标是成为综合性排放权交易机构；上海环境能源交易所的目标是成为国际化综合性的环境能源权益交易市场平台。尽管各自的具体表述不尽相同，但实质内容是重合的。除非具体操作上进行有意识的分工，否则三家交易所在定位上是相互竞争的。

（三）上海碳金融中心建设的当前策略

首先，上海应以低碳世博为契机创建自愿减排机制的上海规则。我国的碳市场规则应借鉴美国 RGGI 和芝加哥气候交易所的自愿减排联合行动体系。目前国内三家碳交易所都开始尝试建立自愿减排规则，在制定中国资源减排机制方面，上海与北京、天津已经表现出竞争的态势。2009 年 8 月 4 日，上海环境能源交易所宣布正式启动"绿色世博"自愿减排交易机制和交易平台（VER）的构建。在世博会会展期间，参加世博会的各国参观者都可以通过上海环境能源交易所的这个自愿减排交易平台来支付购买自己行程中的碳排放，实现自愿减排。上海在与北京、天津的竞争中应充分把握尝试世博自愿减排机制的机遇，加快在中国自愿减排机制方面的探索，争取创建能够引领中国碳市场的自愿减排机制的上海规则。

其次，以上海国际金融中心建设的大平台参与国内碳市场布局分工。京津沪三大环境类交易所存在定位上的竞争。仅就环保技术和排污项目等层面来说，上海环境能源交易所并不具备明显的优势。但如果不局限于上海环境能源交易所本身，而是以上海国际金融中心建设这个大的平台来看，上海可以成为我国碳交易领域的国际性的碳金融平台。笔者认为，应该把上海能源环境交易所、上海期货交易所和中国金融期货交易所看成是一个统一的碳金融平台。尽管北京、天津、上海三家旨在碳交易的交易所都在尝试建立自愿减排平台，但中国作为 CERs 最大的供应国，创设与 CERs 相关的市场机制更显急迫。上海能源环境交易所可以依托上海国际金融中心可以先行先试的优势，与上海期货交易所、中国金融期货交易所联合进行 CERs 相关衍生品的研发。例如，在建减排项目的证券化、CERs 的二级市场平台的建立、设计 CERs、EUAs 以及 ERUs 之间的套利的交易产品及基金产品等等。

第三，构建支持碳市场的金融支持体系，鼓励并扶持银行碳金融业务创新。包括鼓励银行采纳赤道原则；扶持并推广银行在 CDM 项目全程中的财务顾问模式。例如，2009 年 7 月上海浦东发展银行以独家财务顾问方式为陕西两个装机容量合计近 7 万千瓦的水电项目引进 CDM 开发和交易专业机构，并为项目业主争取具有竞争力的交易价格，CER 买卖双方已成功签署《减排量购买协议》（ERPA），该项目是国内银行业正式签署财务顾问协议及 ERPA 的首单。对国内商业银行来说，不能被动地等待 CDM 项目上门来寻求融资，那样只能错失碳金融的机遇。其实，任何深入挖掘 CDM 项目商业机会的银行都可能获得一定的先行者优势，从而在碳金融广阔的发展前景中占有一席之地。对于上海国际金融中心建设来说，期待的是碳金融交易活动向上海集中，而通过银行对 CDM 项目的积极参与才能有后续建设成 CERs 二级市场以及 CERs 与 EUAs 的套利操作机会的可能性。与北京和天津相比较，上海最大的优势是依托上海国际金融中心建设的大平台。对银行碳金融业务的政策倾斜与配套措施可以吸引银行机构；创设各种碳金融衍生品可以吸引国内外的投行业务；只要发挥好在碳金融领域的先行政策优势，就能够有效地实现金融机构和金融活动的集聚。

上海与东京陆地碳汇核算与比较分析

牛冬杰*，李敏霞，李风亭，郭茹，曹柏静

同济大学环境科学与工程学院，联合国环境规划署－同济大学环境与可持续发展学院对全球气候变化的关注，激发了人们对现有的和潜在的碳汇的研究兴趣（Ned H. Euliss Jr. et al, 2006）。碳汇是从大气中清除二氧化碳的过程、活动或机制（UNFCCC）。对于碳汇的研究已经深入到了森林、海洋，农田以及湿地等各个生态系统，各国都在积极探索研究不同的碳汇类型，采取各种增汇的措施来应对气候变化。城市是人口数量最多，人类活动最为集中，人类最为关注的区域；同时城市的交通最为便利，工业最为发达，能源消耗最大，是碳源最为集中也是碳汇最为脆弱的地方。目前陆地碳汇的核算基本都只是针对不同陆地碳汇类型单独来算，将城市作为一个整体来进行陆地碳汇核算的研究还很少。李风亭等采用估算方法对比分析了上海、苏州、无锡和南通四市的碳汇状况，结果表明碳汇量上海＞南通＞苏州＞无锡，碳汇量的大小与城市各自的发展以及园林绿地、湿地等的保护程度密不可分。增强陆地碳汇对于城市二氧化碳减排具有重要作用，因为它成本低，所需技术含量低，便于操作，另外，在减少二氧化碳排放的同时，还可以改善和美化城市的环境。上海和东京是举世闻名的大都市，一个是正处于高速发展时期的发展中国家城市，一个是发展已经趋于平稳的高度发达国家城市；两个城市人口密度高，都是国家经济发展的中心。比较上海和东京的陆地碳汇变化，分析上海存在的不足，借鉴东京好的经验，对采取切实有效的措施增强上海市的陆地碳汇具

---

* 牛冬杰，同济大学环境科学与工程学院副教授，联合国环境规划署－同济大学环境与可持续发展学院副教授，主要研究方向为生态经济。

有重要指导意义。

本文采用经验估算法，对上海和东京的陆地碳汇总量进行了估算，通过两个城市的园林绿地、湿地、耕地等类型碳汇的对比分析，提出了增强上海陆地碳汇的建议。陆地碳汇是一个长期、动态的过程，但动态参数存在很多不确定性，因此，本文仅采取静态参数计算。

一、研究区域宏观指标

本文选取上海和东京作为研究对象，两个城市行政区划示意如图1和图2所示。

上海是中国最大的工业城市，地处长江三角洲平原东端。截止到2008年底，上海市辖18个区和1个县（图1）；东京是日本的首都，它位于本州关东平原南端，东南濒临东京湾，通连太平洋。其行政区划为"都"，下辖23个特别区、1郡、26市、7町、8村以及伊豆群岛、小笠原群岛。

2007年统计数据显示上海市总面积为6 340.50平方千米，全市人口达1 858.08万，近几年人口呈微增的趋势。上海市地区生产总值（GDP）和人均生产总值（人均GDP）增长快速，2000—2007年间，GDP从576.40亿美元增长到1 602.96亿美元；人均GDP则从3 630.0美元增加到8 728.0美元。

根据2007年统计，东京的面积为2 187.58平方千米，人口1 279.02万左右，近几年人口呈现出微增的趋势。东京是世界上经济发展最为快速的一个地区。2000—2007年间，其地区生产总值（GDP）从6 064.04亿美元增长到9 337.14亿美元；人均GDP从50 265.18美元增长到73 002.26美元。

表1中列出了东京和上海的不同类型土地利用面积。

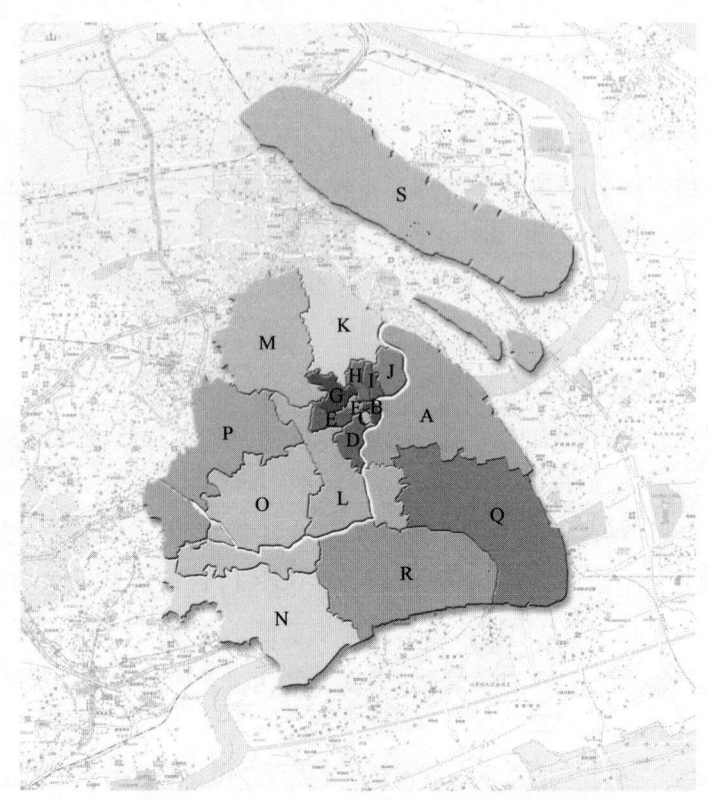

图 1 上海行政区划示意图

表 1 上海和东京 2007 年部分土地利用面积

类别	园林绿地面积平方千米	耕地面积平方千米	湿地面积平方千米
上海	317.95	2 060	3 197.14
东京	259.34	52.61	0.11

数据来源:《上海统计年鉴 2008》、《东京统计年鉴 2008》。

从表 1 可以看出,上海的湿地面积很大,有 3 197.14 平方千米(包括近海及海岸湿地、河流湿地、湖泊湿地以及库塘湿地),约占总

图 2　东京行政区划示意图

面积的 50.42%，"湿地城"因此而得名；东京园林绿地面积较耕地面积和湿地面积要大很多；湿地面积很少，只有 0.11 平方千米（包括池塘和沼泽湿地）。相比之下，上海的园林绿地面积较少。

二、碳汇估算方法及参数的选择

林地、耕地和湿地是目前存在的主要的陆地碳汇类型，本文陆地碳汇核算近似地将总碳汇分成这三种类型来研究，即：

陆地碳汇总量 = 园林绿地碳汇量 + 耕地碳汇量 + 湿地碳汇量

采用经验估算法，根据不同的陆地碳汇类型选择不同的碳汇参数 K，碳汇量估算的基本公式如下：

$$H = K \times S \times 10^{-4}, \tag{1}$$

其中，H 代表陆地碳汇量，K 代表碳汇系数，而 S 为不同碳汇类型的面积。

上海和东京不同类型的碳汇参数见表2。由于目前尚缺乏计算不同类型碳汇参数的定量模型公式，因此本文中所采用的参数主要是根据参考文献并结合当地主要的土地利用情形来选择。采用表2中碳汇参数上限进行比较分析。

表2　各类型碳汇参数汇总表

类型	参数 Mg–C eq/（ha·yr）	参考文献	上海 Mg–C eq/（ha·yr）	东京 Mg–C eq/（ha·yr）
园林绿地	2.1~2.8	Ichimura et al, 2006	0.65	1.41~2.8
	1.41~2.4	Huimin Wang et al, 2004		
	0.53~0.65	方精云等, 2007		
耕地	0.15~1.50	Vleeshouwers L M et al, 2002	1	0.15~1.5
	0.21	A. Ito et al, 2005		
	0.20~1.30	Silver et al, 2000		
	0.095~1.143	韩冰等, 2008		
湿地	2.1±0.2	Chmura et al, 2003	2.5	1.6~2.2
	1.6~2.2	Maylands (U.S.)		
	0.5~57.4	段晓男等, 2008		

三、计算结果及对比分析

（一）碳汇总量变化情况

根据选定的参数以及基础数据（《上海统计年鉴》、《中国统计年鉴》以及《东京统计年鉴》）计算得到1998—2007年间两个城市的总陆地碳汇量，结果如图3和图4所示，图3表示上海历年陆地碳汇总量，图4表示东京历年陆地碳汇总量。

由图3和图4可知，上海每年的陆地碳汇总量远远超过东京，在100万~110万吨碳当量范围内上下波动。此数值与文献所计算碳汇值存在一定出入，主要是因为文献在计算碳汇的时候，考虑了农作物；而本文仅考虑陆地碳汇，未包括农作物。

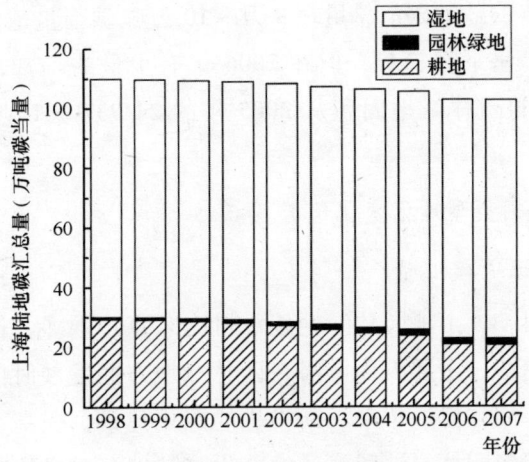

图3　上海历年陆地碳汇总量变化情况（1998—2007）

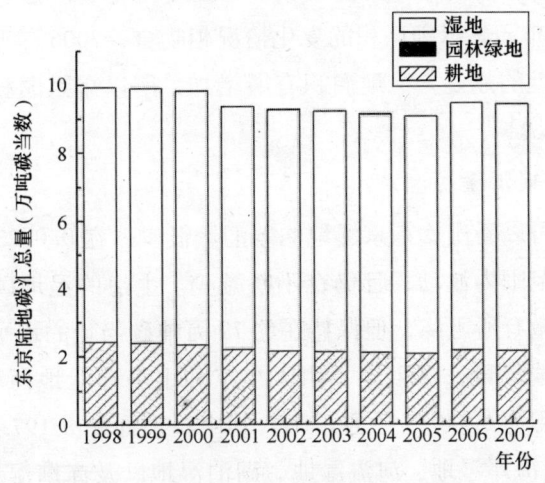

图4　东京历年陆地碳汇总量变化情况（1998—2007）

从1998—2007年来看,上海陆地碳汇总量呈现不断减小的趋势。在1998—2001年间比较稳定,2002年开始下降,总体上还算比较稳定。东京每年的陆地碳汇总量在9万~10万吨碳当量范围内波动,波动幅度很小,呈下降趋势,但在2006年有少量的增加,主要是因为2006年东京的园林绿地面积从2005年的24 937公顷增加到25 978公顷。

(二) 不同类型碳汇变化情况

1. 园林绿地碳汇量

由图5可知,上海园林绿地碳汇量比东京小很多,但总体呈现出不断增加的趋势,主要因为上海在园林绿地方面发展时间尚短,仍具有很大发展空间;但近年来不断推进的绿化建设,提高了城市绿化覆盖率。东京历年园林绿地碳汇量的变化与其碳汇总量的变化趋势基本一致,总体上略有下降,在6.9万~7.5万吨碳当量范围内波动,在2005年达到了一个最低值后2006年又恢复了增长。这一趋势与东京1998—2007年园林绿地面积的变化情况相吻合,2006年开始,东京加强了园林绿地的建设,绿地面积有所增加,所以东京园林绿地碳汇较2005年有所增长。

2. 湿地碳汇量

从图6可以看出,东京湿地的碳汇量很少,在0.0023万~0.0036万吨碳当量范围内波动,且仍在不断减少。上海的湿地碳汇量比较稳定,虽然稍微有所下降,但保持在约79万吨碳当量的水平,远远大于东京湿地的碳汇量,这主要是由于东京和上海在湿地面积上的差异。上海市总面积为6 340.5平方千米,其中湿地面积3 197.14平方千米(包括近海及海岸湿地、河流湿地、湖泊湿地以及库塘湿地),而东京2 187.58平方千米的总面积中,湿地仅0.11平方千米(包括池塘和沼泽湿地)。此外,表2中列出湿地的碳汇参数相比其他类型碳汇要高,

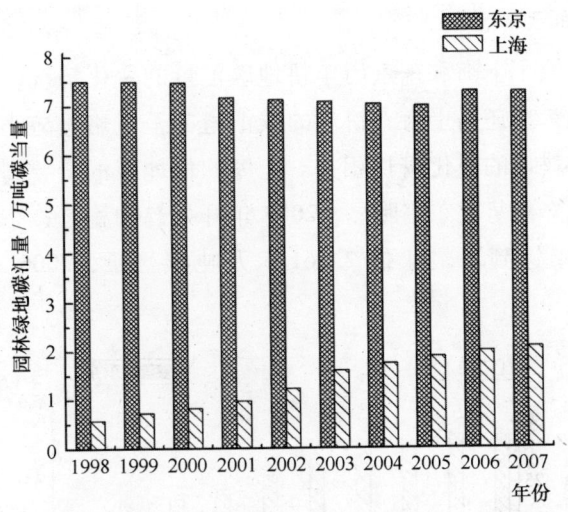

图5 上海和东京历年园林绿地碳汇量变化情况

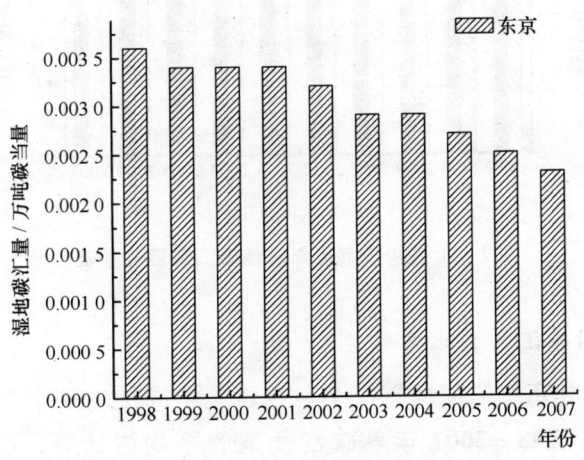

图6 东京历年湿地碳汇量变化情况

进一步加大了两个城市在湿地碳汇上的差距。

3. 耕地碳汇量

图7反映了上海和东京历年耕地碳汇量的变化情况,从中可以看出,无论是东京还是上海,耕地的碳汇量都呈现略微减小的趋势,这与两个城市耕地的退化密切相关。上海的耕地碳汇量要高于东京,但近年该值下降趋势比东京明显,2007年开始趋向稳定;东京的耕地碳汇量2005年达到了最小值2.161 6万吨碳当量,2006年开始有所恢复。

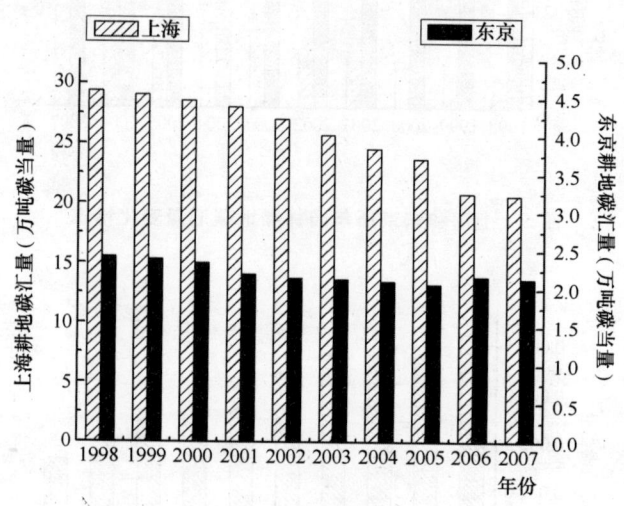

图7 上海和东京历年耕地碳汇量变化情况

4. 不同碳汇类型比重

对上海和东京的陆地碳汇结构也就是不同陆地碳汇类型比重进行分析,取1998—2007年各碳汇类型的平均值计算,结果如表3所示。

表3　上海和东京各类型碳汇比重表

类别	园林绿地碳汇比重	耕地碳汇比重	湿地碳汇比重
上海	1.266%	24.06%	74.67%
东京	76.73%	23.34%	0.0318%

由表3可知,上海和东京的陆地碳汇类型有着很大的差异,上海的主要陆地碳汇类型是湿地,占陆地碳汇总量的74.67%;而东京的主要陆地碳汇类型是园林绿地,占总量的76.73%。在碳汇参数确定的情况下,不同碳汇类型的碳汇总量与该类型的占地面积有着直接的联系。从表1可以看出上海不同的土地利用类型中湿地占据了很大的比例,相对而言园林绿地比较少,而东京主要的碳汇量来自园林绿地。园林绿地是可以通过人为努力迅速增加的,可见,对上海来说,园林绿地可以作为增强碳汇能力的一个主要突破点。

(三) 单位碳汇量比较

由于上海和东京两个城市的土地面积、人口数量等存在差异,仅从总量上比较难以说明两个城市的陆地碳汇能力大小。计算两城市单位面积和人均碳汇量并汇总于表4。

表4　1998—2007年上海和东京各单位碳汇量平均值汇总

城市	单位面积碳汇量 (吨碳当量/公顷)	人均碳汇量 (吨碳当量/人)
上海	1.6882	0.0639
东京	0.4319	0.0077

由表4可见,上海的陆地碳汇量远远超出了东京。上海市总面积几乎是东京的3倍,人口约是东京的1.5倍,人口密度远远小于东京,其单位面积陆地碳汇量是东京的3倍多;人均陆地碳汇量几乎是东京

的 8 倍；可见，目前上海的陆地碳汇能力比东京要大很多。

1. 园林绿地单位碳汇量

首先，从表 2 可以看出，单位面积园林绿地碳汇量（即碳汇参数）上海为 0.65 Mg – C eq/（ha·yr），东京为 1.41 ~ 2.8 Mg – C eq/（ha·yr），东京要高于上海，这与当地的植被类型相关。

图 8 反映了上海和东京历年园林绿地人均碳汇量的变化情况。从图中可以看出，虽然上海在总碳汇量方面比东京要大得多，然而在园林绿地人均碳汇量上，东京远远高于上海，借鉴东京的绿化建设工作，有助于增强上海市的碳汇；从园林绿地人均碳汇量的变化趋势来看，东京呈现不断减小的趋势，而上海呈现不断上升的趋势，说明上海已经开始重视园林绿化建设，并且取得了一定的成果，但与东京的差距也是显而易见的，因此上海应该继续加强园林绿地的建设，并可以重点发展碳汇能力强的植被，例如垂柳、木芙蓉、乌桕、醉鱼草、荷花等，其单位面积日固碳值均大于 $12\ g/m^2$。

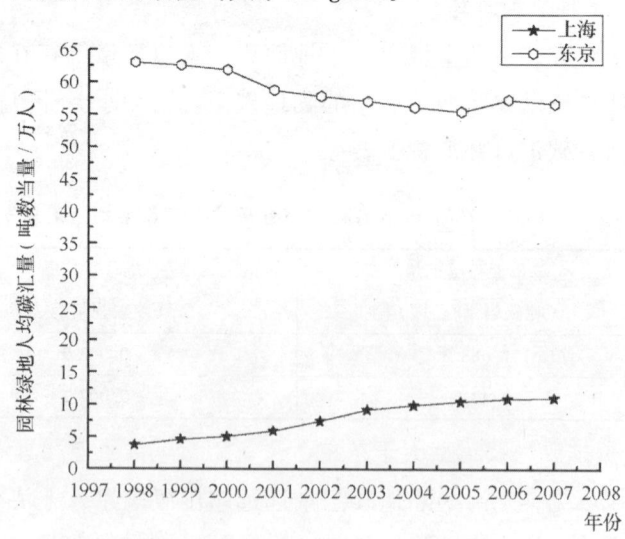

图 8　上海和东京历年园林绿地人均碳汇量变化情况

2. 其他类型单位碳汇量

用相同的方法考察分析其他类型人均碳汇量,结果如图9,图10所示。从图中可以看出,不同类型的单位碳汇量变化趋势基本相同;在量上,上海各类型单位碳汇量明显高于东京,上海波动较大,东京则相对比较稳定。

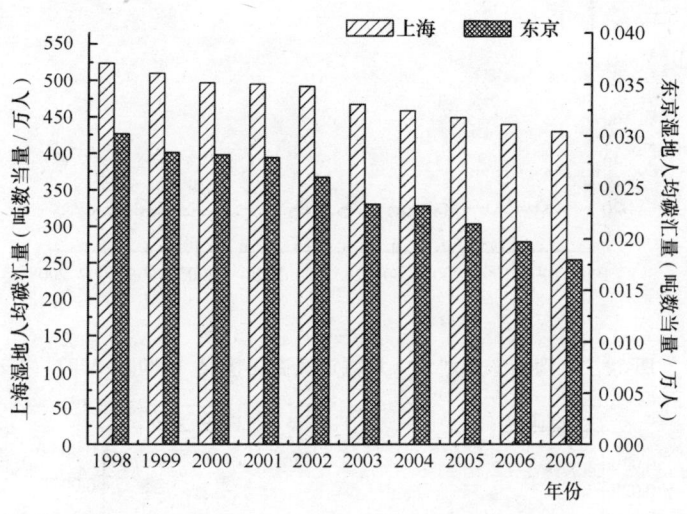

图9 上海和东京历年湿地人均碳汇量变化情况

(四)碳汇量/碳排放量

分析了陆地碳汇总量及不同类型陆地碳汇量及其单位碳汇量后,又对上海和东京陆地碳汇量和碳排放量的比值做了比较,如图11所示。首先要指明的是图左右两侧的纵坐标尺度是不一样的,上海市陆地碳汇量/碳排放量要远远大于东京,反映相比东京,上海具有更大的碳减排能力。但是,从各自的陆地碳汇量/碳排放量趋势可以看出,两者都在减小,东京从2000年的0.0031减小到2007年的0.0028;上海减小的趋势更大,从2000年的0.0297减小到2007年的0.0157。

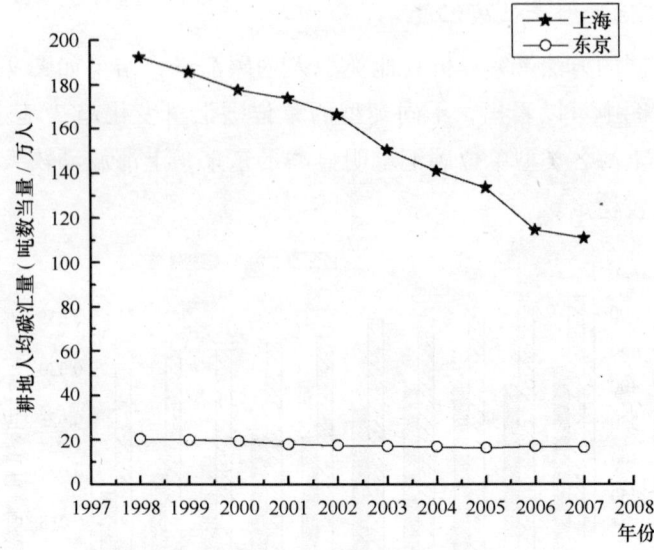

图 10　上海和东京耕地人均碳汇量变化情况（2000—2007）

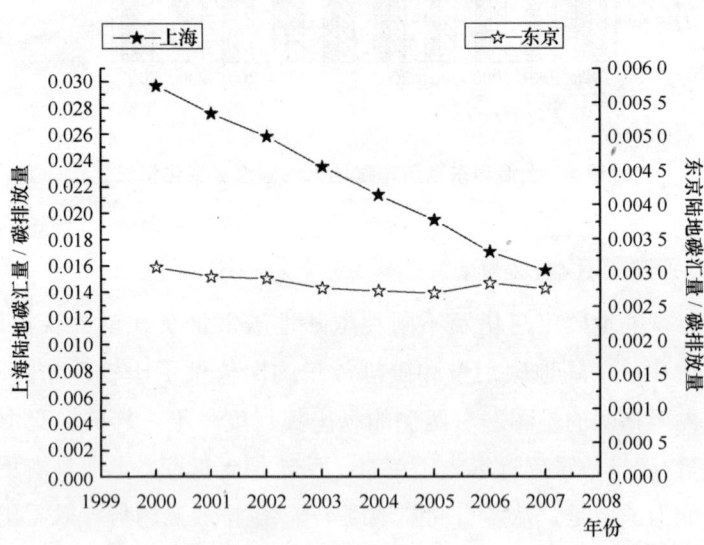

图 11　上海与东京陆地碳汇量和碳排放量比值变化情况（2000—2007）

这是由减排量的增长以及陆地碳汇量的减小所导致的。说明上海在碳减排领域具有很大潜力，但其陆地碳汇量/碳排放量比值的下降趋势也预示着该潜力正逐渐降低，应采取更有效措施，实现增加碳汇和减少碳排放两方面的可持续发展。

四、结论及建议

（一）结论

（1）上海比东京具有更强的陆地碳汇能力；无论从碳汇总量，还是从单位面积、单位 GDP 以及人均碳汇量，上海都远远高于东京。

（2）上海和东京具有不同的陆地碳汇结构；上海主要的陆地碳汇是湿地，而东京主要的陆地碳汇是园林绿地。说明上海的陆地碳汇更多依赖于自然地质条件而东京则已经通过加强园林绿化等人为努力来提高陆地碳汇量。

（3）1998—2007 年间，上海和东京的陆地碳汇总量均呈现下降趋势；总体来看，上海波动的程度比东京大。主要因为上海处于高速发展时期，存在很多不稳定的因素，例如与碳汇紧密相关的耕地的变化，并且上海的园林绿化建设工作也还处于刚起步阶段；而东京的发展相对稳定，它在园林绿化建设方面较成熟，耕地的变化较稳定。

（4）从陆地碳汇量/碳排放量可以反映出上海具有更大的碳减排潜力，但是这个潜力正不断被消耗。

（二）建议

在现有基础上进一步提高上海市的碳汇量，可以从以下几个方面来考虑：

（1）加强湿地保护工作，在保护现存完好的湿地的同时，对已破坏的湿地进行修复治理对增强上海的碳汇具有重要的作用。

（2）加强绿化建设工作。综合考虑植物的种类、分布，绿地结构的优化以及布局的合理性,重点发展固碳能力强的植被例如垂柳、乌桕、荷花等;既要有量的提高也要有质的突破。

(3) 保护耕地,政府应该完善耕地保护制度,提高农业生产技术的同时,避免耕地的退化,保护好耕地碳汇。做好水土保持和土壤改良,使更多不良土地变成耕地。

因此,政府可以酌情考虑采取法律、行政、经济等手段从上述几个方面来努力提高碳汇能力。

参考文献

[1] 方精云,等.1981-2000年中国陆地植被碳汇的估算[J].中国科学,2007,37(6):804-812.

[2] 郭茹,等.上海市应对气候变化的碳减排研究[J].同济大学学报,2009,37(4):515-519.

[3] 国家统计局工业交通统计司、国家发展和改革委员会能源局.中国统计年鉴2006[M].北京:中国统计出版社,2007.

[4] 何介南,等.广州市农作物系统与大气的CO_2交换[J].生态学报,2009,29(5):2527-2534.

[5] 李克让.土地利用变化和温室气体净排放与陆地生态系统碳循环[M].北京:北京气象出版社,2000.

[6] 李风亭,郭茹,蒋大和,Mahesh Pradhan.上海市应对气候变化碳减排报告[M].北京:科学出版社,2009.

[7] 上海统计局.上海统计年鉴[M].北京:中国统计出版社,2005.

[8] 上海统计年鉴.http://www.stats-sh.gov.cn/2004shtj/tjnj/tjnj2009.htm

[9] 王丽勉,等.上海地区151种绿化植物固碳释氧能力的研究[J].华中农业大学学报,2007,26(3):399-401.

[10] 杨海军,等.森林碳蓄积量估算方法及其应用分析[J].地球信息科学,2007,9(4):5-12.

[11] 闫学金,傅国华. 海南森林碳汇量初步估算 [J]. 热带林业, 2008, 36 (2): 4-6.

[12] 赵荣钦,秦明周. 农田生态系统碳源/汇的时空差异及增汇技术研究——以中国沿海地区为例 [D]. 河南大学硕士研究生学位论文, 2004.

[13] 赵林, 等. 森林碳汇研究的计量方法及研究现状综述 [J]. 西北林学院学报, 2008, 23 (1): 59-63.

[14] 中国统计年鉴. http://www.stats.gov.cn/tjsj/ndsj/

[15] Akihiko Ito, Nobuko Saigusa, Shohei Murayama, et al. Modeling of gross and net carbon dioxide exchange over a cool-temperate deciduous broad-leaved forest in Japan: Analysis of seasonal and inter-annual change [J]. Agricultural and Forest Meteorology, 2005, 134: 122-134.

[16] Gail L. Chmura, Shimon C. Anisteld, et al. Global carbon sequestration in tidal, saline wetland soils. Global Biogeochemical Cycles, 2003, 17: 1-22.

[17] Ichimura K (2006). Study of Estimation of Atmospheric CO2 Storage of Urban Green Spaces Based on Tree-Crown-Covered Area. Landsc Res Jpn, 69 (5): 61-616.

[18] Kuzyakov. Sources of CO_2 efflux from soil and review of partitioning methods [J]. Soil Biology & Biochemistry, 2006, 38: 425-448.

[19] Ned H. Euliss Jr., R. A. Gleason, A. Olness, et al. North American Prairie Wetlands are Important Nonforested Land-based Carbon Storage Sites. Science of the Total Environment, 361 (2006): 179-188.

[20] Nakamura Y, Nojima Y, Okada J, Yanai S, Maruta Y. Estimation of CO_2 sequestration in residential district in Matsudo city of Chiba prefecture. Landsc Res Jpn, 2000, 63 (5): 539-542.

[21] Seikoh SEKIKAWA., Takeshi KIBE., Hiroshi KOIZUMI., et al. Soil Carbon Budget a Peach Orchard Ecosystem in Japan. 環境科学会誌, 2003, 16 (2): 112-117.

[22] Sliver, W. L., R. Ostertag, and A. E. Lugo. The potential for carbon sequestration through reforestation of abandoned tropical agricultural and pasture lands.

Restoration Ecology, 2000, 8 (4): 394 – 407.

[23] Tokyo Statistical Yearbook. http://www.toukei.metro.tokyo.jp/tnenkan/tn-eindex.htm

[24] Vleeshouwers, L. M., Verhaqen, A. Carbon emission and sequestration by agricultural land use: a model study for Europe (2002). Global Change Biology, 2002, 8: 519 – 530.

气候变化中的城市责任：新趋势与新要求

■ 汤伟

气候变化已从科学问题到政治问题再到经济问题的三级跳并逐渐演化为综合性的发展问题，渗透到经济活动、政策法规和社会大众心理的各个层面，总体上说来气候变化已越来越体现出一些新的趋势。

一、气候变化发展新趋势

气候变化安全化趋势非常显著。气候变化已成为公众话语体系和环保主义不可分割的一部分，成为影响当今世界如何共存的意识形态和合法性的重要来源。气候问题不但已经占据了国内政治议程的核心位置，而且成为八国峰会、中欧峰会、G20、中美战略和经济对话以及联合国安理会讨论的焦点，更要紧的是相关智库还出台了一系列气候变化与政治稳定、安全的报告，这说明气候问题已高度安全化。

气候变化认识上的共识趋于增多。从气候变化成为核心问题以来就一直存在争论，先是从20世纪90年代围绕气候变化科学即气候变化是否存在、气候变化是否人为到21世纪减缓气候变化经济成本再到当前温室气体减排的基准年，这说明在气候变化问题上人类社会存在的共识越来越多，分歧也越来越集中于政策执行的目标和手段方面。需要指出的是社会大众也越来越认识到气候变化是全球的责任，发展中国家也需要进行实质性减排。

气候变化立法趋势越来越明显。随着气候问题科学认知的逐步深入,世界主要国家均认识到人类活动引致的温室气体排放是主因,各国政府、立法机构以及相关国际组织遂逐步开展温室气体排放控制方面的立法,如1998年日本政府颁布的世界上第一部气候变化专门法律《气候变暖对策法》,2000年的《控制温室效应国家计划》,2002年新的《气候变化计划》,2007年《中国应对气候变化国家方案》,2009年4月英国的《气候变化法案》、2009年6月美国众议院通过《清洁能源和安全法案》;此外德国、苏格兰等欧洲地区、新西兰、孟加拉等国家也在探索通过立法来应对气候变化。

气候变化的安全化使政府易于唤起社会大众对气候问题的关注,而政府间和政府 – 社会大众以及社会大众之间共识的增多显然为气候变化问题的解决提供了充足的意愿和动力,而这种意愿和动力又进一步转化为气候立法的进展。

二、气候变化新趋势对城市责任的影响

城市作为国家的基本行政单元,对上需要对国家负责,对下需要对企业、市民负责,因此对于气候变化这样全球性问题,城市责任十分明确。总体上当今世界仍然延续着工业革命以来的城市化进程,人口越来越多、规模越来越大,2030年全球城市人口比例将上升61%,超过1 000万的特大城市将达到23个。城市化的加速必然导致能源消耗迅猛增长,温室气体排放急剧上升,联合国人类居住署(UNHS)和克林顿创新基金(Clinton Climate Initiative)指出城市温室气体排放大概占据人类总排放的75% ~ 80%。城市在全球温室气体排放中的地位和作用决定了城市在应对气候变化中存在巨大的责任,决定了应对气候变化要取得了令人满意的进展就必须把城市有效整合进来,就必须让应对气候变化的资金、技术、政策以及社会意识等诸方面在城市

层次上得到全面有效贯彻。那么气候变化的新趋势对城市责任又有什么影响呢?

安全化趋势要求城市意识到气候变化不仅是关涉自身的环境问题,还是关系到自身的安全问题。城市作为生产力的空间载体,聚集了相应地域范围的资本、劳动力和科学技术,是一定地域内经济聚集实体和纵横交错经济网络的枢纽、经济增长引擎、世界创新中心和各国贸易重镇。城市一般分布在沿海地区或河流入海口,独特的地理位置决定了城市存在着巨大的气候脆弱敏感性,温度、降水以及极端事件会加大道路、桥梁、通水道等基础设施压力,洪水、干旱和海平面上升侵蚀了城市土地和海岸,其他一些意想不到的后果会影响废水、垃圾处理系统以及固体废弃物设施,更有甚者气候变化还间接导致了许多生命的丧失,引起很多诸如卡特里娜飓风的公共安全事件。就像哥伦比亚大学出台的报告所说的中国上海、巴西里约热内卢和印度孟买将是发展中国家中面临气候变化风险最大的三个超大型都市。城市气候安全化趋势必然迫使城市做出安全动员,那么这些安全动员又体现在哪些方面呢?

安全上的动员需要共识,气候问题上科学经济共识的增多必然促使城市自身应对气候变化做出全面有效的评估,这里包括城市温室气体的主要来源、减缓和适应的经济成本以及技术的利用等方面。一般说来城市温室气体减缓主要通过调整经济结构、提高能源效率、开发可再生能源、加强生态建设、实行计划生育等手段;适应气候变化主要通过改造基础设施,建立完善应对气候变化不利后果的应急体系,共同增强防灾减灾、农业生产、水资源保障、公共卫生服务等领域的能力以及增加城市森林碳汇等方面。但问题的关键是任何一个城市的自然和经济资源都是有限的,当应对气候变化和经济发展等其他目标向左时是否应该把应对气候变化列为优先关联的事项?毕竟城市自身目标和国家目标还存在相当不一致的可能,也就是国家如何把城市整合到应对气候变化的集体行动中来,显然这就是国家纷纷出台气候法案的重要目的之一。

气候变化法律化趋势对气候变化中的城市责任提出了刚性要求。只要国家对温室气体减排予以法律确定并对达成目标的方法和制度予以规定,那么城市作为该国的行政单位就必然需要承担相应的责任,法律彻底解决了悬而未决的政治意愿问题。英国气候变化法案中的碳预算或许有助于说明问题,碳预算是指给定的一段时间内温室气体被允许排放到大气中的数目,而不论引起排放的是整个经济、某个工业部门抑或一系列其他活动。英国希望通过一系列政策工具到2050年将包括二氧化碳、甲烷在内的所有温室气体在1990年基础上实现国内减排80%,这里的政策工具或者为碳价格、碳税和补贴的经济激励;或者是技术创新;或者是信息公开和大众鼓励;或者是必要的管制等等。实际上一旦总预算确定,那么分解碳预算就变得极为重要,这里可以采取部门分解,总目标分解到各产业部门,然后再被分解到一定的服务提供者例如电力、住房、汽车等等;最后被分解到终端用户,如个人、公司和其他组织,也可以采取地区分解,例如苏格兰、英格兰将目标进一步分解到各县市。实际上无论哪种分解到最后主要的能耗消耗部门和终端用户都位于城市,城市目标的实现尤为关键,而立法对城市提出要求显然使城市责任更加明确。

三、低碳城市:世界主要城市的经验

气候变化中的城市责任已说明低碳城市的必要性,然而发展低碳城市并不只是雄心壮志,还需要踏踏实实的行动和足够充分的准备。伦敦气候变化署发布的《低碳城市——从伦敦到上海的愿景》报告认为低碳城市建设不仅包括低碳生产、低碳消费,还包括控制高碳产业发展速度和大力开展国际合作。一些学者认为低碳经济在城市范围内的运用,其实质是能源效率和清洁能源结构问题,核心是能源技术创新和制度创新，所以低碳城市主要体现在清洁能源、能源效率和能源技术上。另外一些学者认为低碳城市主要包括基底低碳（能源发展低碳化）、结构低碳（经济发展低碳化）、方式低碳（社会发展低碳化）和支撑低碳（技术发展低碳化）。理论发展为低碳城市实践奠定了基础，世界主要城市纷纷出台低碳城市战略与计划。东京制定了可再生能源发展计划和未来十年碳减排方案；伦敦制定伦敦方案，意图通过能源伙伴关系计划、氢伙伴计划、气候变化署以及大伦敦方案工作组等机制提高城市规划、土地使用、建筑物基础设施的效率，最终做到低碳发展；纽约则期望通过"DOT"路径来发展低碳城市包括发展公共交通、提交碳排放报告、公众宣传和可再生能源研发等11个方面；香港则试图立法施行赏罚机制严格管制电力生产过程的碳排放，并强制执行建筑物能源效益方案，推动碳审计。

综观世界各国应对低碳经济发展所采取的行动，技术创新和制度创新是关键因素，政府主导和企业参与是实施的主要形式。实际上城市不但自身积极实践低碳城市，为了更好的交流和合作已建立了一系列对话和行动平台。2005年联合国环境署（UNEP）和联合国人均署（UN–HABITAT）召开全球气候变化的地区领导人会议，同年全球40多个大城市组成的"世界大都市气候先导集团"在伦敦召开会议，其目的就是加强世界大城市间的合作，致力于削减温室气体排放量。2007年巴厘岛会议当中有六十多个大城市领导人参加了地区领导人磋商会议，13个城市初步签署了市场与地方政府气候保护协定。2009年"世界大都市气候先导集团"在韩国首尔召开第三次会议，主题是"应对气候变化成就与挑战"，再次确认了解决气候变化问题的钥匙在城市自己手中。此外联合国和世界银行还推出了城市防御气候变化的实用指南，旨在帮助政策制定者识别使城市成为遭受气候变化影响的"热点地区"的特征，制定增强其抵御气候变化能力的战略，从而在气候变化、减少灾害风险与城市规划及管理之间建立联系。城市管理者们还相信后京都的国际气候框架必须把城市包括进去,要实现全国性目标就必须赋予城市力量和资源,而城市的减排将比国家更加有效。

四、结束语

2009年中国超越美国成为温室气体最大排放国,随着后京都哥本哈根协议的签订,国际社会气候变化安全化、社会共识的增多以及立法趋势的加强,无论从国际竞争的角度还是从承担城市责任的角度,中国城市推行低碳城市要求和力度都必须大大增强。中国城市必须借鉴世界主要城市的经验,利用安全化趋势唤起民众关注,利用社会共识凝聚改革动力,在城市层面推动立法工作的展开,从根本上解决目前制度上仍然具有的不顺畅、协调不一致的问题。当然上海等中国城市还可以利用世博会等契机现行开发一些示范项目,并对居民开展大规模相关教育以促进上述趋势的更快更早到来。

第二篇
上海国际中心建设与低碳发展的国际挑战研究

CO_2

上海气候变化工作室第二次圆桌会议纪要

作为上海气候变化工作室成立以来第二次集中专家学者进行的沙龙式论坛，以上海低碳发展与两个中心建设为研讨主题，本次论坛由于宏源博士召集，在上海市气象局上海市气候中心进行。上海国际问题研究院于宏源副研究员、上海市气候中心田展博士、复旦大学环境学院院长助理樊正球、复旦大学环境学院博士后田波、复旦大学环境经济研究中心副主任李志青博士、华东政法大学国际法研究中心李威博士、同济大学建筑与城市规划学院副研究员陈蔚镇博士、上海外国语大学国际关系与外交事务研究院汪段泳博士、上海社会科学院汤伟博士、上海交通大学法学院赵加强博士、宝钢集团经管院可持续发展研究所张龙博士、气候组织中国政策项目经理邓梁春先生、中国海油能源经济研究院管清友先生、上海国研院信息研究所张建博士、WWF上海办公室项目官员王倩女士。各位专家参加了本次论坛，并于会后撰写了专题论文。

于宏源博士指出，低碳经济是人类社会共同的发展方向。发展循环经济是建设生态城市的核心内容，而建设生态城市必然以技术创新为基础工程，面对国情不同，切入点各国城市必将对能源和资源的可持续采取的政策和措施也大为不同。我们认为城市可持续发展的基础是能源可持续，而能源可持续又主要集中在交通、建筑和生产建设上，因此实现能源的可持续必然首先要在交通、建筑和生产建设等项目上进行较大的理念创新和技术更替，而这些理念创新和技术更替的着眼点必然是效率、安全和环保。无论是可持续的交通、建筑还是可持续的园区规划抑或电力供应着眼点都是为了城市的循环经济和能源利用的可持续发展，他们本身作为城市可持续的基础设施处处需要体现的是效率、安全和环保。然而这些基础设施其实并不是最根本的，最根本的还是在于善于根据国情和区情创造性地理解、掌握和发展城市可持续发展的活的灵魂。

赵加强博士指出，气候变化既是环境问题，更是发展问题。在全球气候变暖和国际金融危机的交织影响下，短短几年内，低碳经济已由一个全新概念演变为诸多国家的执政理念和实际行动。2007年9月8日，中国国家主席胡锦涛在亚太经合组织（APEC）第15次领导人会议上，明确主张"发展低碳经济"，在今年的"两会"上低碳经济更是成为代表委员提案的关键词。可以说，在世界范围内，发展低碳经济已经成为必然趋势。低碳经济是一种经济发展模式，它必然根基于原有经济基础。由于世界各国经济、科技发展水平以及资源禀赋的不均衡性，各个国家发展低碳经济的路径必然存在着差异性。因此，在日益严峻的全球应对气候变化的国际背景和我国大力推进经济发展方式转变的国内背景下，辨析低碳经济的共性与中国化特点就有着非常重要的现实意义。

李威博士提出，应对气候变化的全球治理在多边谈判的框架下表现为日益激烈的碳政治博弈，2009年底哥本哈根国际法进程的落空为表现的零和博弈结果，凸显了大国间国际权力结构变化的决定性意义，正是国际机制中"稳定霸权"的缺失而引发博弈主体多元化，进而引发了多边机制现实的困境。同时，大国国家经济的稳定发展乃至国际经济领导权的博弈仍是国际政治背后更为重要的国内因素。基于2007年美国"次贷危机"引发全球金融动荡并导致国际经济衰退的背景，国际金融市场与全球实体经济之间引发传导效应，并通过国际贸易传导到各贸易大国的实体经济，促使各大国开始实施低碳经济的战略转型。当前，低碳目标指引下的"绿色新政"已经不是美国独有的国内施政策略，发达国家和新兴大国都通过大规模的经济刺激计划，通过国内发展规划和产业调整政策的布局，试图尽早把握低碳经济的领导权。正是基于大国国内层面低碳经济的战略安排引发了国际"碳政治"博弈的全面展开。

在宏观的低碳经济战略转型的指引下，各大国参与的"碳政治"博弈已经从单纯的减排温室气体转向符合国家宏观经济战略的微观经济策略的博弈上，其中最典型的表现就是"碳贸易"这一市场化减排机制下的配额、项目及市场与定价权的争夺。然而，当中国等新兴发展中大国成为"碳贸易"的间接获益者之后，欧美的"碳关税"主张又借着所谓"公平竞争力"的诉求和"碳泄露"的猜想敲起了贸易保护主义的战鼓，使维护自由贸易的WTO体系与应对气候变化的UNFCCC体系这两套最重要的国际机制，面临国际环境法与国际贸易法的适用悖论，更引发了"碳外交"与多边经贸外交的一系列争端。表明未来各国低碳经济的博弈将更多地表现为贸易经济领域的争夺。

美国肆意创设金融衍生工具而导致"次贷危机"爆发，进而引发全球金融和实体经济危机，包括中国在内的新兴大国开始质疑包括IMF股权构成到SDR地位在内的国际金融制度的不公正，美元的国际储备货币地位也遭到抨击。在这一背景下，随着温室气体排放权成为可以贸易的商品，欧美发达的金融体系迅速建立起了以商业银行、交易机构和投机基金为主体的"碳金融"框架，以欧元和美元估值和交易的"碳贸易"已使欧美获得了碳定价权，也就以低成本获得了未来发展所需的排放空间与环境容量，进而以金融激励引导其新能源创新和低碳经济发展。此时，以全球共同应对金融和气候危机的综合治理的理念，将温室气体排放权设计为国际储备货币的"碳货币"主张，即可避免主权国家货币作为国际储备货币的经济扭曲，又可促使全球真正参与减排行动，虽然无法在短期内将国际货币体系改革与国际减排行动相融合,但未来对涉及"碳货币"的国际金融框架体系的构建必将成为国际政治在台前和幕后博弈的重心。

气候组织中国政策项目经理邓梁春先生指出,中国以往长期将气候变化问题主要作为政治外交问题,在应对气候变化方面也坚持"韬光养晦"和多做少说。这一外交方针虽然争取到了和平稳定的国际发展环境和历史发展机遇,也使得国际社会不了解中国的战略意图并由此引发对中国快速发展的忧虑。21世纪以来,中国通过灵活务实的外交政策积极负责地介入国际事务,提出作为"负责任的大国"要发挥在国际社会中的"建设性作用",走"和平发展"的道路并积极推动建设"和谐世界"。目前,气候变化、低碳发展及其相应的国际制度正逐渐发展成为影响国际国内当前和未来发展的重大问题,中国作为一个快速发展中的排放大国,应对气候变化国家战略需要适时调整,在不断变革的世界中应当在构建促进低碳发展的国际制度方面"有所作为"。

中国海油能源经济研究院管清友先生提出,低碳经济是一种经济形态或模式,以低能耗、低污染、低排放为基础,是给市场经济加上了重要的约束条件或者说是强化了对市场的负外部性的约束。低碳经济是人类社会继农业文明、工业文明之后的又一次重大进步。低碳经济是一次能源革命,是在经济发展的同时,提高能源利用效率、开发清洁能源、追求绿色GDP,减少对化石能源的依赖,核心是能源技术和减排技术创新、产业结构和制度创新以及人类生存发展观念的根本性转变。低碳经济是一种理念,与目前国内落实科学发展观,建设资源节约型和环境友好型社会,转变经济增长方式的本质是一致的。管清友博士开创性地指出了碳排放权交易的结算货币问题、碳货币的发行问题、碳货币的本位问题。

本次论坛取得了丰硕的成果,各位专家基于本次论坛撰写了专题论文,从各个角度阐释和论证了上海低碳发展与两个中心建设的有关

第二篇　上海国际中心建设与低碳发展的国际挑战研究

问题,为上海市气候变化工作室进一步完善研究方向提供了思路和模式。以下论文除集中了上述与会专家的论文外,还约请了国内知名专家就我国应对气候变化和低碳发展的问题发表了看法。

上海气候变化工作室第二次专题报告

城市循环经济和能源利用的比较分析

■ 于宏源

城市作为人类文明、社会进步的象征和生产力的空间载体，聚集了相应地域范围内的生产资料、资本、劳动力和科学技术，从而成为一定地域内经济集聚实体和纵横交错经济网络的枢纽和区域经济活动的中心。城市的能源使用费用及消耗过程中所带来的环境问题是整个区域经济发展过程中的主要限制因素。能源与城市经济增长之间存在密切关系，一方面表现为经济增长对能源的依赖性，能源是经济增长的基础；另一方面，不合理利用能源必然会导致环境恶化、资源匮乏，反过来制约经济增长。显然，能源既是经济增长的动力因素，同时也是一种障碍因素。[①] 20世纪以来，工业化成为世界各国经济发展的目标。借助自然科学而建立的科技和理性使得各国的工业化得到了长足的发展。然而，工业化被人类推向了极端。面对一系列问题，后现代主义开始对此进行批判与反思。城市文明的发展模式成为工业化和后现代理念碰撞的焦点。

当今世界是一个急剧城市化的世界，城市中的人口越来越多，到2030年全球城市人口比例将上升到61%；规模越来越大，到2015年人口超1 000万的"超大城市"将达到23个，城市化的加速必然导致

---

① 赵媛：《可持续能源发展战略》，社会科学文献出版社2001年版，第23-39页。

城市能源消耗迅猛增长，已有统计数据显示工业发达国家在分部门的能源终端消费中城市已占据95%以上①。显然在这种格局下，传统的商业模式以及低效的高度依靠化石燃料为主的能源在将来的城市运营中是不可取的。

面对这种形势，2005年8月8日，美国小布什总统签署了《2005能源政策法》。一是实施减税鼓励措施。二是增加补助措施。三是支持节能技术研发。四是鼓励能源供给多元化。五是鼓励个人绿色消费。欧盟于2008年公布了一揽子可再生能源和提高能效方案，在欧盟范围内制定一个完善的能源市场法规，总揽全局，鼓励燃料生产多样化，减少废气排放。提高能效，大力开发再生能源。加强能源科研与技术开发。日本则强调能源政策着力于"两化"，即"多样化"和"节约化"。我国作为一个发展中国家无论是水污染、耕地减少还是森林破坏、资源浪费、能源短缺等一系列问题已经引起各级政府和专家的重视，然而令人担忧的是这些问题在可预见的将来不但没有缓解的迹象反而有加重的趋势，因此认真研究如何既能使得经济长期良好发展又能不进一步损害资源环境就成为经济研究中头等重要的任务。因此系统地比较世界城市发展循环经济和能源利用的经验，对于我国可持续发展和未来全球城市能源模式的探索显然具有重要意义。

第一节 特征分析：城市能源转型中的多元和归一

一、目前世界上主要城市发展循环经济和能源利用的多元发展

发展循环经济是建设生态城市的核心内容，而建设生态城市必然

---

① 马宪国、章树荣："电力与燃气在工业发达国家城市能源使用中的概况分析"，载《能源研究与信息》1999年第2期，第1–6页。

以技术创新为基础工程,面对国情不同,切入点各国城市对能源和资源的可持续采取的政策和措施也大为不同。

首先,成立工业园区,进行产业结构调整和清洁生产,建立工业物质循环体系。1989年通用汽车公司的Fellshi和Jblu[①]在《科学美国人》杂志发表题为《可持续发展工业发展战略》的文章,提出了生态工业园区的新设想,要求在企业与企业之间形成废弃物的输出输入关系,其实质是运用循环经济思想组织企业共生层次上的物质和能源的循环。1993年起生态工业园区建设逐渐在各国推开。丹麦卡伦堡是目前世界上工业生态系统运行最为典型的代表。这个生态工业园区的主体企业是发电厂、炼油厂、制药厂、石膏板生产厂。这四个企业之间通过贸易方式利用对方生产过程中产生的废弃物和副产品,不仅减少了废物产生量和处理的费用,还取得了较好的经济效益,形成了经济发展与环境保护的良性循环。除了早期的丹麦卡伦堡,在美国、加拿大(哈利法克斯)、荷兰(鹿特丹)、奥地利(格拉兹)等地也出现了类似的计划如,美国橡树岭国家实验室设计的"核动力联合体",韩国科技研究院设计的"铝联合企业",波兰华沙工业化学院设计的"再循环"方案,加拿大伯恩得赛设计的"清洁生产"方案等多种不同的生态工业园区设计版本。汗牛充栋的文献表明第二产业比重越大的城市,单位GDP能耗就越大,这说明工业明显对城市的能源利用存在着负面影响,然而作为世界上环境领域走在前列的国家日本不但在适当的时候进行了产业升级换代,而且积极倡导在企业内部促进原料和能源的循环利用、在企业之间组成生态工业链形成资源共享和互换副产品的产业共生组合关系,还在整个社会内部大力发展绿色消费和

---

① Raymond P. Cote, E. Cohen – Rosenthal, Designing eco – industrial parks: a synthesis of some experiences Journal of Cleaner Production 6 (1998), pp181 – 188.

固体废物回收①，并尝试建立工业体系中不同工业流程和不同行业之间的横向共生，注重可再生能源的开发利用，从而实现了从"能源耗竭型"经济向"能源再生型"经济的转换。曲格平、段宁等人则认为按照工业生态系统思想建立工业生态园，是推行循环经济的一种好方式②，张颢瀚等举了丹麦的卡伦堡工业园是目前世界上工业生态运行和循环经济最为典型的代表之一，其模式就是把不同的工厂联结起来，形成共享资源和互换副产品的产业共生组合，使得一家工厂产生的废水、废气和废弃物成为另外一家工厂的原料和能源③。

其次，推行节能城市计划，进行生态城市建设。生态城市作为城市可持续发展的高端形式，节能显然也在其中起着相当大的作用。张茜指出日本东京率先提出了把自身建成一座"节能型城市"的计划，主要目标就是到 2010 年争取总耗能比 1996 年降低 1%，其政策和措施主要包括提高现有能源的有效率，在建筑部门大力倡导节能住宅和大厦，推动集中冷暖供应，在交通部门大力推动城市交通的通畅并宣传更多的人利用公共交通工具。Abdul Hameed 指出马来西亚吉隆坡也有类似的计划，推广的天然气区域冷却不但在节能方面正获得日益显要的地位，满足了一个区域内几所建筑物空调需要的制冷需求，还节省燃料优化了能源利用，降低了对国家电网的需求④。

再次，推广使用新能源进行可再生资源的开发和利用。沈清基等人认为可再生能源不但能够满足城市能源需求，还能环保推动技术进

---

① 邵天一、李华友："日本城市固体废弃物循环利用管理"，载《环境科学动态》2005 年第 1 期，第 34 - 35 页。
② 钱易：《清洁生产与循环经济——概念、方法和案例》，清华大学出版社 2006 年版，第 3 页，第 45 页。
③ 张颢瀚，等："城市可持续发展：理论·实践·评价"，中国工商出版社 2005 年版，第 31 页。
④ Abdul Hameed, Bin Mohamed Mydin："城市能源管理：马来西亚的举措"，载《产业与环境》第 23 卷，2001 年第 1 - 2 期，第 54 - 58 页。

步,增强城市自身的独立性,因此必须将可再生能源纳入到城市的规划体系中,从而致力于可再生能源与生态城市建设的一体化①。例如日本京都就为阻止全球变暖尝试回收每家用户排放出的食用油并提炼生物油作为燃料,这种生物燃料不但环保还最大限度地减少石化燃料的使用,有利于创建政府、市民、企业友好合作的"循环利用型"社会②。另外一些发达国家还根据城市生产生活会产生大量垃圾和废弃物的现实,因地制宜地推出城市垃圾发电或供热的计划,如日本大阪就建有10个垃圾焚烧厂,而瑞士和新加坡等国家垃圾焚烧发电普及率也已均达80%以上。有的城市还计划将废水作为能源利用并认为地下水这一能源在尚未利用的能源中潜力巨大。作为世界上领先的棕榈油生产国马来西亚还计划将棕榈油转变为汽车用油以减少对石化燃料的依赖,而作为北欧的小国芬兰的可再生能源占总体能源已达到25%,成为欧盟国家可再生能源利用率最高的国家。

第四,推广清洁能源的使用。洪亮平指出英国伦敦作为西方"后工业城市"的代表在清洁能源的推广方面是先锋,该城市根据自身工业耗能也少而民用和交通耗能占据了60%的特点和现实,因地制宜提出了到2050年要建立完全不同于20世纪主要依靠可再生能源和氢能等清洁能源的能源体系。富有特色意味的是伦敦还提出了燃料贫困的概念,要给弱势群体和贫困人口提供"可用得起的燃料",这说明伦敦对能源使用的社会公正和公平符合其福利国家的称号③。

最后,体制和观念的整体变革。由于城市规模的急剧变大,人口增长和消费增长都为刚性,因此我们不能简单认为只要调整我们的技术方式,就可以摆脱传统经济增长方式带来的环境压力。罗勇在《城

---

① 沈清基:"可再生能源与城市可持续发展",载《城市规划》2006年第7期。
② 张茜、颜立敏:"日本可持续发展城市",载《现代城市研究》2007年第1期,第65-69页。
③ 洪亮平:"城市能源战略与城市规划",载《太阳能》2006年第1期,第13-17页。

市可持续发展》一书中指出：实际上紧紧依靠技术方式是不够的，还必须包括社会体制和思想观念在内的整体变革，只有这样才能为城市的可持续发展积累能力和提供动力①。实际上正是20世纪六七十年代的环保运动才导致现在一系列的技术革新，也就不难理解欧盟会对环境如此重视，因为此诉求根本上来自于民意。

二、能源可持续成为共同的核心

城市的发展离不开能源的支持，对于能源在城市中的作用的认识可以追溯到1971年联合国教科文组织的"人与生物圈计划"（MAB）以及1973年的课题小组会议，在该次会议上专家们提出了"特别侧重于能源利用的城市系统的生态问题研究"的研究课题②，提出了要从系统的、整体的、多因子的角度来研究城市系统，这表明人们已经意识到了能源对于城市可持续发展的重要意义。2001年《加拿大城市绿色基础设施导则》正式发表，该导则的重要突破就是开始将能源系统作为城市绿色基础设施的必不可少的重要组成部门③，这表明人们已经接受能源的可持续是城市可持续的基础和前提这一定位。其实前面所述这么多城市实施循环经济和能源利用的不同侧重点，无论是建立工业园还是实行节能计划或者推广再生能源都是从两方面理解同一个问题：能源可持续。一方面节能和提高能效不仅缓解了能源的供需矛盾，还减少了污染物的排放，起到了保护环境的作用；另一方面"开源"积极实施开发可再生能源和清洁生产不但从结构上改变了过度依赖于石化燃料的局面还符合城市存在环境限制的特点。因此在城市可

---

① 罗勇：《城市可持续发展》，化学工业出版社2007年版，第146页。
② 黄光宇："生态城市研究回顾与展望"，载《城市发展研究》2004年第6期，第41-48页。
③ 沈清基："中国城市能源可持续发展研究：一种城市规划的视角"，载《城市规划学刊》2005年第6期，第41-46页。

持续发展的背景下,能源可持续已经成为统合城市经济发展、社会进步和环境保护甚至生活方式和用能行为的核心。然而要实现能源可持续必然要改变目前的能源消耗状态,这种改变是如何进行的?政府在这样的能源转型中又起到什么样的作用和怎么样起作用的?

三、政府在能源转型扮演重要角色

能源的可持续就是改变目前能源的消耗状态,转向高效、节俭和可循环,要实现这样的转型就必然要改变传统的以石化为主的能源结构向多元发展;由粗放型利用向能源高效利用转变;由直接大量燃用煤炭向煤炭清洁利用进步。实现这样的转变对城市的可持续发展和生态城市创立显然具有关键意义,那么为了实现"能源转型"政府起到了什么样的作用,又是怎么样起作用的呢?

首先,政府积极构建能源转型的法律体系,为能源的可持续发展扫清法律和制度上的障碍。几乎所有的重要国家都具备能源方面的法律法规,但是对于可再生能源和能源的可持续方面不见得都那么完备,在这一方面日本做出了表率。日本不但专门制定了针对环境的《环境基本法》,还于2000年颁布了《循环型社会形成推进基本法》和《促进建立循环社会基本法》以及促进资源有效利用的《促进资源有效利用法》,还根据各种产品的性质分门别类建立了《绿色采购法》、《食品回收法》、《家用电器回收法》等等。而美国和欧盟则通过法律为了一些耗能性产品设定了新的节能标准从而使得那些耗能过大,不符合环保标准的产品无法进入市场从而间接加大了环保产品的竞争力。德国政府为了鼓励民众购买使用可再生能源,还专门制定了《可再生能源法》,该法规定在电力公司必须无条件接受政府制定的保护价购买利用可再生能源产生的电力。挪威则为了促进水电等有关项目的开发也特定制定了有关的法规如《能源法》、《河道管理法》,从而把水电项目纳入到了国家总体规划的框架。

其次,政府通过资金投入和减免税收来鼓励可再生能源的开发和使用。美国为了鼓励可再生能源的研发和投入使用,不仅拨款资助可再生能源的科研项目,还为再生能源的发电项目提供低税优惠。2003年美国把可再生能源项目的受惠额再次提高,受惠的种类扩大到风能、生物质能、地热等更多项目和领域,联邦政府还积极拨款投资建设煤电环境污染等技术的开发和相关工程建设。日本在预算制度和融资制度上对新型能源也予以支持,如对废弃物在资源化工艺设备生产给予相当于生产和试验的1/2的补助,对于引进先导型合理利用能源设备予以补贴,同时对于那些从事3R的生产和研发的企业还予以政策性贷款[1]。德国政府也制定类似的财政激励计划,如对安装光电池的个人和建设太阳能设施的企业可申请长达10年的底息贷款和某些补贴;同时它逐步放弃了核电的计划,开始大力投资开放风能、生物能等可再生能源,德国政府希望通过能源转型和结构调整,力争50年后可再生能源成为国民使用的主要能源。挪威经过政府多年的投资和努力,可再生能源比例已高达总耗能的60%以上[2]。

再次,设立专门的执法结构,自身在能源转型和能源可持续上做出表率。几乎所有的国家都设立了环境保护有关的部门,美国政府为了节省政府支出中的能源耗费还专门成立政府节能办公室。通过采购节能设备和采取节能措施,每年至少节省了上亿美元的费用[3]。2004年联邦政府为了提高其自身使用可再生能源的比例,更是拨款3亿美元在屋顶安装了2万套太阳能系统。日本的政府工作人员则以身作则,

---

[1] 陈华:"循环经济:西方国家的经验做法及对中国的启示",载《中外企业家》2005年第10期,第45—49页。
[2] 谷志红,牛东晓:"挪威的能源可持续发展战略和措施",载《电力需求管理》第10卷第1期,第66—68页。
[3] 吴钟瑚:"强化政府的能源管理功能和权责一致",载《中国发展观察》2008年第1期,第7—8页。

每年在夏天房间的温度绝不低于 28 度,除非必要的地方否则没人的时候办公室电灯必须熄灭等点点滴滴日常生活细节维持能源的可持续①。

第四,鼓励节能,塑造民众能源可持续的社会共识。美国政府不但积极鼓励民众使用节能产品,还每年利用财政上的转移支付通过拨款对环保产品如电池车等新型车辆予以补贴让美国家庭更直接感受到新能源的魅力。德国则从另外一个方向鼓励居民和企业节能,2002 年德国联邦政府开始对汽油、电力消费征收新的生态税,价格杠杆的作用明显提高了德国民众节约能源的意识。英国伦敦对社区及公众参与、能源信息和节能知识的推广以及能源培训和教育予以了高度重视,并聘请了专门的机构对民众进行了详细的调查和咨询②。

最后,推动国际合作,加快实施能源转型有关的项目。霍华德·格尔勒认为在全球化的今天一条更加有效、成本更加低廉的使用先进的环保技术促进能源转型的方法就是国际合作,这种国际合作不但影响资源使用,并加快技术创新的速度,还能促使私人部门作出反应③。显然欧盟等一些发达国家正帮助一些发展中国家制定可持续发展政策并资助一些项目,这些项目有力地地推动了清洁生产、节能和能源转换。逻辑上顺其自然的发展中国家的政府就应该主动和这些拥有先进技术和经验的国家、企业甚至个人合作为他们创造良好的制度环境和公共管理保障从而最终推动自身在能源转型上的进步。

政府通过立法、规划、投资和政策引导起到了规范能源管理制度、强化能源管理的作用,极大地促进可再生能源的开发和利用,而政府本身施行的节能行为也对社会民众的行为有极大的导向作用,这些因

---

① 沈清基:"中国城市能源可持续发展研究:一种城市规划的视角",载《城市规划学刊》,2005 年第 6 期,第 41-46 页。
② 洪亮平:"城市能源战略与城市规划",载《太阳能》2006 年第 1 期,第 13-17 页。
③ 霍华德·格尔勒:《能源革命——通向可持续未来的政策》,刘显法等译,中国环境科学出版社 2006 年版,第 148 页。

素必然一起促成了能源转型的成功。

因此,城市是目前世界经济的重心,而能源的可持续利用在城市的可持续发展中又处于核心位置。世界各地城市循环经济和能源利用的多元化表明能源可持续的模式不是千篇一律的,而是因地制宜的,我们要实现城市可持续必须根据实际情况尽可能多地利用现有先进技术清洁生产,推行节能环保。当然,政府在其中的作用是无可替代的,从环境立法到制定标准、从战略规划到具体项目实施无不体现出首要的动因,完全可以说城市可持续发展成功与否很大程度决定于政府能否成功推动技术进步、优化能源生产结构、大规模推动和建立清洁生产和清洁能源,而这一切无不落实在城市具体的交通、建筑、园区规划和电力供应上。

第二节 政策和理念解读:效率、安全和环保

经过上面的论述,我们认为城市可持续发展的基础是能源可持续,而能源可持续又主要集中在交通、建筑和生产建设上,因此实现能源的可持续必然首先要在交通、建筑和生产建设等项目上进行较大的理念创新和技术更替,而这些理念创新和技术更替的着眼点必然是效率、安全和环保。

一、可持续交通和建筑

能源可持续的重要特点就是把大自然的能源转变为人类可以使用的能源,而这一转变需要借助于介质,城市中大量存在的元素如道路交通、广场和各种大型建筑等都是良好的能源可持续的媒介及其载体,因此可持续的交通和建筑成为能源可持续和城市可持续的重点建设对象之一。就交通的可持续而言,黄新民等人通过对中国城市交通的误区分析指出所谓可持续发展的交通原则就是在促进城市交通建设和发

展时,重视对生态环境的保护和资源的合理开发利用,在满足城市近期交通需求时,保证城市经济和生态系统的长期持续发展;在强调交通路网建设扩张时,注重需要的管理和交通行为的修正。关键在于交通效率的实现、生态环境的保护和价值观念的转变三者的统一,其表现是交通环境的不断改善和城市交通所需资源的合理开发利用[1]。陆化普等人通过交通供需分析表明交通不可持续的主要缘由在于交通管理水平低下、交通基础设施不够完善以及长期的城市结构和土地形态存在缺陷等,他们还指出交通供求关系的演化还对环境和能源问题产生决定性影响,不同的交通需求特性决定了不同的交通结构和相应的交通流状态也就决定了交通的环境影响和能源消耗[2]。刘恒伟等人的研究表明正是城市交通的迅速发展推动石油价格的上升,成品油供应日趋紧张,因此必须设计一套成熟的可持续城市交通能源体系[3]。由于评价交通体系的优劣主要看公众的利益能否得到保障,因此几乎所有的学者都指出了城市公交、轨道交通等公共交通对可持续交通的关键意义[4],而李晓林等人则认为交通供求不平衡是交通问题产生的直接原因,但上升更高层面便是土地利用的问题,因此在城市规划时交通系统必须与城市土地的利用形式、开放强度和空间布局相适应,借鉴紧凑型城市和多样性城市以及公交导向的城市开发等理念,避免城市交通的无序蔓延和交通用地的浪费。王刚在描述和分析了交通需求管理(TDM)在美国的措施和现状之后指出交通需求管理对减少交通

---

[1] 黄新民,等:"公共交通建设与城市可持续发展",载《城市问题》2007年第8期,第37-41页。

[2] 陆化普,等:"城市可持续交通:演化机理与实现途径",载《综合运输》2007年第3期,第5-10页。

[3] 刘恒伟,等:"城市交通能源可持续发展规划理论体系初探",载《中国能源》2007年第4期,第21-25页。

[4] 郑杰:"'公交优先'是城市可持续发展的必然选择",载《广东科技》2007年第8期,第68页。

的需求方面起到一定的效果,但是也不是治疗百病的灵丹[①]。当然,不可否认技术对交通的可持续也很重要,例如地理信息系统和智能交通系统在提供交通的运行能力方面的显著作用。总之即使不像伦敦那样交通能耗占那么高的总比例,根据城市的形态和空间结构以及交通需求的宏观特性进行合理规划对城市的循环经济和能源利用的可持续以及交通供给的高效、安全和环保都具有重大意义。就建筑而言,城市的循环经济和能源利用的可持续显然具有更多的意义。一般情况下人们认为建筑只是能耗性物件,但沈清基等人则认为建筑也应该赋予其生产性而不仅仅具有消费性的含义——生产可再生能源的能力,如一个设计良好的建筑完全可以安装太阳能相关设备,也完全可能具有雨水的汇聚和绿化生产氧气等功能。《加拿大城市绿色基础设施导则》也指出,建筑物对能源的节约、资源的循环利用甚至可再生能源的生产完全可以在墙、屋顶、入口和其他建筑物的组成成分上体现出来,水、风的处理和隔绝,太阳能一体化设计以及邻里之间土地空间使用和资源的整合都可以做到节能能源的作用。国外有研究指出混合型土地使用的紧凑发展,使就业、居住和游憩彼此接近,分享基础设施,提供更多的使用公共交通的机会,可以减少能源消耗[②]。黄家瑾则在阐述一番环境伦理学的发展历史以及涵义之后,批判了当代某些建筑师们的某些奇异怪想和城市规划,指出了建筑环境伦理的必要,指出建筑不应只有美学价值或技术价值还应该有环境价值,也就是说主要表现为建筑的无度扩展和无限蔓延的城市应该受到抵制,建筑密度必须得到提高,一些可再生的、循环的、无污染的建材理应得到合理运

---

① 王刚:《实施有效交通需求管理—TDM 在美国》,中国人民公安大学出版社 2004 年版,第 14 页。
② 沈清基:"可再生能源与城市可持续发展",载《城市规划》2006 年第 7 期。

用,只有如此才能造就一个人与自然非对抗和谐的生态城市①。日本城市规划专家尾岛俊雄也认为构筑城市循环经济、缓解城市热岛效应,建筑外形的设计也是必不可少的。就像建设部部长仇保和所指出的那样,建筑作为城市的构造主体必须坚持一般的建筑节能和绿色建筑同步发展,逐步提高绿色建筑的比重,在大城市、特大城市和城市公用建筑必须执行相关的环境标准②。因为只有这样我们才能把城市的可持续发展和建筑的节能、再生功能联系起来,最终促进能源的可持续和生态城市的建设。

二、可持续园区规划

城市的规模比以前大大拓展了,结构也和以前有相当大的差异,城市的园区和景观也不像以前那么紧凑和多样化。德国 Antje Stokman 教授认为正是人们为了追求更高的生活水平,希望在城市中有更多的空间和时间才导致城市出现这种零散化和片段化的趋势③。然而空间和土地是有限的,几乎所有的园区规划专家都认为城市园区规划不但要考虑自然的景观,还要考虑到自然的功能如水、植被和野生动物等等。谢志强则进一步指出园区规划和城市空间布局的本质其实就是根据城市发展的总体要求安排好城市用地,因此一个良好的城市园区规划首要的就是根据土地使用的性质划分为不同的功能分区,并在此基础上全面考虑城市的社会、经济、就业、居住、服务与景观等多方面的配套问题,尽可能做到使生活在城市里的人们既有多种就业机会,

---

① 黄家瑾:"环境伦理观与中国城市的可持续发展",载《建筑学报》2007年第3期,第6-8页。

② 仇保和:"中国建筑节能与模式创新"(二),载《住宅产业》2007年第01期,第16-21页。

③ Antje Stokman:"景观规划设计:城市可持续发展的基础",载《中国勘察设计》2007年第3期,第63页。

又能较自由地选择住房与服务设施，既有方便的交通，又有广泛的娱乐场；既可有效地利用城市资源，又充分考虑城市的未来与发展①。赵燕青则认为城市中的园区规划并不是一些规划师认为的那样是一种孤立的技术选择，而是在更大的经济背景下国家发展战略选择的一部分，因此城市的空间结构——空间形态、空间密度、空间分工和增长模式无——不受到国家的战略和资源、能源供给的硬约束②，另外园区规划仅仅改变土地用地的形态也是不够的，还必须综合考虑到产业政策、相关的国家规范和技术标准。毛玉如提出了工业生态园在整个城市园区规划中的重要地位，工业生态园不但能够招商引资、促进经济增长还能推动城市化的进程③。汤珏等通过介绍国外物流园区规划、建设与发展的经验得出结论，物流园区建设正越来越成为城市基础设施的重点，对城市的长远发展和能源的节约构成了深远影响，因此也是值得仔细规划和研究的④。仇保兴部长在重点阐释了节约型园林绿化对节能减排的意义之后指出园林绿化不是简单的植树造林，其核心是结合城市总体发展规划来进行规划，园林立体布局、花草树木在改善城市生态环境的同时要给城市居民以美的享受和自然情操的陶冶，因此与林业具有完全不同的目的应该成为城市健康发展的主要组成部分，城市园林绿化发展模式的转变也必然带动城市建设模式的转变。当然做到这一点还需要更正指导思想上的一些误区，落实生态型、节约型和科学性等原则，否则一切都谈不上⑤。最后贺楠等人通过比较环境影响界定的国际一般程序和国内程序得出了在园区规划过程中应

---

① 谢志强：《城市交通问题与空间布局》，中国言实出版社 2000 年版，第 152 页。
② 赵燕青："城市可持续的土地规划"，载《规划师》2007 年第 6 期，第 74－76 页。
③ 毛玉如：《工业园区生态化改造：集成是关键》2007 年第 6 期，第 52－54 页。
④ 汤珏、孙有望："国外物流园区规划、建设与发展的经验与借鉴"，载《中外物流》2008 年第 1 期，第 26－29 页。
⑤ 仇保兴："推广节约型园林绿化 促进城市节能减排"，载《建筑装饰材料世界》2007 年第 11 期，第 11－14 页。

该重点关注的主要环境议题,然后在确定规划阶段正确的环境议题的基础上在后续的环境影响评价中通过不同情境的分析、比较寻求环境影响最小的规划方案①。可持续的园区规划作为城市可持续发展的基础工程核心问题之一是一项复杂的工作,它包含了社会、经济和自然的生态化以及复合生态化多层次的内容,无论如何一个良好的园区规划不但从空间结构角度更应从人本角度促进城市居民和谐健康地生活。

个案分析:阿布扎比生态工业园

环境变化和全球变暖的危害世界各国无一幸免,包括能源富集型国家。本部分以阿联酋的阿布扎比为例,探讨其发展循环经济的路径。

阿布扎比酋长国就行政区域来划分,分东、西两部分,幅员约6.7万平方千米。阿布扎比城是阿联酋的首都。其主要职能是联邦政府和阿布扎比地方政府办公所在地。经济以第三产业服务型经济为主。除了城西的港口,没有其他工业的分布。石化工业在阿布扎比的经济结构和政府收入中占有重要的比重。2006年,阿布扎比GDP总值达680亿,其中石化工业占620亿美元,相当于GDP的91%。石油资源集中在酋长国东部,工业主要以石油开采、冶炼和石化工业为主。有关石油的经济活动主要集中在离阿布扎比首都约240千米处的路危斯(Ruwais)。它是阿布扎比国家原油公司的工业生产基地。路危斯工业城内包括许多高耗能企业,如:炼油厂、天然气厂和化肥工厂等。而西部则以阿莱茵(Al Ain)为中心的农业为主,主要是因为该地区的降水量和绿洲的分布比较集中。主要的农作物为椰枣,还有一些乳制品产业和蔬菜种植。

富足的石油储备使得阿布扎比经济结构长期停留在以石油部门所

---

① 贺楠,等:"规划环境影响界定的方法与实例研究",载《环境污染与防治》2008年第2期,第72-76页。

主导的单一经济结构上,而相邻的迪拜酋长国在经济多元化方面首先跨出了一步,成为整个海湾国家中最早脱离石油的新经济增长点。近年来,随着石油价格的上涨和地区经济多元化的发展趋势,除了借鉴迪拜的成功经验之外,阿布扎比也另辟蹊径,抓住了全球提倡发展低碳经济的机遇,试图将自己建为一个低碳经济技术的世界中心。Masdar也应运而生。

(一) 设计理念和规划蓝图

整个生态园占地640万平方米,建筑面积达600万平方米。在用地的分配方面,住房用地占30%,经济特区占24%,商业占13%,大学占6%,公用和文化设施占8%和服务与运输区域占9%。预计居住人口约5万至10万人。生态城的外围主要是提供城市能源的用地,如:光伏电能区域、光伏电能工厂、海水淡化工厂、风电场、研究基地、三个不同物种来源的生物燃料基地、停车场、循环处理中心、污水处理中心、参观中心和娱乐、运动设施等。为了克服阿布扎比高温不宜在户外长时间行走的自然条件,工程设计了在200米范围内交通运输线或其他设备。此外,街道不宽,绿树成荫的设计也将缓解在高温中行走的问题。

该生态工业园区除了将Masdar的子项目纳入其中之外,还将建设办公楼,容纳约1 000家的洁净能源公司。作为经济自由贸易区,园内的公司可以享受一些商业上的奖励措施、免税、一流的基础设施、现代的生活方式和直接与最新的创新和融资渠道接轨。

此外,与传统设计的同规模城市相比,Masdar在节能方面有以下优势:"从电能的来源来说,Masdar城只需约200兆瓦环保洁净能源,比传统城市节约75%的机架电能;从食水需求方面,Masdar城每天需要8 000立方米淡化水,而传统城市则每日耗水20 000立方米;从垃圾堆填区的范围来说,Masdar城基本毋须堆填,同类城市则需数百万平方米土地作为垃圾堆填区。"①

(二) 资金和技术来源

Masdar 工程预计将耗资 220 亿美元。阿布扎比政府已经设立了针对该项工程的基金。初始基金为 150 亿美元,主要投资制造业、项目发展、建立太阳能和热力设施、碳采集储存设备和水力工厂。除此以外,Masdar 正在和一些大规模的银行谈判有关融资事宜。Masdar 工程将分为七个阶段。第一个阶段是建立 Masdar 研究院。招收理科硕士和博士生。该研究院与麻省理工学院合作。根据协议,麻省将帮助该学院建立成世界一流标准的地区技术中心。该学院将于 2009 年开始授课。

为了鼓励潜在的投资者,Masdar 洁净能源技术基金 (Masdar Clean Tech Fund) 于 2006 年 9 月成立。成立之初,共投入 2 亿 5000 万美元的资金来帮助投资者解决启动资金的困难。投资目标主要是发展相关的洁净能源,再生能源,能源效益,碳管理,水资源利用和海水淡化技术并且将之商业化。在研究层面,该工程建立了 Masdar 研究网络 (Masdar Research Network)。其主要目的是通过和世界各地的前沿研究机构合作研发尖端洁净技术。如:德国的亚琛大学 (Aachen University)、美国的哥伦比亚大学 (Columbia University)、德国航空航天局 (Germany Aerospace Agency)、英国的帝国学院 (Imperial College)、日本的东京科技学院 (Tokyo Institute for Technology) 和加拿大的滑铁卢大学 (University of Waterloo)。在公司层面,Masdar 和世界顶尖的能源和技术公司结成了战略伙伴关系。如通用电气 (GE)、BP、壳牌 (Shell)、Mitsubishi、劳斯莱斯 (Rolls - Royce)、道格尔 (Total)、Mitsui 等等。此外,自创立起,Masdar 还举办了年度论坛,邀请政府相关政策制定人员、学界人士、知名能源公司一起商讨未来能源的发

---

① http://www.import.net.cn/bus/9/68e73c02.html, [2008 - 7 - 22]。

展趋势。

（三）循环经济的技术运用

在技术层面上，Masdar 主要是采用光伏电池技术、聚光太阳热力和风力发电。三种主要的光伏电池技术都将运用在工程中，如：单晶硅、多晶硅和薄膜光伏。预计光伏电池技术将提供生态城一半以上的电力需求，从而避免温室气体排放。太阳能发电最便宜的方法之一聚光太阳电池技术和风力发电技术也被该工程采纳。风力发电机将安装在 Masdar 生态城的西南和东北角。在城市垃圾废物方面也将通过先进的技术来减少目前对垃圾填埋场的需求。另一项技术是使用地层表面的热能。它通过地源热泵将地层表面的热量和浅源地层的冷空气互相对流，通过这种方式为建筑物降温，其降温率将达到 50%。预计这种技术推广的后，生态城的制冷需求将减少 30%。

（四）对未来城市发展循环经济的启示

海湾地区国家拥有全世界已探明石油储量的 2/3。鉴于此，从传统理念上看，这些国家和城市的发展完全可以依靠传统能源——石油。但是，近些年的全球气候变化，绿色发展和节能减排也逐渐被列入到这些国家的发展议事日程上，零碳经济的发展已经成为该地区的发展趋势。以上提到的 Masdar 生态园就是令人瞩目的一例。

虽然该工程还在进行中，但是值得借鉴的一点是其充分地发挥了国内外非政府组织、非赢利性组织和其他社区组织在发展零碳经济中的作用。鉴于有限的人力资源和技术，阿布扎比政府必须借助"外力"来发展经济。在工程的设计阶段，政府邀请具有世界影响力的咨询公司从事工程设计。其他最为突出的"外力"包括非政府组织，非赢利性组织和其他社会组织。他们的参与不但为其在技术上与国际先进能源技术挂钩，而且扩大了知名度，为自己的发展创造了良好的国际空间，在一定程度上提升了其国际地位。

在操作层面，最有效的方式之一是举办相关的能源论坛。在政府的牵头下，阿布扎比政府和 Masdar 项目已经在阿布扎比城联合举行了一届世界未来能源峰会（World Future Energy Summit），邀请了世界各地的相关学者、各类清洁能源专家、商业组织的相关人士和政策决策人讨论、评估未来能源发展方向，学习、借鉴世界各国、各城市可持续能源发展的先进经验。

三、可持续电力供应

城市规模的扩大，城市人口的增加以及城市经济的迅猛发展导致对能源的需求急剧扩张，这样作为城市中能源供应的主形式电力便也成为城市可持续发展的主要焦点之一。由于节能方面存在巨大优势，所以一些国家和地区都在竭力推广区域性集中供热和热电联产，积极扩建热电厂及新建大型供热厂，向城市中心供电、供热。考虑到电力是一种无形的不能贮存的优质二次能源，其生产、流通和消费瞬间完成，任何时候电力生产和消费在功率和能量上必须严格保持平衡，当电力的需求超过电力的供应时就会导致电网负荷过大，最终导致电力供应的不可持续，因此电力的持续供应和城市发展的需求密切相关。传统意义上电力的生产主要依靠煤炭为主的火力，这种生产污染太大、耗损太多，一些专家认为应该尽快开放地热、天然气甚至核电来满足当前的电力需求。据报道加拿大已经将核电作为其未来电力供应的主力，印度、巴西也都正在开展可再生能源发电技术的开发[①]。然而到目前为止仍然没有一种能源在环保、可靠性和成本方面都优于其他能源同时也能很好地提供基荷、中期和峰值电力负荷，所以必须综合各种能源和技术，在它们之间进行平衡与协调。马平经过分析认为可再生能源虽是未来解决能源问题的主要手段，但在目前条件下受技术和

---

① 霍华德·格尔勒：《能源革命——通向可持续未来的政策》，刘显法等译，中国环境科学出版社 2006 年版，第 90 - 96 页。

成本的限制，大规模的开发和利用还十分困难，因此必须通过对需求侧的管理和产业结构调整以及经济转型推动电力的可持续供应[1]。针对纽约的大面积停电案例，有的学者还提出了分布式能源供电系统的建议，该技术投资少、安装和运营灵活、能源利用效率高、环境负面影响小、能源供应可靠性高，还能有效缓解电网调峰的压力，是应对能源安全和可持续供应的一项重要选择[2]。当然还有学者综述了分布式能源系统的研究现状之后提出政府应在能源政策导向方面支持促进分布式能源体系的推广和应用。

四、总结

工业化、城镇化的加速发展和能源供应的紧张已经严重地制约了经济社会发展，然而不论是我国还是国外城市能源开发手段落后、再生能源和清洁能源投资不足、能源利用不合理效率低下的情况仍然大幅度、大面积存在，因此坚持开发和节约并重，开发有序、节约优先的原则必然把城市未来能源发展放在突出的位置。其实，在可预见的将来人们将逐渐接受能源的可持续是城市可持续的基础和前提这一定位，因为城市居民将逐渐意识到无论是建立阿布扎比那样的工业生态园也好还是实行日本那样节能计划或者美国推广再生能源实施清洁生产也罢都是从两方面理解同一个问题：能源可持续。节能和提高能效通过减少需求的方式缓解了能源的供需矛盾，在减少污染物的排放起到了保护环境的作用；而开发可再生能源和清洁生产则从供应的角度缓解能源的供需矛盾，改变了过度依靠化石燃料的局面同时改善了城市的能源结构。相信在不久的将来只有那些能够统合城市经济发展、

---

[1] 马平："适度的电力供应短缺与国民经济稳定发展关系"，载《湖北电力》2006年第2期，第50－52页。

[2] 周凤琦："分布式能源：应对上海能源安全的一种重要选择"，载《上海企业》2008年第4期，第21－23页。

社会进步和环境保护甚至生活方式和用能行为的能源利用才是真正的能源可持续发展行为。

实践已经说明一座城市能够实现完善的可持续发展基础设施其实并不是最根本的,最根本的是如何使得可持续的基础实施产生的动力机制和制度创新,也就是说最根本的还是在于善于根据国情和区情创造性地理解、掌握和发展城市可持续发展的活的灵魂。课题组以为下述一些问题显然将有助于政策制定者和城市居民抓住本城市可持续发展的活的灵魂,这就是:是什么妨碍了本城市的可持续发展,是美国那样过分的消费还是中国这样经济的粗放型增长;什么导致了目前本城市可持续技术和措施不上位,是风能那样的清洁能源成本太高还是大规模的太阳光电技术没有成熟或者体制和制度上出现了问题;什么导致城市居民的节能或者环保意识还不够高,是过于传统的习惯使然还是一些既得利益者的利益使然;什么导致目前企业对循环经济和能源的可持续发展兴趣不高,是无利可图还是政策不够到位;通过哪条途径更能促进城市循环经济和能源可持续发展,是政府还是市场抑或混合型的发展模式?通过对这些问题的分析课题组相信我国的城市循环经济和能源利用的可持续发展将更加符合和谐社会以人为本的要求,也更加符合城市可持续发展所必需的科技、经济、资源内涵。无独有偶,2008年7月23日温家宝总理召开国务院常务会议,研究部署了国际节油节电工作和开展全民节能工作,审议并原则通过了《公共机构节能条例(草案)》和《民用建筑节能条例(草案)》,显然这些法律法规的通过对我们看清世界城市能源发展的现状、发展趋势和采取的技术措施、政策手段将具有重大的促进和帮助作用。

上海气候变化工作室专家报告

由《2010年政府工作报告》看我国今年应对气候变化的工作思路

周剑*，何建坤

2010年3月5日，温家宝总理在第十一届全国人民代表大会第三次会议上作了《2010年政府工作报告》，该报告在哥本哈根会议后指出了我国2010年应对气候变化的工作思路①。

一、《2010年政府工作报告》的相关亮点

亮点之一，气候变化在全文出现的次数大幅度增加，应对气候变化的战略地位得到了进一步加强。与《2009年政府工作报告》3次出现气候变化字眼相比②，本次报告一共出现了"气候变化"9次，主要分布在2009年工作回顾（1次）、2010年形势分析（1次）、节能减排（4次）、发展科学技术（1次）和外交工作（2次）。

《2010年政府工作报告》中，提出了2010年"打好节能减排攻坚战和持久战"重要的四项工作，前三项是节能、环境保护与积极发展

---

* 周剑，清华大学低碳能源实验室副教授，主要研究方向为气候变化。
① 温家宝：《2010年政府工作报告》，第十一届全国人民代表大会第三次会议，2010年3月5日。
② 温家宝：《2009年政府工作报告》，第十一届全国人民代表大会第二次会议，2009年3月5日。

循环经济和节能环保产业,最后一项是"积极应对气候变化",清洁能源归入了应对气候变化的范畴。主要工作内容有:大力开发低碳技术,推广高效节能技术,积极发展新能源和可再生能源,加强智能电网建设。加快国土绿化进程,增加森林碳汇,新增造林面积不低于8 880万亩。要努力建设以低碳排放为特征的产业体系和消费模式,积极参与应对气候变化国际合作,推动全球应对气候变化取得新进展。

亮点之二,《2010年政府工作报告》纳入了低碳发展的核心要素,"低碳"首次被写入政府工作报告。温家宝总理在《2010年政府工作报告》中提出今年要重点抓好八个方面工作,之一是加快转变经济发展方式,调整优化经济结构,其中的一个重点就是"大力开发低碳技术","努力建设以低碳排放为特征的产业体系和消费模式",这与世界低碳经济的发展潮流相一致,并且体现了发展中国家实现低碳发展的核心要求,即"低碳能源技术的开发和经济发展方式的转变"。

首先,低碳能源技术的开发要求我国加快应对气候变化领域重大技术特别是节能和提高能效、洁净煤、可再生能源、核能及相关低碳技术的研发和推广,探索发展碳捕获及封存和利用技术,加强自主研发,注重相关领域先进技术的引进、消化、吸收和再创新。其次,经济发展方式的转变要求我国抓住世界低碳经济潮流所带来的机遇,加快发展能源低碳化利用和低碳产业,建设低碳型工业、建筑和交通体系,大力发展清洁能源汽车、轨道交通,创造以低碳排放为特征的新的经济增长点,促进经济发展模式向高能效、低能耗、低排放模式转型,为实现我国经济社会可持续发展提供新的不竭动力。

低碳发展与我国坚持节约资源、保护环境的基本国策,建设资源节约型、环境友好型社会,走新型工业化道路是一致的。当前,我国经济和社会发展也受到国内能源资源保障和区域环境容量的制约,节约能源、优化能源结构,转变经济发展方式,走低碳发展道路,既是应对气候变化、减缓二氧化碳排放的核心对策,也是我国突破资源环境的瓶颈性制约,实现可持续发展的内在需求,两者具有协同效应。

二、我国应对气候变化 2010 年工作思路的确立

由《2010 年政府工作报告》,可看到我国政府已确立了 2010 年应对气候变化工作的总体思路,统筹好国内与国际两个大局,这也是胡锦涛总书记在中共中央政治局第十九次集体学习时所强调的"统一思想,明确任务,坚定信念,扎实工作,进一步做好应对气候变化各项工作",并要求在政府工作中的具体落实[1]。

国内的工作思路是把应对气候变化和实现控制温室气体排放行动目标纳入经济社会发展规划,以降低 GDP 的碳强度为重点。2009 年 11 月 25 日的国务院常务会议上宣布了"到 2020 年,中国单位 GDP 二氧化碳排放比 2005 年下降 40% ~ 45%"。该指标即国内生产总值的二氧化碳强度,是指当年能源消费的二氧化碳排放量与当年国内生产总值的比率,反映了实现单位国内生产总值所产生的二氧化碳排放,反过来即代表了单位二氧化碳排放所产生的经济效益。大幅度降低国内生产总值的二氧化碳强度是我国中近期内发展低碳经济、减缓碳排放的核心任务[2]。

这一目标,是我国根据国情采取的自主行动,体现了"共同但有区别责任"的原则,也符合我们国家的国情和发展阶段的特征。说明中国未来经济增长速度要高于二氧化碳排放的增长速度,使单位 GDP 的二氧化碳排放不断下降,但随着 GDP 的较快增长,二氧化碳排放的总量还是会增加。实现《2010 年政府工作报告》中提出的发展思路,是完成我国自主减排目标的根本保障。当前国内工作的重点首先要着

---

[1] 胡锦涛:"统一思想,明确任务,坚定信念,扎实工作,进一步做好应对气候变化各项工作",中共中央政治局第十九次集体学习,2010 年 2 月 22 日。

[2] 何建坤:"发展低碳经济,应对气候变化"载《光明日报》,2010 年 2 月 15 日,http://www.gmw.cn/01gmrb/2010 - 02/15/content_ 1055909. htm

重降低 GDP 的能源强度，推动"十一五"节能目标顺利实现；同时优化能源结构，提高非化石能源的比重，降低单位能源消费所产生的二氧化碳排放。《2010 年政府工作报告》提出国内生产总值增长 8% 左右，并强调"好字当头，引导各方面把工作重点放到转变经济发展方式、调整经济结构上来"。

国际的工作思路是继续坚持《公约》原则，积极促进全球应对气候变化长期合作行动的进程。哥本哈根气候大会提出的《哥本哈根协议》，重申了全球应对气候变化要根据"共同但有区别的责任"原则和各自的能力，加强全球长期合作行动要基于公平和可持续发展的理念。

今年的全球气候变化进程将更为不确定，上述工作思路要求我国要准确把握复杂的国际形势，要增强忧患意识，充分利用有利条件和积极因素，努力化解矛盾，更加周密地做好应对各种风险和挑战的准备，牢牢把握工作的主动权，"积极参与应对气候变化国际合作，推动全球应对气候变化取得新进展"。

三、我国 2010 年应对气候变化的工作部署

首先，围绕节能减排攻坚战，降低 GDP 的碳强度，开展相关工作部署。"十一五"以来，我国节能减排工作取得了巨大成效，截止到 2009 年底，"十一五"的前四年，全国单位 GDP 能耗下降了 14.38%，[①]。四年来，全国累计关停小火电机组 6 006 万千瓦，淘汰落后的造纸产能 680 万吨；2009 年淘汰落后的炼钢产能 1 691 万吨、炼铁产能 2 113 万吨、水泥产能 7 416 万吨、焦炭产能 1 809 万吨。今年是"十一五"节能减排目标的最后一年，也是决战的一年，任务还相

---

① 发改委环保部负责人就节能减排和应对气候变化问题答记者问，2009 年 3 月 10 日，http：//live.people.com.cn/note.php? id =808100309163749_ ctdzb_ 001

当艰巨。因此，我国 2010 年的工作部署也是在加强适应和减缓气候变化的能力建设的基础上，大力推进节能减排，以降低 GDP 的碳强度，主要工作部署有：

（1）转变经济发展方式和消费方式，降低经济和社会活动对能源服务的需求。《2010 年政府工作报告》提出"要大力推动经济进入创新驱动、内生增长的发展轨道"。推进产业结构的战略性调整，大力发展高新技术产业和现代化服务业，进一步提高服务业发展水平和在国民经济中的比重，"大力发展金融、物流、信息、研发、工业设计、商务、节能环保服务等面向生产的服务业，促进服务业与现代制造业有机融合。"；继续加快对电力、钢铁、建材等领域落后产能的淘汰，今年计划关停小火电机组 1 000 万千瓦，淘汰落后的炼铁产能 2 500 万吨，炼钢产能 600 万吨，水泥产能 5 000 万吨①；严格控制"两高"项目，鼓励进行产业链整合，增加产品附加值，大幅度降低单位 GDP 的能源强度；支持企业和公众的自愿参与和自觉行动，深入开展节能减排全民行动，倡导健康文明的消费理念，增强企业的社会责任感，逐渐形成全社会低碳排放的生产模式和消费模式。

（2）发展低碳能源技术，优化能源结构。先进低碳能源技术正在成为世界科技创新和技术竞争的前沿和重点，成为一个国家核心竞争力的标志。这就要求我国将在 2010 年继续加快新能源和可再生能源等非化石能源的发展速度和先进技术的产业化步伐，努力实现到"十一五"末实现可再生能源比重达 10% 的目标，要"大力开发低碳技术，推广高效节能技术，积极发展新能源和可再生能源，加强智能电网建设"。

（3）提高能源效率，控制温室气体排放。将低碳发展的要求主动

---

① 发改委环保部负责人就节能减排和应对气候变化问题答记者问，2009 年 3 月 10 日，http://live.people.com.cn/note.php? id=808100309163749_ ctdzb_ 001

融入现有相关政策与实践当中,发挥应对气候变化措施与节约资源、保护环境对策的协同增效功能,提高资源利用水平,促进高耗能行业的低碳化。要对能源生产、输送、加工、转换到最终利用全过程实行节能管理,加快实施先进的能耗和排放标准。要切实抓好重点领域,全面推进工业、建筑、交通、公共机构、流通服务业、农村和农业的节能减排工作。"扎实推进十大重点节能工程、千家企业节能行动和节能产品惠民工程,形成全社会节能的良好风尚。今年要新增8 000万吨标准煤的节能能力。"同时,加快节能减排技术和产品的推广,继续实施节能产品的惠民工程,"加大技术改造力度。用好技改专项资金,引导企业开发新产品和节能降耗。"

其次,提高应对气候变化政策措施实施保障能力,这主要包括配套政策、科技支撑和林业碳汇。

(1) 完善产业政策,发展战略性新兴产业,抢占经济科技制高点。一方面,新能源和节能环保产业中很多新技术的发展尚处于创新阶段,各国之间的差距还不是很大。抓住难得的历史机遇,顺应世界经济发展和产业转型升级的潮流,以发展新能源和节能环保产业为突破口,培育新的经济增长点,有利于形成新的国际竞争优势,促进我国经济实现跨越式发展。这就要求我国必须"抓住机遇,明确重点,有所作为",要大力发展新能源、新材料、节能环保、生物医药、信息网络和高端制造产业,积极推进新能源汽车等取得实质性进展。另一方面,从总体上看,我国新能源、节能环保产业和技术与国际先进水平相比还有较大差距,国内市场规模较小,生产成本较高。必须针对这些突出问题,加大政策支持力度,完善相关体制机制,促进新兴产业加快发展。

(2) 完善产业政策、财税政策、信贷政策、投资政策,加大资金投入力度。2008年9月,中国出台了两年期4万亿元(5 860亿美元)经济刺激计划,其中直接投向于自主创新、结构调整、节能减排和生态工程的资金合计占到了总投资近15%。2010年将采取财政、税收、信贷、投资等综合性的工具，以促进我国应对气候变化工作的发展，主要手段有：优化财政支出结构，《2010年政府工作报告》提出"政府将有保有压，把钱花在刀刃上，支持节能环保、自主创新"。今年将安排中央预算内的投资333亿元，中央财政资金500亿左右，支持实施重点节能减排工程[①]；发挥税收政策的调节作用，"继续实施结构性减税政策，促进扩大内需和经济结构调整"；优化资金信贷结构，"落实有保有控的信贷政策，加强对重点领域和薄弱环节的支持，严格控制对'两高'行业和产能过剩行业的贷款"；优化投资结构，"加强和改进投资管理，严格执行用地、节能、环保、安全等市场准入标准和产业政策，切实防止重复建设"；融资方面进一步扩大开放，"鼓励外资投向新能源和节能环保产业"。

（3）大力发展科学技术。认真贯彻自主创新的方针，全面推进创新型国家建设，加快实施科技重大专项。着力突破带动技术革命、促进产业振兴的关键科技问题，突破增强国际竞争力、维护国家安全的战略高技术问题。前瞻部署气候变化、天空海洋等领域基础研究和前沿技术研究。

（4）加快国土绿化进程，增加森林碳汇，今年新增造林面积不低于8 880万亩。胡主席在联合国气候变化峰会上提出，中国要大力增加森林资源，增加森林碳汇，争取到2020年我国森林面积比2005年增加4 000万公顷，森林蓄积量比2005年增加13亿立方米。

再次，进一步加强气候外交工作，主要有：

（1）进一步树立负责任发展中大国的形象，"积极参与应对气候变化国际合作，推动全球应对气候变化取得新进展"。

---

① 发改委环保部负责人就节能减排和应对气候变化问题答记者问，2009年3月10日，http://live.people.com.cn/note.php?id=808100309163749_ctdzb_001

（2）进一步稳固以基础四国为代表的广大发展中国家的应对气候变化合作伙伴关系，加强发展中国家的团结，"认真落实中非务实合作八项新举措"。中非务实合作八项新举措是指 2009 年 11 月 8 日温家宝总理代表中国政府在中非合作论坛第四届部长级会议上宣布的推进中非合作的新措施，其中包括建立中非应对气候变化伙伴关系，主要内容有不定期举行高官磋商。在卫星气象监测、新能源开发利用、沙漠化防治、城市环境保护等领域加强合作。中方决定为非洲援建太阳能、沼气、小水电等一百个清洁能源项目。

因此，《2010 年政府工作报告》进一步表明了中国在应对气候变化问题上的积极态度和切实行动部署。该报告是在坚持可持续发展框架下，统筹国内与国际、当前与长远、经济社会发展与生态文明建设的具体工作落实，将促进我国应对气候变化取得重要进展，取得切实成效。

低碳经济：人类社会共同的发展方向

于宏源

"低碳经济"这一概念最早见诸于 2003 年的英国能源白皮书《我们能源的未来：创建低碳经济》，其实质是通过技术创新和制度设计，达到低能耗、低污染、低排放为基础的经济模式。目前，国内外诸多学者对低碳经济的阐释虽有不同的侧重点，但一致认同低能耗、低污染、在发展中排放最少量的温室气体获得整个社会的最大产出是低碳经济的几个要素。可以说，为应对全球气候变暖而提出的低碳发展模式，已经成为能源、经济甚至价值观大变革的突出标志。低碳经济将成为继两次工业革命、信息革命、生物技术革命之后，第五次改变世界经济的革命浪潮①。

2008年12月的波兹南气候变化大会始终在全球经济危机和经济不景气的阴影笼罩之下,低碳经济积极倡导者欧盟也因为自身财政窘境,而显得力不从心。美国奥巴马当选总统以及中国低碳道路发展则为这次本来不被看好的会议折射出一线曙光。联合国秘书长潘基文在波兹南气候变化大会上向世界各国提出新的命题,即如何将经济发展和保护地球共同家园相协调。对于中国而言,无论短期、中期还是长期来看,温室气体减排目标都将制约我国的排放空间,使我国现代化进程面临严峻局面。我国应充分利用此次金融危机带来的历史机遇,加大相关领域的投资力度,从而为向低碳经济的全面转型做好准备。

一、欧美日等发达国家的"低碳"政策措施

欧美日等发达国家经历了20世纪70年代两次能源危机的冲击,在发展低碳经济方面起步较早,积累了丰富的经验。他们的实践表明,发展低碳经济是一项社会系统工程,归根结底依赖于技术创新和制度创新两方面的良性互动。

就技术层面而言,低碳经济的"3R"原则——减量化原则(reduce)、再使用原则(reuse)、再循环原则(recycle),依赖于能源利用、资源综合利用及环境无害化等技术。如果说"减量化"是低碳经济最重要的环节,那么能源利用技术便是低碳经济发展的核心载体,它包括太阳能、风能、核能等新能源技术,及各类生产、生活用设备的节能技术。资源综合利用技术包括洁净煤等清洁生产技术和工业生态技术,其作用是预防或减少生产过程及最终产品的环境危害性,使资源的消耗最小化。环境无害化技术则指污染治理和废弃物的处置、

---

① 于宏源:"权力转移中的能源链及其挑战",载《世界经济研究》2008年第2期。

循环利用技术[①]。

就制度层面而言，低碳经济的发展需要政府、企业、各类社会组织及公民个人的参与，其中，政府主导十分关键。从西方数十年的实践来看，他们的政府可谓多管齐下，综合运用了如下几类措施。

（1）法律规范措施。进行专门的立法是低碳经济发展的起点和必由之路，因为低碳经济需要将原先属于公共产品的环境和资源成本内化到各个市场交易中去，这是对完全放任的自由市场经济的全方位、系统性"改良"，是对社会利益格局的重新洗牌。

日本是低碳经济立法最为完善的国家，不但专门制定了《环境基本法》，还于 2000 年颁布了《循环型社会形成推进基本法》、《促进建立循环社会基本法》和《促进资源有效利用法》，并根据各种产品的性质，分门别类建立了《绿色采购法》、《食品回收法》、《家用电器回收法》，等等。美国和欧盟则通过法律为一些耗能性产品设定了新的强制性节能标准，让耗能过大、不符合环保标准的产品无法进入市场，间接加大了环保产品的竞争力。德国政府为了鼓励民众购买、使用可再生能源，专门制定了《可再生能源法》，规定电力公司必须无条件接受政府制定的保护价，购买可再生能源产生的电力。

设立专门的执法机构，政府以身作则、作出表率，是促进低碳经济发展的又一有力措施。几乎所有的发达国家都设立了环境保护相关部门：美国为了节省政府支出中的能源耗费，专门成立了政府节能办公室，通过采购节能设备和采取节能措施，每年至少节省了上亿美元。2004 年，美国政府更是拨款 3 亿美元，在屋顶安装了 2 万套太阳能系统。日本的政府工作人员夏天工作时，房间的温度绝不低于 28 度，除非必要的地方，没人的时候电灯必须熄灭，他们通过日常生活中的点

---

① Jonathan Golub ed., *Global Competition and EU Environmental Policy*, New York：Routledge, 1998；凌善康："美国能源政策战略转变中得到的启迪"，载《WTO 经济导刊》2007 年 7 月；黄海峰，刘京辉等：《德国低碳经济研究》，科学出版社 2007 年版，第 132 页。

点滴滴来节能。

（2）经济激励措施。包括征收税费等限制性措施和优惠贷款、补贴、减税等鼓励性经济措施。政府运用财政政策、货币政策等宏观调控手段，以市场交易机制为基础，间接引导，目前已经成为推进低碳经济发展的最基本的措施。

例如，美国为了鼓励可再生能源的研发和使用，不仅拨款资助相关科研，还为可再生能源发电提供低税优惠。2003年，美国把可再生能源项目的受惠额再次提高，受惠的种类扩大到风能、生物质能、地热等诸多领域。德国政府也制定了类似的财政激励计划，例如安装光电池的个人和建设太阳能设施的企业，可申请长达十年的低息贷款及某些补贴；同时逐步放弃了核电计划，开始大力投资开发风能、生物能等可再生能源。

（3）积极利用非政府组织。比如德国的双轨制回收系统DSD，是一个专门组织回收、处理包装废弃物的非盈利社会中介组织。日本大阪的有关部门建立起了一个畅通的废品回收情报网络，专门发行旧货信息报——《大阪资源循环利用》，介绍各类旧物的有关资料。加拿大政府十分注重引导准政府机构、环境网、大学等参与政策法规的研究制定，同时注重发挥社区组织的作用，比如，蒙特利尔政府与全市社区组织签订了垃圾分类收集和维护环境工作的合同，聘请社会人士进行监督检查，使政府的低碳经济政策得以有效实施。

（4）通过教育和宣传，强化社会各阶层的低碳经济意识。日本在这方面最为典型。1975年，日本政府将原"全国中小学公害对策研究会"更名为"全国中小学环境教育研究会"。1977年，日本环境厅设立"财团法人日本环境协会"，以调查研究国内外环境保护的现状，普及有关环境保护知识。再比如，节能驾驶方面，欧盟发起"智慧能源欧洲（Intelligent Energy Europe）"项目，与FIA汽车俱乐部、壳牌、GE运输服务公司等众多社会机构联手，建立节能驾驶网络，社会效应巨大。

（5）推动国际合作。在全球化的今天，国际合作是更加有效、成本更加低廉的使用先进环保技术促进能源转型的方法。因为国际合作不仅能够影响资源使用，更新技术创新的速度，还能促使私人部门作出反应。发展中国家要加强与拥有先进技术、经验的国家、企业甚至个人的合作，为自身创造良好的制度环境和公共管理保障，从而推动其能源转型的进步。

以上五个方面是发展低碳经济这一系统工程的重要环节。但具体到不同的地区和领域，因为自然属性和社会属性的不同、制度环境和基础的不同，有些指标通过强制性法律手段予以贯彻可能会适得其反。如何"因地制宜"，恰当运用各种手段，十分关键。

二、国外重要部门的低碳经济实践

1. 电力、工业部门

城市的规模扩大、人口增加以及经济迅猛发展，导致对能源的需求急剧扩张。作为城市能源供应主形式的电力，就成为城市可持续发展的焦点之一。

传统意义上，电力的生产主要依靠煤炭为主的火力，污染太大、耗损太多。一些专家认为，应该尽快开发地热、天然气甚至核电来满足当前的电力需求。据报道，加拿大已经将核电作为其未来电力供应的主力，印度、巴西也都在进行可再生能源发电技术的开发。但到目前为止，还没有一种能源在环保、可靠性和成本方面都优于其他能源的同时，还能很好地提供基荷、中期和峰值电力负荷，所以必须综合各种能源和技术，进行平衡与协调。美国学者最早提出"整体煤气化联合循环发电系统"（Integrated Gasification Combined Cycle），这种系统符合环保的"清洁煤"（Clean Coal）要求，有可能代替传统的蒸汽电站,成为未来燃煤发电的主要发展方向。

2. 建筑、生活设施

一般情况下,人们认为建筑只是能耗性物件,其实建筑也应该被赋予生产性而不仅仅是消费性含义,因为建筑也具有生产可再生能源的能力。一个设计良好的建筑,既可以安装太阳能相关设备,也可以具有汇聚雨水和绿化生产氧气等功能。

《加拿大城市绿色基础设施导则》指出:建筑物对能源的节约、资源的循环利用甚至可再生能源的生产,完全可以在墙、屋顶、入口和建筑物的组成成分上体现出来,水、风的处理和隔绝,太阳能一体化设计,邻里之间土地空间使用和资源的整合都可以做到节能。国外有研究证明:混合型土地使用的紧凑发展,使就业、居住和游憩彼此接近,分享基础设施,提供更多的使用公共交通的机会,可以减少能源消耗。

德国、法国、荷兰、美国、加拿大、澳大利亚、日本的研究机构推出了不同类型的绿色建筑评估体系,其中比较有代表性的是美国绿色建筑协会制定的"节能与环保设计先锋"绿色建筑评估体系。美国绿色建筑协会、新都市化联合会、自然资源保护委员会三个组织还根据精明增长、都市化、绿色建筑的基本原则,合作制定了 LEEO – ND (绿色住区开发评估体系)。

3. 交通部门

交通运输系统是国民经济和社会发展的基础性服务行业,也是发展低碳经济不可或缺的重要环节。关于未来城市交通的发展模式,新名词层出不穷,如"生态交通"、"绿色交通"、"可持续交通"、"节约型交通"、"资源节约与环境友好型交通"、"智能交通",等等,但其实质不外乎是低碳经济"3R"理念的体现,即在基础设施、运输工具、运输管理三个方面,促进各类交通运输资源的减量化、再利用、资源化。

(1) 交通运输基础设施方面。评价交通体系的优劣，主要看公众的利益是否能够得到保障，因此城市公交、轨道交通等公共交通设施优先对实现可持续交通具有关键意义。规划和布局上，要确保多种交通运输方式之间统筹协调，节约土地资源。供求不平衡是交通问题产生的直接原因，上升到更高层面是土地利用的问题。因此在进行城市规划时，交通系统必须与城市土地的利用形式、开发强度、空间布局相适应，借鉴紧凑型、多样性、公交导向型等城市开发理念，根据城市的形态、空间结构以及交通需求的宏观特性进行合理规划，避免交通无序蔓延和用地浪费。

此外，要注重加强道路建设的质量控制和日常养护，延长使用寿命；促进废旧路面材料、废弃轮胎、工业废料等的综合利用，推进道路沥青、水泥混凝土、钢材等废旧建材的循环再生。

(2) 交通运输工具方面。首先是促进节能型和使用新能源的交通工具的开发利用，鼓励乙醇、氢能电池等替代燃料的研发和推广。2007年底，国际原油价格首次窜升至每桶100美元前不久，美国国会通过了新的法案，要求在32年内大力提高汽车能效标准，"油老虎"(SUV)开始在美国市场上失宠。日本、欧洲各国在采用税收优惠措施推动节能环保汽车的研发方面更是突出。比如荷兰，通过税收优惠，激励新上市的汽车安装燃油经济电子监测设备，响应率高达75%。日本为安装"无空转"系统的车辆销售提供补贴，2006年有3 300多辆车申领了此种补贴。在交通燃油替代方面，美国、巴西等国力推生物燃料。专家们认为，氢能将在2050年前取代石油，成为主要能源，届时人类将进入完全的氢经济社会。目前不少国家的汽车厂商都在加紧研制以氢为能源的燃料电池车，并取得了重大进展，预计在未来的5~10年内，氢燃料电池汽车将正式进入市场。

其次，是推广废旧车船等交通工具及零部件的回收利用。例如，德国 2002 年颁布《旧车回收法》，要求制造商、进口商必须对汽车的制造和报废回收负责。比如，奔驰公司开始对旧车进行逆向拆装，保证旧车零部件最大限度地回收和使用。

（3）交通运输管理方面。智能技术管理系统是提高管理效率的基础性手段，西方各国在"需求侧管理"方面积累了丰富经验。交通部门几乎没有石油替代品，因而短期燃油需求的价格弹性很低，英国交通部门组织的研究表明约在 $-0.2 \sim -0.3$ 之间，即油价上涨 10%，需求仅仅降低 2% ~3%。因此，在西方国家，即便是油价完全放开的发达城市，政府亦主动干预石油市场，以增加交通部门需求对于油价或供应约束的灵敏度。

三、中国发展低碳经济的机遇和挑战

近年，中国对低碳经济和循环生产非常重视：先后出台了《节能中长期专项规划》、《关于做好建设节约型社会近期重点工作的通知》、《关于加快发展低碳经济的若干意见》以及《关于加强节能工作的决定》等政策性文件；立法通过了《节约能源法》、《清洁生产促进法》、《可再生能源法》和《低碳经济法》，等等。2007 年 9 月 8 日，胡锦涛主席在亚太经合组织（APEC）会议上明确主张"发展低碳经济"，研发和推广"低碳能源技术"、"增加碳汇"、"促进碳吸收技术发展"，令世人瞩目。

目前，中国向低碳经济、循环生产转型正处于机遇与挑战并存的关键时刻。所面临的挑战，是伴随着 GDP 高速增长，能源效率迟迟得不到实质性的提高。据 OECD（经济合作与发展组织）中国环境绩效评估报告，中国能耗强度比 OECD 国家平均水平高 20% 左右，以汇率计算比美国和欧盟高 4 倍左右，比日本高 8 倍，比世界平均水平高 3 倍，比印度也要高 40%。更为紧要的是，这仅仅是开头，因为中国工业化和城市化还处于初级阶段，基础设施建设远未完成，随着经济发展,人民群众的住房、交通及其他消耗还会进一步上升。在可预见的时间内,中国的能源消费还将以一次性煤炭为主,可再生能源的发展潜力有限。这一切将不可避免地导致温室气体排放迅猛增长。实际统计数据也显示,中国温室气体排放无论是总量所占世界比例还是人均排放量都显著上升。这种条件下,国际社会要求中国强制减排的道德舆论压力也在不断加大。更有甚者,一些发达国家如欧盟,正考虑对来自中国等发展中国家的产品征收碳税,以防止所谓的"碳泄露"。再加上国内目前存在的种种政策性障碍,例如对低碳产品和技术开发的激励不足,对煤、石油、水等资源性产品的价格尚未理顺,对高碳资产的补贴仍然大幅度存在,等等,中国发展低碳经济和循环生产可谓困难重重。

中国的出路在哪里?目前,国际社会已具备实现低碳经济、循环生产和提高能源效率的主要技术手段,包括建筑交通工业节能、能源供给低碳化、碳捕获与封存技术(CCS)、大规模可再生能源利用、保护和扩展碳汇,等等。更为重要的是,这些技术已经形成向中国等发展中国家转移的动力。

首先,一向热衷于环保的老牌欧洲国家,将能源技术创新看作是新的技术革命,他们迫切希望靠技术来开拓市场。比如法国,目前使用的70%是新能源;英国目前的CDM(清洁发展机制)项目有80%都以英镑结算,其次是欧元,再次才是美元。如果碳交易市场发展壮大,显然会大大促进欧洲国家的经济,对他们有现实利益。

其次,此次金融危机不仅影响了欧美各国政府,事实上更大程度地影响了其企业。欧洲国家在落实低碳经济方面遇到财政上的困难,因此一改常态,愿意以低价将新能源技术卖给我们,这对于中国来说是个历史性的机会。以往,欧美企业的新能源技术要价都特别高,现在在低迷的经济形势下,北欧的许多大公司、中小企业都有意愿低价卖出核电、提高能效等方面的关键技术。中国现在拥有强大的外汇储备和财政实力，石油、电力等公司也拥有购买这些关键技术的能力。这是一个难得的机会——从发达国家引进高效节能技术、产品、设备，甚至并购公司的天赐良机。

低碳经济的"世界性"与"中国化"

赵加强*

气候变化既是环境问题，更是发展问题。[①] 在全球气候变暖和国际金融危机的交织影响下，短短几年内，低碳经济已由一个全新概念[②]，演变为诸多国家的执政理念和实际行动。2007 年 9 月 8 日，中国国家主席胡锦涛在亚太经合组织（APEC）第 15 次领导人会议上，明确主张"发展低碳经济"，在今年的"两会"上低碳经济更是成为代表委员提案的关键词。可以说，在世界范围内，发展低碳经济已经成为必然趋势。

低碳经济是一种经济发展模式，它必然根基于原有经济基础。由于世界各国经济、科技发展水平以及资源禀赋的不均衡性，各个国家发展低碳经济的路径必然存在着差异性。因此，在日益严峻的全球应对气候变化的国际背景和我国大力推进经济发展方式转变的国内背景下，辨析低碳经济的共性与中国化特点就有着非常重要的现实意义。

一、低碳经济的内涵

低碳经济是对传统经济发展模式的变革，是对循环经济和绿色经济的发展，其最终目标是建设人与自然和谐发展的生态文明。世界范

---

* 赵加强，上海交通大学副教授，主要研究方向为能源法。
① 2009 年 9 月 22 日，胡锦涛在联合国气候变化峰会开幕式上的讲话。
② 低碳经济最早见诸于政府文件是在 2003 年的英国能源白皮书《我们能源的未来：创建低碳经济》。

围内还没有一个统一的概念来界定低碳经济,比较主流的说法是指以低能耗、低污染、低排放为基础的经济模式,是人类社会继农业文明、工业文明之后的又一次重大进步。低碳经济的实质是能源高效利用、开发清洁能源、追求绿色 GDP,核心是能源技术创新、制度创新和人类生存发展观念的根本性转变,[①] 其根本宗旨是实现经济社会的可持续发展。国际社会普遍认识到,推行低碳经济既是应对当前金融危机的现实选择,也是打造国家未来竞争力的战略布局。从最早提出低碳经济概念的英国,到将低碳社会建设作为国家战略的日本,到以推行"低碳新政"挽救美国经济的奥巴马政府,均是基于这样一个共同认识。

循环经济包括"狭义循环经济"和"广义循环经济",其主要理论基础是系统论和物质循环论。狭义循环经济的重点放在消费后废弃物的资源化方面,"广义循环经济"涉及产品生命周期各环节,需要生产方式和生活模式的整体变革。在中国,循环经济主要指"广义循环经济",《中华人民共和国循环经济促进法》中所称的循环经济,是指在生产、流通和消费等过程中进行的减量化、再利用、资源化活动的总称。循环经济通过提高资源的利用效率,减少废弃物的产生,以最终降低人类对自然资源的总消耗,这其实是在源头上控制了温室气体的排放,符合低碳经济发展的内在需要。另一方面,低碳经济在内涵上要比循环经济更为丰富,低碳经济既包括传统资源消耗的减量化,还包括可再生能源的增量化,是对人们生产、生活模式转变的系统考量,更能体现出可持续发展的理念。

相比循环经济和低碳经济,绿色经济的概念要更加宽泛。吴晓青认为绿色经济是以保护和完善生态环境为前提,以珍惜并充分利用自然资源为主要内容,以社会、经济、环境协调发展为增长方式,以可

---

① 贾凤兰:"什么是低碳经济",载《求是》2009 年第 19 期。

持续发展为目的的经济形态。① 可以看得出,在理念上,低碳经济与绿色经济是基本相同的,但由于以二氧化碳为主的温室气体并不等同于一般的污染物,所以两者的内涵又不完全相同。另一方面,高度依赖化石能源的传统经济发展模式既是造成全球气候变化的根本原因,也是造成环境污染问题的主要原因,所以说,在实现路径上,低碳经济与绿色经济又是高度一致的。

二、全球化视野下的低碳经济

(一)催生各国发展低碳经济的动因具有同源性

基于全球气候变暖的共同危机是催生低碳经济的直接动因。工业革命以来的人类活动,尤其是发达国家在工业化过程中大量消耗能源资源,导致大气中温室气体浓度增加,引起以变暖为主要特征的全球气候的显著变化,对全球自然生态系统产生了明显影响,对人类社会的生存和发展带来严重挑战。20世纪70年代以来,国际社会在政治、经济、科技、法制等多个领域采取了应对举措。2009年底召开的哥本哈根气候变化大会被称为二战以来最重要的国际会议,标志着全球气候变化问题已上升到前所未有的政治高度。但无论是国际协作还是科技创新,都仅仅是应对气候变化的辅助手段,应对气候变化的主战场还应是包括人类的生产与生活在内的经济活动。因此,只有在不影响经济发展的前提下,转变经济发展方式,减少对化石能源的使用,发展低碳经济,实现经济的可持续发展才是应对气候变化的根本之路。

基于传统能源的世界能源安全是各国竞相发展低碳经济的深层次原因。传统经济发展模式的最大特点之一就是对化石能源的过度依赖。化石能源是不可再生能源,无论是在一国范围内,还是在世界范围内,

---

① 吴晓青:"加快发展绿色经济的几点思考",载《环境经济》2009年12月,总第72期,第13-16页。

都有其总量限制,这必将造成全球范围内的能源竞争。早在气候变化问题还未引起国际社会普遍关注的时候,以石油为代表的能源危机就曾席卷全球。可以说,能源领域已成为当前国际战略博弈的重要战场,而事实上诸多国际冲突问题的背后基本上都是能源之争。因此,发展包括水能、太阳能和风能等在内的可再生能源,以替代传统的不可再生能源成为了一种必然选择。这必将改变传统的经济发展模式,进而催生低碳经济的发展。目前,世界各国均意识到发展低碳经济是摆脱对传统化石能源的依赖和保证国家能源安全的必然选择。

席卷全球的金融危机助推了低碳经济的发展。发端于美国的金融危机,一方面给世界经济造成了重创,另一方面,也让各国政府开始深刻反思传统经济发展模式的弊端。世界经济的复苏已不可能在原有发展模式下实现,推进经济发展模式转型,打造新兴产业成为了必然选择。而以可持续发展为理念,以发展新能源产业为代表,以培育未来竞争力为核心的低碳经济发展模式必然成为各国重振经济的战略选择。

(二) 世界各国低碳经济的发展具有高度相关性

发展低碳经济存在着两大显著背景,一是气候变化危机的全球性,无论是发达国家,还是发展中国家,都面临着共同的挑战,二是经济运行的全球化,这是当前世界经济的重要特点,也将是未来的长期趋势。可以说,历史上从来没有哪个时期让世界各国之间的关系如此紧密,这两大背景将使得此次变革变得更加广泛和复杂。

低碳技术是支撑低碳经济发展的关键要素。有学者认为,低碳经济的发展将引发第四次科技革命,而此轮科技革命与以往几次的最大不同就在于它的广泛性和普遍性。历史上,从蒸汽机的发明,到电力的广泛应用,到信息技术的普及,都是发端于经济发达、科技先进的发达国家和地区,然后再历经一个较长的周期扩散至世界范围,在这一过程中,欠发达地区往往处于被动的地位。但由于催生此次技术革命的危机具有前所未有的全球性,此次技术革命的发生也必将更加广泛。事实上,任一国家和地区在低碳技术上的进步和推广应用都将是对全人类应对危机的贡献,反之,任一国家的滞后,也将拖累世界各国应对气候变化的进程。所以说,此轮科技革命不会也不应仅仅局限在发达国家和地区,应在世界范围内同步发生。而这一点也反过来对全球应对气候变化合作提出了更为紧迫的要求。众所周知,技术是全球气候变化谈判的焦点之一,为了应对共同的危机,为了承担其历史责任,占有先天优势的发达国家应当在技术领域加大对发展中国家的支持力度。另一方面,由于低碳技术还处于初期发展阶段,许多瓶颈问题还没有攻克,世界各国应发挥各自优势,进一步加强这方面的协作。

在经济全球化的背景下发展低碳经济,也出现了一些新的问题,其中最为突出的两个是转移排放与低碳壁垒问题。转移排放主要是指处于世界产业链较高端的发达国家/地区,通过将高能耗、高污染、高排放的生产行业转移到欠发达国家/地区,来实现碳排放的转移,由于发展中国家往往处于世界产业的最低端,所以承担了巨大的转移排放压力。在低碳壁垒方面,最典型的例子是部分国家提出的"碳关税",其实质上是以低碳发展之名,行贸易保护之实。国际社会应当充分认识到这些问题的负面作用,从对全人类负责任的高度,来消除其不利影响。

(三) 世界各国低碳经济发展的进程和路径具有差异性

低碳经济是世界经济发展的共同趋势,但世界各国低碳经济的发展进程和实现路径却各不相同。这主要是由世界各国不同的经济发展水平、不同的资源禀赋和不同的科技发展水平所决定的。

考察世界几个典型国家的低碳发展之路,可以从中得到一些启示。英国是最积极倡导和推动低碳经济发展的国家之一,向海外转移高碳企业和强化低碳法制建设是其主要特点。在英国国内,目前几乎没有制造业，其工业产品大部分源自世界采购。在法制建设方面，英国在世界范围内率先通过了《气候变化法案》，设立了碳基金，形成了包括"碳预算"、"气候变化税"和"可再生能源配额"等在内的较为完善的低碳发展体系。法国的特点也是两个方面，一方面，继续强化其在核能领域的世界领先优势，另一方面，也是积极探索促进低碳发展的相关政策体系，比如推出了碳税方案。① 北欧的挪威和丹麦等国的特点则是依托本国资源优势，大力发展可再生能源。挪威水电生产列世界第6位，本国使用的99%的电力来自于水电，丹麦风电约占丹麦电力消费总量的20%，并计划到2020年，达到50%。这两个国家除了利用资源优势改善了本国能源结构，还在世界范围内巩固了他们在相关领域的技术优势。对于美国的低碳发展，在一些领域与中国有些相似，比如美国85%的能源供给都来源于传统化石能源，他们同样面临着能源结构的改变压力。但作为世界上最大的发达国家，长期以来形成了开大排量车、住大房子的高消耗的生活模式，其低碳发展的潜力应是在生产和消费两个方面，这是与发展中国家的最大区别。

总结世界各国在推进低碳经济发展中的经验，可以发现有以下几个方面的特点：一是一国低碳经济发展的进程与该国的科技发展水平存在正相关，如最为积极的西欧发达国家，已经构建起了包括能源、产业以及政策在内的较为完善的低碳经济发展体系。二是采取何种低碳发展路线由本国的资源禀赋和技术领先优势共同决定。如法国重视发展核能，丹麦重视发展风能，日本重视发展太阳能，美国则坚持传统化石能源的清洁利用与新能源的开发并重。三是，推进的进程和路径受本国经济发展水平的决定。当前，发达国家已进入了产业结构和能源结构的优化阶段，碳生产率水平明显高于发展中国家，他们的发

---

① 2010年3月23日，由于欧盟内部分歧严重，法国政府宣布将搁置此前制订的二氧化碳排放税方案（碳税方案）。

展可以摆脱对高碳能源生产和消费的依赖；他们是在解决了局部环境问题（如噪声）、区域性环境污染（如河流污染和城市污染）后，才将重点转到全球环境保护这个议题上。① 所以说，发达国家有义务、有条件率先实现低碳发展。

三、中国发展低碳经济的基本国情

低碳经济倡导以较少的温室气体排放实现经济发展目标，强调经济发展与环境保护的相互协调，与我国强调经济、社会、环境全面协调发展的可持续发展战略是一致的。但在中国发展低碳经济，应全面、科学地认识中国国情，不可照搬发达国家的模式。中国作为一个发展中国家，当前正处于工业化的关键阶段，在对传统工业的信息化改造还没有完成的情况下，又遇到"低碳化"的挑战。因此，在中国发展低碳经济应充分认识到我国经济社会发展的以下几个方面的特点。

（一）中国面临着发展方式转变与人民生活改善两大挑战

中国过去二三十年的经济快速发展，主要是靠资源消耗、廉价劳动力、投资出口拉动和引进国外技术等初级要素来驱动。这种模式下，中国生产的大量高耗能、高污染、低附加值的产品使得我国长期处于世界产业链的最低端，在造成较高碳排放水平的同时，也给我国的经济可持续发展带来了包括"碳关税"在内的诸多隐患。因此，对于中国而言，发展低碳经济，推进发展方式转变，刻不容缓。

另一方面，我们必须清醒地认识到，我国正处于工业化和城市化的快速发展期，经济发展总体水平还比较落后，发展仍是我们的第一要务。根据 IMF 的数据，2008 年中国、日本、美国的人均 GDP 分别为 3 300 美元、3.9 万美元和 4.7 万美元，中国分别只有日本和美国的

---

① 周宏春："低碳经济与循环经济的异同考量"，载《理论前沿》2009 年第 20 期，第 17 – 22 页。

9%和7%。按照联合国一天一美元收入的贫困标准,中国目前仍有1.5亿贫困人口。而人们生活水平的改善,工业化和城市化的持续推进,必将造成能源需求的增加和温室气体排放的增加。

在发展方式转变和人们生活水平改善的双重压力下,我们更要清醒地认识到,"发展"是任何经济模式的最终目的,"发展"也是低碳经济的应有之义。因此,在中国发展低碳经济,关键是要转变初级要素驱动下的粗放式发展方式,重点是要降低生产环节的碳排放,这是与发达国家重点应转变消费模式的关键不同。

(二)以煤为主的传统化石能源在中国能源结构中将长期处于主导地位

在中国能源探明储量中,煤炭占94%,石油和天然气总共约占6%,这种"富煤贫油少气"的能源资源结构决定了我国对煤炭的高度依赖性。事实上,我国面临着艰巨的能源结构转换任务。目前,我国还有几亿人口在使用薪柴来做饭取暖,没有完成第一次能源结构转换。而以油气替代煤炭的第二次能源结构转换也还没有完成。2006年,全球一次能源消费结构中,煤炭为28.4%,石油天然气为59.5%,而中国分别为70.2%和23.5%。据计算,每燃烧一吨煤炭会产生4.12吨的二氧化碳气体,比石油和天然气每吨多30%和70%。在可以预见的未来,这种高碳密度的能源消费格局将长期存在。这是我国发展低碳经济,限控温室气体排放的最大挑战。

(三)差异化的经济发展水平和不均衡的资源禀赋是我国发展低碳经济的物质基础

我国东、中、西部之间,在经济发展水平、产业结构布局和资源禀赋上均存在着较大差异。这对于我们发展低碳经济既是挑战也是机遇。一方面,我们要通过加快发展,来促进欠发达地区的经济发展水平,改善当地老百姓的生活水平,在仍以传统化石能源为主要能源的前提下,这必然会增加全社会的碳排放。另一方面,这种差异性也为我们整个国家发展低碳经济提供了空间。一是可以通过产业结构转移，在全国范围内实现产业布局优化，降低全社会碳排放强度。二是可以通过技术改造，提升高碳产业的减排水平，并有利于利用国际碳排放交易，吸引国际资金。三是我国欠发达地区往往是各种清洁能源和可再生能源的富庶地，如西南部的水能，西北部的太阳能和风能等，因此，这些区域具有发展新兴能源的巨大潜力。

基于这一特点，我国应将推进低碳经济发展与全面建设小康社会的战略任务相对接，在全国范围内统筹规划，通过实施产业结构转移和完善生态补偿机制，在实现"碳公平"中推进全社会的和谐发展。

（四）建设创新性国家战略任务的提出为我国发展低碳经济提供了智力支撑

低碳经济是一种着眼于未来竞争的经济发展模式，其核心是低碳技术。三十年前开始的改革开放，由于中国当时的科研基础非常薄弱，我们走了一条"以市场换技术"的道路，我们赢得了国内经济的高速发展，但也留下了大量发展隐患，最大的问题就是核心竞争力的丧失。发展低碳经济，如果不掌握核心技术，低碳产业做得越大，则风险越大。通过购买技术来发展低碳产业，不亚于饮鸩止渴。以风电产业为例，前几年因风电设备看好，国内大量厂家蜂拥而上，不是从国外引进整机，就是购买在国内的特许经营权，以致大部分厂家都没有自主知识产权，在后续发展中，只能跟在别人后面亦步亦趋，永远不会获得发展的主动权。在光伏产业领域里面，情况也非常类似。

推动低碳技术发展，增强在低碳经济发展中的核心竞争力，要形成两个关键机制。一是低碳技术的内生机制。回顾我国新能源产业这几年发展的历程，最大的问题在于经济与科技的"两张皮"问题。只有源于自身发展实践需要的技术才是最好的技术。在低碳技术领域上，要统筹眼前与长远，既要关注未来有应用前景的新能源，也要关注传统化石能源的清洁化，尤其是包括煤气化、煤制油在内的清洁煤燃烧技术。二是科学的技术路线遴选机制。涉及低碳经济的任何一个领域，都存在着路线之争，在低碳技术领域更是这样。政府要创造宽松的环境，鼓励大胆创新，在实践中选择最合适的技术路线。

当前，中国经济发展进入到一个新的阶段，中国再也不能走资源消耗型、劳动力密集型的老路，必须走一条自主创新之路。建设创新型国家已成为我国的基本战略，这必将有力助推我国的低碳经济发展。而事实上，在国家"十一五"重大科技专项中就已经有了布局，相信在"十二五"规划中会进一步加大力度。

（五）中国独特的政治体制为我国发展低碳经济提供了政治保障

全国人民代表大会是我国的最高权力机关，不同于西方的议会，从制度上保证了国家权力机关最广泛的代表性。中国共产党领导的多党合作和政治协商制度是我国的基本政治制度，不同于西方的两党轮流执政，有效实现了重大决策的民主性、科学性和高效性。我国这一政治体制便于最大范围听取民意，便于科学决策，便于集中力量办大事。发展低碳经济是一项全新的事业，有许多未知的领域，大到发展战略的制定，小到技术路线的选择，都需要科学论证，正确决策。在西方实行多党竞选制的国家，表面上是议会的民主决策，而在背后往往都是受利益集团所左右，即使标榜为最民主的美国也不例外。今年年初，奥巴马总统重启了尘封几十年的核电项目，其背后就是相关利益群体的驱使。

四、结语

发展低碳经济是一项系统工程，涉及经济发展水平、科技发展水平、资源禀赋、政治法制环境和文化传统等多个要素。在中国发展低碳经济，应牢牢把握可持续发展这一核心理念，既要顺应世界发展的共同趋势，又要适应中国自身发展的内在要求。历史经验告诉我们，世界上没有现成的发展模式可以照搬,我们必须基于自身国情,进行科学规划,在战略上做到系统推进、在进程上做到循序渐进,在目标上实现协同发展,走出一条有中国特色的低碳发展之路。

碳博弈的政治经济学分析

■ 李威

应对气候变化全球治理在多边谈判的框架下表现为日益激烈的碳政治博弈,2009年底哥本哈根国际法进程的落空为表现的零和博弈结果,凸显了大国间国际权力结构变化的决定性意义,正是国际机制中"稳定霸权"的缺失而引发博弈主体多元化,进而引发了多边机制现实的困境。同时,大国国家经济的稳定发展乃至国际经济领导权的博弈仍是国际政治背后更为重要的国内因素。基于2007年美国"次贷危机"引发全球金融动荡并导致国际经济衰退的背景,[1] 国际金融市场与全球实体经济之间引发传导效应,并通过国际贸易传导到各贸易大国的实体经济,[2] 促使各大国开始实施低碳经济的战略转型。当前,低碳目标指引下的"绿色新政"已经不是美国独有的国内施政策略,发达国家和新兴大国都通过大规模的经济刺激计划,通过国内发展规划和产业调整政策的布局,试图尽早把握低碳经济的领导权。正是基于大国国内层面低碳经济的战略安排引发了国际"碳政治"博弈的全面展开。

---

[1] Demyanyk, Yuliya S. and Van Hemert, Otto, "Understanding the Subprime Mortgage Crisis",[2008-12-5]. Available at SSRN: http://ssrn.com/abstract=1020396. and see: Mah-Hui, Michael Lim, Old Wine in a New Bottle: Subprime Mortgage Crisis – Causes and Consequences,[2008-4-28]. Levy Economics Institute Working Paper No. 532. Available at SSRN: http://ssrn.com/abstract=1126274.

[2] 张明:"次贷危机的传导机制",载《国际经济评论》2008年第4期,第37页。

一、应对气候变化全球治理下的"碳政治"博弈

有学者将"碳政治"视为20世纪60年代全球青年运动的遗产,欧洲左翼绿党建立的"环境政治"对全球政治产生深刻影响。其倡导"协商政治"和"世界主义"理念,为欧盟的发展和政治凝聚提供了强有力的意识形态和政治认同感。1992年以来,减排温室气体的国际法的达成,促使各国围绕"碳排放权"展开了全球政治博弈,由此形成了全球治理框架下的"碳政治"格局。然而,哥本哈根国际法进程的落空,使得聚集了全球庞大政治资源参与的"碳政治"博弈像60年代全球青年运动一样,未对现代政治体系产生根本性影响,而更像法国思想家雷蒙·阿隆形容全球青年运动那样,是一场"大规模的起哄"。①

(一)哥本哈根国际法进程的落空

气候变化谈判已经成为全球治理下最重要的多边机制。自2008年开始,围绕"巴厘路线图"的落实,气候变化谈判进入涵盖面更广的"哥根本哈根国际法进程"。国际谈判的核心问题主要集中在以下两点:一是针对能否在"共同但有区别原则"下达成共识,促使发达国家在《议定书》第二承诺期承担大幅度量化减排指标,确保未批准京都议定书的发达国家承担可相与比较的减排承诺,同时推动主要发展中国家参与减排;二是针对能否保持公约全面、有效和持续实施的问题,各方需要就减缓、适应、技术转让、资金支持等问题的制度安排进行谈判,并通过有效的机制安排,推动发达国家和发展中国家在资金、技术转让和能力建设支持方面实现共识,促进全球在可持续发展框架下根据本国国情采取适当的适应和减缓行动。

---

① 强世功:"'碳政治':新型国际政治与中国的战略抉择",中国法理网,http://www.jus.cn/ShowArticle.asp? ArticleID = 2667

第二篇 上海国际中心建设与低碳发展的国际挑战研究

2009年12月,来自192个国家的政府官员(其中包括120名国家领导人)在丹麦哥本哈根举行《公约》缔约方第15次大会(COP15)①和《议定书》缔约方第5次会议(CMP5)②,旨在达成一项在2012年《议定书》第一阶段到期后的全球减排协议。这次会议是始于2007年的《巴厘行动计划》③目标下哥本哈根谈判进程的终点。为使未批准议定书的美国加入多边谈判,这一进程为各国设定了两个谈判轨道,一是以《巴厘行动计划》为基础,围绕《公约》,展开《公约》下长期合作行动特设工作组会议(AWG-LCA)④的谈判;

---

① 《公约》缔约方大会(The Conference of the Parties, COP)是《公约》的最高决策机关,下设两个附属机构,即附属科学和技术咨询机构(Subsidiary Body for Scientific and Technological Advice, SBSTA)和附属履行机构(Subsidiary Body for Implementation, SBI),至今这两个附属机构已经召开了31次会议。参见:http://unfccc.int/meetings/cop_15/items/5257.php。

② 《京都议定书》缔约方会议(Conference of the Parties serving as the meeting of the Parties to the Kyoto Protocol, CMP)于《京都议定书》生效的2005年12月在蒙特利尔与COP11一起召开。至今已经召开了5次会议,参见:http://unfccc.int/kyoto_protocol/kyoto_protocol_bodies/items/2772.php。

③ 巴厘行动计划又称"巴厘路线图",于2007年12月在印尼巴厘岛召开的联合国气候变化公约缔约方大会(COP13)达成,确定了2009年前达成减缓气候变暖的新协议的目标。"巴厘岛路线图"明确规定,《公约》的所有发达国家缔约方都要履行可测量、可报告、可核实的温室气体减排责任,这把长期游离于国际减排计划之外的美国纳入其中。参见:"Bali Action Plan, Decision -/CP.13", http://www.unfccc.Int。

④ Ad Hoc Working Group on Long-term Cooperative Action under the Convention (AWG-LCA), see: http://unfccc.int/meetings/items/4381.php。《公约》缔约方第13次大会(COP13通过)的第1/CP.13号决议(即巴厘行动计划)规定,AWG-LCA应于2009年完成相关谈判并提交哥本哈根大会(COP15)审议,然而,AWG-LCA至今已召开了8次会议,但并未在COP15前达成各方妥协,根据1/CP.15号决议(即公约长期合作行动特设工作组的工作成果),延长AWG-LCA的谈判机制至COP16。see: http://unfccc.int/resource/docs/2009/cop15/eng/11a01.pdf[HJ]page=3。

139

二是围绕《议定书》附件一国家进一步承诺特设工作组会议（AWG - KP）① 进行的谈判。时任《公约》执行秘书的伊沃·德布尔呼吁："今年必须在哥本哈根达成气候协议，才能使气候变化不至于失控。"②

然而，集全球期盼的哥本哈根气候大会，却在是否将两轨谈判并为一轨而废弃《议定书》、"丹麦草案"③ 与 "基础四国共识"④ 的针锋相对、共同但有区别原则的各自解释、中国等新兴发展中大国参与实质性减排是否能成为妥协条件等问题上产生不可调和的矛盾，仅仅造就了一个无国际法约束力和不代表广泛一致的，并仅仅以 "附注"（take note of）形式被缔约方大会提及的《哥本哈根协议》（Copenhagen Accord）⑤。虽然联合国秘书长潘基文说，《哥本哈根协议》"标志着在能够限制和减少温室气体排放、支持最脆弱国家适应气候变化并

---

① Ad Hoc Working Group on Further Commitments for Annex I Parties under the Kyoto Protocol（AWG - KP），see：http：//unfccc. int/kyoto_ protocol/items/4577. php. 为谈判发达国家在京都议定书未来的承诺，《公约》缔约方 2005 年 12 月成立上述特设工作组，并计划于 2009 年完成相关谈判工作。AWG - KP 于 2009 年 12 月 15 日完成了《京都议定书附件一国家进一步承诺特设工作组第 10 次会议的报告》（FCCC/KP/AWG/2009/17），see：http：//unfcc. int/resource/docs/2009/awg10/eng/17. pdf. 在 2010 年 4 月 10 日公布了《AWG - KP 第 11 次会议的报告草案》（FCCC/KP/AWG/2010/L.1），参见：http：//unfccc. int/resource/docs/2010/awg11/eng/l01. pdf. ［2010 - 4 - 11］，AWG - KP 公布了《经 AWG - KP 第 11 次会议通过的结论》（Conclusions adopted by AWG - KP at its eleventh session），指出："特设工作组同意继续在 2010 年按照其工作计划进行工作。"

② 联合国与气候变化网，http：//www. un. org/zh/climatechange/the - negotiations. shtml.

③ "丹麦草案"的参与国包括英国、美国和丹麦。草案摒弃《京都议定书》内容，定下不利于发展中国家的减排目标和排放峰值年份，还建议削弱联合国在应对气候变化援助资金方面的支配权，与《联合国气候变化框架公约》确定的 "共同但有区别的责任"原则相悖。

④ 针对"丹麦草案"，基础四国领导人也于 COP15 期间达成了若干共识：首先，必须确保谈判围绕《联合国气候变化框架公约》和《京都议定书》，而非谈判一个新协议。其次，必须坚持巴厘路线图，不能弱化目标和期望。第三，《京都议定书》是一个具有法律效力的协议，这一协议必须继续是有效、可执行的。

⑤ Copenhagen Accord, FCCC/CP/2009/L. 7 18 December 2009, 联合国气候变化框架公约官方网站，http：//unfccc. int/resource/docs/2009/cop15/eng/l07. pdf

有助于开创环境可持续增长新时代的第一项真正的全球协议的谈判中所迈出的重要一步",但绿色和平的库米·奈都则直接把《哥本哈根协议》称为"非协议"。2010年3月25日,联合国环境规划署和伦敦经济学院葛量洪气候变化与环境研究所（Grantham Research Institute on Climate Change and the Environment）共同发表的报告指出,全世界共有108个国家建立了与《哥本哈根协议》的联系,但只有74个国家提出了到2020年的减排目标和行动计划。目前各国按照《哥本哈根协议》提出的2020年减排目标虽然不会导致将全球气温上升控制在2℃以内这一总体目标完全不可能实现,但将使2020年之后的减排任务变得更加艰巨和昂贵。① 2009年末几近白热化的碳政治交锋造成了"零和博弈"的结果,将对发展中世界带来致命性的打击。② 事实表明,哥本哈根大会在基本政治共识方面未能取得一致,全球气候变化谈判已经日趋碎片化,各国都秉承本国发展利益最大化的国家战略,已使未来的减排协作走入了死胡同。因此,哥本哈根国际法进程的落空,将使应对气候变化的国际机制在国际法的约束层面大打折扣。

（二）大国关系博弈下多边机制困境的原因分析

二战后,国际社会以联合国为基础逐步建立起来衡平国际关系和国际事务的各种国际制度。而国际制度（International Regime）是指"国际诸行为体在某一领域集体行为的原则（Principle）、规范（Norms）、规则（Rules）以及议事规程（Policy making procedures）。其中原则主要是指共同的信念；而规范是指规范了权利和义务的行为标准；规则是某些领域的禁令或者指令；议事规程则是进行集体行动

---

① 联合国气候变化框架公约官方网站,http://unfccc.int/

② Mukhopadhyay, Arun G., "Climate Climax: Post – Copenhagen Reflections on The Political and Economic Origins of Our Time". Available at SSRN: http://ssrn.com/abstract = 1528708 [2009 – 10 – 27]

的约定俗成的惯例。"① 对比 1972 年的联合国环境与发展大会确立了广泛一致的可持续发展原则,以及具有划时代意义的 1992 年《公约》和贯彻公平与效率并注重成本与效益的国际协同减排的 1997 年《议定书》的生效,《哥本哈根协议》显然无法成为一种有实际意义的国际制度。然而,从后哥本哈根进程的发展来看,由于《哥本哈根协议》是经决定世界和平与发展的大国领导人们通过全球瞩目的激烈的直接谈判而达成的,它将很可能代表了今后一段时间内气候变化国际机制的一个无法超越的水平,② 从而使应对气候变化的国际制度再次回到"软法"③ 的特性中去了。探寻这一现象的原因,需要从大国关系博弈的现实中分析应对气候变化多边机制走入困境的影响因素。

不难发现,大国间国际权力的结构变化是碳政治博弈的决定因素。由于大国参与建立国际制度是实现国际集体行动的关键,本着通过制度建设达到集体行动的效益最大化的目标,欧美大国推进《公约》和《京都议定书》顺利通过并成为附带遵约机制的有约束力的国际法。然而,大国参与的国际协同减排行动从始至终都在既定的大国权力的现实变化中踉跄前行,而正是由于各大国的国际政治地位的消长,导致了国际合作应对气候变化中表现出强烈的"碳政治"博弈。例如:《公约》和《议定书》达成过程中美欧领导权的争夺、美国基于国内经济发展需求而借口"科学的不确定性"和"发展中大国未参与"等

---

① Stephen D. Krasner: "Structural *Causes and Regime consequences*: *Régime as Intervening variables*", in Stephan D. Krasner (ed.): "*International Régime*", (Ithaca: Cornell University Press, 1983), p. 1

② Bodansky, Daniel, "The Copenhagen Climate Change Conference – A Post – Mortem" (February 12, 2010). *American Journal of International Law*, Vol. 104, 2010. Available at SSRN: http://ssrn.com/abstract = 1553167

③ Calliess, Gralf – Peter and Renner, Moritz C., "From Soft Law to Hard Code: The Juridification of Global Governance" (November 16, 2007). Ratio Juris, Vol. 22, 2009. Available at SSRN: http://ssrn.com/abstract = 1030526

第二篇　上海国际中心建设与低碳发展的国际挑战研究

原因于 2001 年退出《京都议定书》、①中国随着国内经济实力的增长而对国际协作从排斥到参与再到积极推动的变迁,②都恰恰印证了国际关系学说中新现实主义③的观点,即一国在集体行动中的地位变化将决定该国的国际合作行为的参与度。④更有意思的是,美国一手缔造了包括市场化减排机制的《京都议定书》,当其退出后,仍然以强劲的参与者的角色影响着应对气候变化国际机制的发展,专为美国而设的双轨制谈判框架就是最好的例证。而这一现象,正是由于美国在冷战结束后形成的稳定的霸权的缘故。基欧汉曾把霸权稳定理论⑤与国际集体行动联系起来考察,提出大国对于实现集体行动的目标具有重要意义,纵然霸权衰落,但其创造的国际制度仍会持续促进集体行动。⑥由于美国小布什政府坚持认为美国不能把多边外交和多边条约本身作目的,一些多边条约即使对人类社会有利,如不符合美国国家

---

① The White House, Office of the Press Secretary, February 14, 2002, Remarks by the President on Climate Change and Clean Air, National Oceanic and Atmospheric Administration, Silver Spring, Maryland, http://www.usinfo.state.gov/topical/global/climate/02021403.htm.

② 张海滨:《环境与国际关系:全球环境问题的理性思考》,上海人民出版社 2008 年版。

③ 新现实主义(Neorealism)也称结构现实主义(Structural Realism),是国际关系理论的主要流派之一,兴起于 1970 年代末期,主要贡献者是肯尼思·沃尔兹(Kenneth Waltz)。该理论从结构的角度来探讨国际关系,认为国际关系之结构是由国际政治上权力分配(distribution of power)的结果而决定,结构制约并影响国家之长期战略与外交政策,影响各国对外政策的因素并非国家内部之分歧,国家在国际结构中所处的位置不同才是造成各国对外政策不同的主要因素。

④ Charles P. Kindleberger: *Comparative political economy: a retrospective*, Cambridge, Mass.: MIT Press, 2000.

⑤ 霸权稳定理论(The Theory of Hegemonic Stability)是国际政治经济学中新现实主义者的理论核心,美国麻省理工学院自由派经济学家查尔斯·金德尔伯格是国际政治经济学的先驱者,也是霸权稳定论的始作俑者。他在《萧条中的世界,1929—1939》(1971)一书中率先提出了稳定论,认为世界经济必须有一个"稳定者"(Stabilizer),并能领导制度建设。霸权稳定论后来由罗伯特·吉尔平加以系统完善的。罗伯特·基欧汉所提出的"后霸权主义"是对霸权稳定论的修正,但在理论上却与吉尔平的霸权稳定论有很大差别。

⑥ Robert O. Keohane, *International Institutions and State Power*, Westview Press, 1989.

利益,也必须反对。① 因此,美国政府评估后认为其处在《议定书》获胜集合之外,因而利用《伯德—哈格尔决议案》和加利福尼亚能源危机退出了《议定书》。② 基欧汉认为,"如果没有霸权领导或者国际制度,国际合作成功的可能性是极低的,集体行动的困境将会十分严重"。③ 然而,美国的单边主义又恰恰引发了应对气候变化的国际权力结构变化,欧盟、日本和俄罗斯都通过批准《议定书》而获得了国际机制的话语权,虽然美国退出《议定书》后于2002年发布了包括《清洁天空行动计划》(The Clear Skies Initiative)在内的温室气体减排替代方案,④ 并继续参与《公约》框架下的国际谈判,试图对国际气候机制继续施加影响力,但是一超多级的国际局势越发促使美国的霸权衰落,⑤ 而这种衰落后导致的全球"稳定霸权"的缺失,导致各大国及其利益集团的获胜集合丧失了讨价还价的限制性因素,是造成当前各大国"碳政治"博弈激烈的深层次原因。

二、谋求可持续发展的低碳经济战略转型

应对气候变化的多边机制正面临困境,除上述国际关系中的政治因素外,大国国家经济的稳定发展乃至国际经济领导权的博弈仍是国

---

① B. Nichols, " Critics Decry Bush Stand on Treaties," *USA Today*, 26 July 2001.

② 薄燕:《国际谈判与国内政治》,上海三联书店2007年版,第218页。

③ Robert O. Keohane, *After Hegemony*, p. 240.

④ The White House, Office of the Press Secretary, February 14, 2002, Remarks by the President on Climate Change and Clean Air, National Oceanic and Atmospheric Administration, Silver Spring, Maryland, http://www.usinfo.state.gov/topical/global/climate/02021403.htm.

⑤ 以代表国际霸权地位的国际货币体系为例,布雷顿森林体系瓦解、欧元诞生并成为国际储备货币的有力竞争者,始于美国的次贷危机更造成美元国际储备货币地位的危机,中国人民银行行长周小川于2009年3月23日发表《关于改革国际货币体系的思考》指出,"美国次贷危机的深层次根源,是由美元充当国际结算货币造成的,有必要在长远期内创立一种超主权国际储备货币"。周小川:《关于改革国际货币体系的思考》,参见:http://news.hexun.com/2009/xwrw302/.

际政治背后更为重要的国内因素。美、欧、中三大博弈主体都试图建立低碳国际经济发展模式的领头羊，与多边机制若即若离的美国依托国内绿色新政指引下的全面立法构筑了低碳转型的发展方向，欧盟则依托共同政策体系实施着低碳转型的最广泛的欧洲协作，中国亦以国家政策开始推进大规模的低碳发展战略。各大国低碳经济的竞争将进一步引发国际机制改革和构建目标下的新的"碳政治"博弈。

（一）大国低碳经济转型战略的现实需求

小布什政府因签署《议定书》会给美国经济造成 4 000 亿美元的经济损失和减少 490 万个就业机会而退出了《议定书》。[1]然而，始于 2007 年的美国次贷危机所引发的金融动荡乃至全球经济衰退，证明了即使不承担国际减排义务，美国经济的稳定发展和国际经济领导地位也将受到高碳能源经济的拖累。因此，美国奥巴马新政府依托治理金融危机的背景，展开了"绿色新政"（Green New Deal）。奥巴马在其组阁的百日期间，即确立了"增加政府投资以促进可再生能源技术，创造就业机会，并努力把国家引入低碳经济的国家绿色经济政策。"[2]希望"通过刺激方案使绿色新政发挥重要作用，成为经济复苏的巨大动力，使经济增长和环境保护携手造福于所有美国人。"[3] 在 2009 年 2 月 17 日签署的美国《复苏和再投资法》中确认的 7 870 亿美元的经济

---

[1] The White House, Office of the Press Secretary, February 14, 2002, Remarks by the President on Climate Change and Clean Air, National Oceanic and Atmospheric Administration, *Silver Spring*, Maryland, http：//www. usinfo. state. gov/topical/global/climate/02021403. htm.

[2] "Obama's first 100 days show strong push for clean energy," *International Business Times*, http：//www. ibtimes. com/articles/20090429/obama – shifts – nation – clean – energy – on – first – 100 – days. htm，[2009 – 4 – 29].

[3] "U. S. EPA Makes Stimulus Plan Predictions". *Storm Water Solutions*. http：//www. estormwater. com/U – S – EPA – Makes – Stimulus – Plan – Predictions – newsPiece17618，[2009 – 2 – 19].

刺激计划中有15%将直接用于清洁能源和创造"绿色就业"。① 以针对性的清洁和可再生能源投资,促进能源效率,以绿色交通和环境改善为代表的直接支出和税收抵免为途径,通过联邦教育和福利、基础设施和失业救济金的大规模的投资,重振严重衰退中的美国经济。近期,美国通过国内立法确立了参与国际减排的目标。例如2009年6月美国众议院通过了《美国清洁能源与能源安全法案》②,规定美国2020年时的温室气体排放量要在2005年的基础上减少17%,到2050年减少83%,首次向国际社会做出温室气体减排承诺。2009年7月参议院还通过了《美国清洁能源领导法案》③,目前参议院正在审议《清洁能源工作与美国电力法案》④ 等。美国政府正运用其国内立法程序的"巧实力"形成着美国的博弈策略,即:积极参与多边谈判、向各方施加压力并输出美国的制度理念,同时又以国内立法程序为由不受多边机制制约。奥巴马政府基于利用全球发展低碳经济的机会,积极参与《公约》机制下的多边谈判,谋求国际体制下的话语权重建和领导权争夺。奥巴马政府的绿色新政的实施,针对肆虐全球的金融危机和经济衰退,采取的绿色能源政策和倡导的低碳经济转型又恰恰针对全球气候变化危机。欧盟也基于其统一的能源与气候变化一揽子机制继续

---

① American Recovery and Reinvestment Act of 2009, (H. R. 1. ENR). http://frwebgate. access. gpo. gov/cgi – bin/getdoc. cgi? dbname = 111 _ cong _ bills&docid = f: h1enr. txt. pdf

② American Clean Energy and Security Act of 2009, (H. R. 2454). http://frwebgate. access. gpo. gov/cgi – bin/getdoc. cgi? dbname = 111 _ cong _ bills&docid = f: h2454eh. txt. pdf

③ American Clean Energy Leadership Act of 2009, (S. 1462). http://thomas. loc. gov/cgi – bin/query/z? c111: S. 1462:

④ 美国在2009年9月30日公布了参议院版本的气候法案草案,即Clean Energy Jobs & American Power Act,(S1733),美国国内称为Boxer – Kerry法案。该草案基本上是在众议院气候法案版本基础上撰写出来的。但其主体部分与众议院版本也有很多明显的不同。文本参见:http://kerry. senate. gov/cleanenergyjobsandamericanpower/pdf/bill. pdf.

引领低碳经济转型的方向。2007年6月29日,欧盟委员会发布《欧洲适应气候变化——欧盟行动选择》,① 其中特别确立了整个欧洲社会、商业和公共部门协调全面的低碳适应战略。2009年4月1日,欧盟委员会又发布《适应气候变化白皮书：面向一个欧洲的行动框架》,② 将"适应"纳入欧盟的关键政策领域,组合各种基于市场的政策手段以确保有效地适应气候变化。基于中国在应对气候变化的国际机制中的重大贡献和举足轻重的地位,中国政府已经于COP15之前公布了自愿减排计划,即到2020年我国单位国内生产总值二氧化碳排放比2005年下降40%~45%。③ 2007年中国"国家气候变化对策小组"也升格为国务院总理温家宝任组长、常务副总理李克强任副组长、相关20个多部委的部长担任成员的"国家应对气候变化领导小组",统筹应对"碳政治"。④ 2010年2月24日,胡总书记在主持政治局集体学习时强调,把应对气候变化作为我国经济社会发展的重大战略和加快经济发展方式转变和经济结构调整的重大机遇,进一步做好应对气候变化各项工作,确保实现2020年我国控制温室气体排放行动目标。

（二）低碳经济战略转型转而引发新的政治博弈

谋求可持续发展的低碳经济战略转型构成了各大经济体继续参与应对气候变化国际机制的本质推动力,其潜在后果将引发世界主要政治力量在责任分配、未来发展权益竞争等方面的较量,进而影响国际体系的权力转移。由于大国均将参与和主导集体行动作为外交的"隐

---

① Adapting to Climate Change in Europe – Options for EU Action,｛SEC（2007）849｝,http://eur-lex.europa.eu/LexUriServ/LexUriServ.do? uri = COM：2007：0354：FIN：EN：PDF

② White Paper Adapting to Climate Change：towards a European Framework for Action,［SEC（2009）386/387/388］. http://eur-lex.europa.eu/LexUriServ/LexUriServ.do? uri

③ 2009年11月25日,国务院常务会议决定,上述作为约束性指标纳入国民经济和社会发展中长期规划,并制定相应的国内统计、监测、考核办法。

④ 强世功："'碳政治'：新型国际政治与中国的战略抉择",中国法理网,http://www.jus.cn/ShowArticle.asp? ArticleID = 2667

性资源"和软实力的表现,[1] 而国际政治源于国家经济利益的差异,从而导致了气候谈判中不同国家集团的分化和组合[2]。气候变化政治博弈的表面内涵是如何突破集体行动的困境,实现对气候危机的全球治理,更深层次的问题则涉及到如何利用低碳经济的发展转型,通过新能源创新和未来发展空间的竞争,进而影响长期的国际体系下的权力转移。[3] 各大国积极推进的应对气候变化危机的国际合作机制,凸显了全球治理目标对国际权力竞争与制衡带来了的新机遇。例如,欧盟推动气候变化谈判不仅让其在全球治理中占据主动也为提升创新优势奠定了基础。[4] 各大国都把新能源创新和低碳经济作为实现减缓气候变化的优选途径。而未来国际经济体系重大结构性变化的前提和条件仍然是能源权力结构的变化,即通过国际政治经济博弈产生新能源创新和低碳经济的主导国。未来国际体系中的各国要取得争夺国际体系的话语权,就必须具有发展低碳经济方面的创新优势。欧盟和美国等发达国家都积极通过气候变化谈判来占有未来能源市场和环境容量划分,其本质目的就是利用气候变化议题逐渐实现对低碳经济的控制。[5] 目前,基于低碳经济转型的共识,各大国都有推动国际机制向有利于低碳转型的方向发展的意愿,之所以未能在当前达成一致或妥协,则是因为国内层面的低碳经济转型还远未实现,且发展程度差异

---

[1] Joseph S. Nye Jr., "The velvet hegemony," *Foreign Policy*, Vol. 136, No. 1 (May/Jun 2003), p. 74.

[2] 潘家华:"减缓气候变化的经济与政治影响及其地区差异",载《世界经济与政治》2003年第6期,第66页。

[3] 于宏源:"权力转移中的能源链及其挑战",载《世界经济研究》2008年第2期,第31页。

[4] "EC Will Not Back Down on Energy Efficiency Targets: Piebalgs," *EU Energy News*, February 9, 2007. http://construction.ecnext.com/coms2/gi_0249-232731/EC-will-not-back-down.html

[5] 于宏源:"权力转移中的能源链及其挑战",载《世界经济研究》2008年第2期,第29-33页。

巨大，使得各国参与较为可行的集体减排行动之前，都要衡量收益成本比例，① 以避免大量出现搭便车的行为和"碳泄露"的现象，削弱集体行动的效果。正如哈丁指出的那样，"集体行动问题，特别是那些政治性议题，他们最好的结果是消除坏的可能性而不是提供好的福利。"② 也如沃尔兹的判断："在集体物品方面没有人主动合作，大家都希望别人承担更多"。③ 因此，国际社会将在低碳经济转型的国家战略框架下继续进行碳政治博弈，"如能形成一个有力的领导国家，制度议价就可以成功。"④ 当前，欧盟和美国都力图主导《公约》和《议定书》框架之外的国际多边协商机制，影响谈判进程，中国作为推动《哥本哈根协议》达成的新兴发展中大国，正本着"负责任的大国"的理念积极参与全球机制，依托国家经济实力的巨大积累和在气候与金融危机治理中的良好表现，成为国际机制中越来越重要的一级，与欧美列强一起共同争夺在气候变化问题上的话语权。

碳贸易与碳关税的国际法协调

■ 李威

在宏观的低碳经济战略转型的指引下，各大国参与的"碳政治"博弈已经从单纯的减排温室气体转向符合国家宏观经济战略的微观经

---

① Mancur Olson, The Logic of Collective Action. Cambridge, MA: Harvard University Press, 1965. p. 29.
② Russell Hardin, "Collective Action". Baltimore: The Johns Hopkins University Press, 1982. p17.
③ Kenneth N. Waltz, "Theory of International Politics", New York: Random House, 1979, p196.
④ Oran Young, "The Politics of International Regime Formation: Managing Natural Resources and the Environment". *International Organization*, Vol·43, 1989. pp331 – 356.

济策略的博弈上,其中最典型的表现就是"碳贸易"① 这一市场化减排机制下的配额、项目及市场与定价权的争夺。然而,当中国等新兴发展中大国成为"碳贸易"的间接获益者之后,欧美的"碳关税"主张又借着所谓"公平竞争力"的诉求和"碳泄露"的猜想敲起了贸易保护主义的战鼓,使维护自由贸易的 WTO 体系与应对气候变化的 UNFCCC 体系这两套最重要的国际机制,面临国际环境法与国际贸易法的适用悖论,更引发了"碳外交"与多边经贸外交的一系列争端。表明未来各国低碳经济的博弈将更多地表现为贸易经济领域的争夺。

一、"碳贸易"机制弥合与引发的"碳政治"博弈

由于《公约》确立了国际减排的"共同但有区别原则",发达国家与新兴发展中国家的分歧直到今天仍然是不可调和的矛盾,然而,在《议定书》谈判的 1997 年,美国代表团根据美国 1995 年《美国酸雨项目(U. S. Acid Rain Program)》以及《清洁空气法案(Clear Air Act)》规范的二氧化硫排放交易计划,② 提出在《议定书》内大范围采用交易机制。美国进而将巴西申请为发展中国家,减排和适应气候变化的拨款建议书改变而成基于市场交易的补偿机制,③ 为发达国家采用成本效益最佳的方式来削减排放温室气体达成了共识,即"通过与发展中国家交易而要求他们减排温室气体,会比改进发达国家本身

---

① 针对英国气候变化大臣埃德·米利班德在《卫报》上发表文章称是中国等少数国家绑架了气候变化大会的言论,罗恩·卡利克撰文指出:中国总体影响力"不可阻挡",参见:《参考消息》2010 年 1 月 5 日。

② Sonia Labatt & R. R. White (2002), "Environmental Finance: A Guide to Environmental Risk Assessment and Financial Products". New York: John Wiley & Sons, 2002. pp vii of forword.

③ Oberthür, S. and H. Ott (1999). "The Kyoto Protocol: International limate Policy for the 21st Century". Springer, Berlin.

的能源基础设施成本更低。"① "碳贸易"规则的确立使得1997年COP3通过了划时代意义的《议定书》,为附件B国家②的温室气体排放量做出了具有法律约束力的定量限制。然而,其实施却受到"市场失灵"和"碳殖民主义"的质疑,更引发新的"碳政治"博弈。

(一)"碳贸易"机制的创立与发展

《议定书》建立的"灵活机制"包括第17条规定的排放贸易机制(Emission Trading, ET)、第6条规定的联合履行机制(Joint Implementation, JI)以及第12条规定的清洁发展机制(Clean Development Mechanism, CDM)。③ 前者是基于配额的交易机制,后两者是基于项目的交易机制。ET机制规定公约附件一国家(有减排义务的发达国家)如果需要超过其被许可的排放量,可以从拥有富裕排放量的附件一国家以现货交易的方式购买"分配数量单位"(AAUs),JI和CDM机制规定公约附件一发达国家或其国内企业到其他国家投资具有减排效益的项目,东道国将项目产生的GHG减排量卖给投资方,而投资方以其折抵在议定书中的减排承诺。只是基于东道国是公约附件一中的"向市场经济过渡的国家"还是公约的非附件一国家(发展中国家)而分别设计为JI和CDM。JI下的项目减排量称为"减排单位"(ERUs),CDM项下可交易信用规定为"核证减排量"(CERs)。上述

---

① Burtraw, D. (2000), "Innovation Under the Tradable Sulfur Dioxide Emission Permits Program in the US Electricity Sector." Resources for the Future, Washington, DC.

② 附件B国家指《京都议定书》附件B列出的同意在2008年至2012年承诺控制其温室气体(GHG)排放的发达国家,包括经济合作与发展组织(OECD)成员国、中欧和东欧国家及俄罗斯联邦。

③ 灵活机制的中文翻译以《京都议定书》的中文文本为准。UNFCCC. Text of the Kyoto Protocol. http://unfccc.int/resource/docs/convkp/kpchinese.pdf, [2008-10-10].

市场机制创设了包括 AAUs、ERUs、CERs①在内的碳信用单位。由于二氧化碳是主要的温室气体，此类交易被统称为"碳交易"。使得市场化手段开始在全球范围内为提高"气候公共物品"的稀缺性资源配置的效率而发挥作用。

京都机制利用市场手段，成为实现高效率的基础广泛的应对气候变化的经济模式，促使新兴市场从污染源交易中创造新的财富。通过确立包括成本、价格等因素的碳交易机制，以及不同类型的配额和排放减少信用，为各经济体创造新的发展模式并赢得竞争优势。根据世界银行报告，2008 年碳交易额度已经达到 1 263 亿美元，预计 2009 年将达到 1 500 亿美元。② 其中清洁发展机制预期将在 2012 年前年减少二氧化碳当量（$MtCO_2e$）达 515 亿吨。③ 截至 2010 年 2 月 2 日，在 EB 注册的 CDM 项目为 2 029 个，其中注册的中国 CDM 项目为 732 个，总的签发量为 3.731 717 91 亿吨，其中中国 CDM 项目获得签发量为 1.778 904 43 亿吨。据 2010 年 4 月 8 日发布的最新信息，截至 2010 年 3 月 17 日，国家发展改革委批准的全部 CDM 项目 2 443 个。④ 预计到 2012 年，仅通过 CDM 中国就有望获得 18 亿吨的碳贸易份额，金额高

---

① 分别是排放贸易机制下的"分配数量单位"（Assigned Amount Units）、联合履行机制下的项目减排量"减排单位"（Emission Reduction Units）、清洁发展机制下的减量单位"核证减排量"（Certified Emission Reductions），一个 AAU、ERU、CER 分别等于 1 吨 CO_2 当量。

② State and Trends of The Carbon Market 2009, World Bank, EXECUTIVE SUMMARY, P1.

③ "CDM Pipeline Spreadsheet", UNEP Risoe Center. http：// www.cdmpipeline.org/publications/CDMpipeline.xls (estimating CDM projects reduce 464 MtCO2e annually; see Table 2, Totals for 1000 CERs). JI projects reduce approximately 51 MtCO2e annually. See UNEP Risoe Center, JI Projects: Status of JI Projects, http：//cdmpipeline.org/ji - projects.htm.

④ 国家发改委清洁发展机制网, http：//cdm.ccchina.gov.cn/WebSite/CDM/UpFile/File2436.pdf

达数百亿美元。①

(二)"碳贸易"机制背后的"碳政治"博弈分析

全球"碳贸易"的发展依托市场经济的模式,注重成本效益原则,然而可能的"市场失灵"也将使其偏离《公约》应对气候变化和促进全球可持续发展的宗旨和原则。"在市场体制下的措施只能达到一般的、局部的和有限的污染转移而已"。② 基于此,"碳贸易"的发展甚至引发了应对气候变化机制下的社会制度优劣的争论,凸显了政治博弈的色彩。首先,"碳贸易"机制产生的交易市场可能造成"碳殖民主义"(Carbon Colonialism)。③ 因为交易机制允许了污染者以付费的方式取得"污染权",对减排本身毫无益处。有学者认为,此类机制无法阻止气候变化危机,因为这些机制实际上是低效的。④ 当一个发展中国家向发达国家转移碳信用,后者以其抵消自身增加的排放量,实际上,这只是以国外减排量抵消其国内增排量,导致全球温室气体排放量的净减少为零。⑤ 因此,有些非政府组织如世界雨林运动(World Rainforest Movement)和国际河流组织(International Rivers),极力反对二氧化碳排量交易,甚至认为,"温室气体排量交易是一个

---

① 向南:"CDM方兴未艾,国内碳排放交易尚需政策推动",载《证券时报》,2010年1月19日。

② [印]萨拉.萨卡:《生态社会主义还是生态资本主义》,张淑兰译,山东大学出版社2008年版,第143页。

③ Heidi Bachram, "Climate Fraud and Carbon Colonialism: The New Trade in Greenhouse Gases", *Capitalism Nature Socialism*, Volume 15 Number4 (DECEMBER 2004), see: http://www.tni.org/archives/bachram/cns.pdf.

④ Andrew Schatz, "Discounting The Clean Development Mechabism", *Georgetown International Environmental Law Review*, Summer, 2008, Twentieth Anniversary Issue, p704.

⑤ Envtl. Defense, The Clean Development Mechanism and the Post 2012 Framework 4 (2007), at http://www.environmentaldefense.org/documents/6838_ED_Vienna_CDM%20Paper_8_22_07.pdf, [2008-11-17]。

世纪骗局"。① 其次,当前金融危机引发全球经济衰退,全球碳市场的价值已缩减了三分之一。② 发达国家普遍认为"碳贸易"增加了他们的负担,其国内企业为此支付的资金影响了其产业的竞争力,亦开始对"碳贸易"提出了改革甚至废止的主张。第三,"碳贸易"的计价需要有全球一致性的商品碳排放计算标准,需要非附件一国家也建构温室气体盘查及交易能力,然而发展中国家执行"碳贸易"成本较高且不易与国际接轨,更无法掌控"碳贸易"市场,使得其通过"碳贸易"获得的少量资金却以牺牲未来发展的产能为代价,近年来已经引起了发展中国家的重视。正是在上述三个原因的影响下,近来各国普遍关注的应对气候变化的经济手段开始从一度蓬勃发展的碳贸易转向碳税应用的合理性上,引发了国家间的激烈论辩,也引出了 WTO 多边贸易纪律与以 UNFCCC 为核心的 MEAs 的协调问题。

二、"碳关税"措施引发贸易保护主义下的"碳政治"博弈

当应对气候变化和恢复金融危机后的经贸活力成为国际社会关注焦点的时候,"碳关税"(carbon tariffs)的提出引发了新一轮"碳政治"博弈。最早的"碳关税"的表述源于 2007 年法国针对美国退出《京都议定书》的情况,提出欧盟成员国应当基于减排 GHG 的承诺对来自美国的进口产品征收碳关税,③ 但是并未实施。2009 年 3 月,媒体报道美国新任能源部长公开提出要对来自中国、印度等不承担减排

---

① 帕特里克·麦卡利:《碳补偿贸易的世纪骗局:碳信用额度对京都议定书的破坏及将之废除的理由》,邹颂华译, International Rivers, 1847 Berkeley Way, Berkeley, CA 94703, USA. at www.internationalrivers.org.

② Carbon market value set to shrink in '09 - Point Carbon. see: http://www.carbon-financeonline.com/index.cfm?section=lead&action=view&id=11870.

③ Katrin Bennhold, "France Tells U.S. to Sign Climate Pacts or Face Tax", The New York Times, Feb. 1, 2007, http://www.nytimes.com/2007/02/01/world/europe/01climate.html

义务的国家的产品征收"碳关税"。① 2009年7月,法国又在欧盟成员国环境部长非正式会议上提出要对有关发展中国家出口产品征收"碳关税"。② 自此,"碳关税"挑起了应对气候变化大旗下的全球环境治理与贸易保护的博弈。

(一)"碳关税"贸易限制措施的贸易保护实质

从2006年开始,承担减排指标的发达国家以应对气候变化是全球各国的共同责任为由,相继提出要在2012年后(京都议定书第二承诺期)对来自不承担气候变化责任国家的产品进口实施"边境税调节措施"(border tax adjustment,BTA)③。在欧盟,相关提议出现在近几年来"欧盟竞争力、能源与环境高层工作小组"为欧盟委员会撰写的报告④、欧盟委员会关于修订欧盟碳排放交易体系的指令⑤,以及欧洲议

---

① 就职不久,朱棣文便提出了"碳关税"的概念。3月17日,他在众议院科学小组会议上称,如果其他国家没有实施温室气体强制减排措施,那么美国将征收碳关税,这将有助于公平竞争。参见:Ian Talley and Tom Barkley,"Energy Chief Says U. S. Is Open to Carbon Tariff",The Wall Street Journal,March 18,2009,http://online.wsj.com/article/SB123733297926563315.html,[2009-05-20].

② Catherine Marciano and James Franey,"EU ministers shun French carbon tariff proposal",(AFP),Jul 24,2009. http://info-wars.org/2009/07/24/ministers-shun-french-carbon-tariff-proposal/,[2009-08-25].

③ Aaron Cosbey,"Border Carbon Adjustment",International Institute for Sustainable Development,http://www.iisd.org/pdf/2008/cph_trade_climate_border_carbon.pdf.

④ the High Level Group on Competitiveness,Energy and Environment,"Contributing to an Integrated Approach on Competitiveness,Energy and Environment Policies – Long term energy futures and investment in power generation and energy efficiency",Oct 30,2006. http://ec.europa.eu/enterprise/policies/sustainable-business/files/environment/hlg/doc_06/second_report_30_10_06_en.pdf,[2009-06-05].

⑤ Commission of The European Communities,"Proposal for a DIRECTIVE OF THE EUROPEAN PARLIAMENT AND OF THE COUNCIL amending Directive 2003/87/EC so as to improve and extend the greenhouse gas emission allowance trading system of the Community",Brussels,Jan 23.2008,http://ec.europa.eu/environment/climat/emission/pdf/com_2008_16_en.pdf. [2009-06-20].

会的相关决议①等各类政策文件中。2008 年,美国也提出《气候安全法修正案》(Lieberman – Warner Climate Security Act of 2008,S. 3036),要求其他国家采取"相当的行动"进行实质性温室气体减排,否则美国将对进口产品进行贸易制裁,即向中国等一些国家的进口产品征收高额"碳关税"。② 最近两年,美国国会通过的几个气候变化法案③在提出实施全国性碳排放贸易的同时,也详细提出了要对第三国实施"边境调节税"的主张。2009 年 6 月 27 日,美国众议院通过《清洁能源和安全法》(H. R. 2454),该法基于本国在实施"温室气体排放总量限制和交易制度"④ 后可能对本国产业的不公平竞争情况,规定如果 2018 年之前还不能产生并确立一个减排目标一致的国际协定,法案将授权总统和国会在必要时建立一个"国际储备限额"计划(international reserve allowance)。⑤ 在此计划下,没有设定排放总量限制的国家或没有可比性的能源强度减少标准的国家出口到美国的高耗能产品,需要提交与产品制造相关的、专门的碳排放配额,以反映产品的碳排放。没有配额的外国产品进口只能经由"碳贸易"购买配额,这无形中形成了一种贸易壁垒,把这种针对外国产品施加的额外成本简单地理解为增加了关税,于是出现了"碳关税"的提法。因这

---

① European Parliament Resolution, "Trade and Climate Change". A6 – 0409/2007. [2007 – 11 – 29].

② Economics Focus, "Emissions Suspicions," The Economist, June 19, 2008, www.economist.com/finance/displaystory.cfm? story id =11581408, [2009 – 06 – 20].

③ Low Carbon Economy Act(S1766) and Lieberman – Warner, America's Climate Security Act(S2191).

④ 2009 年 9 月 30 日美国参议院在众议院气候法案的基础上公布了《清洁能源工作与美国电力法》(Clean Energy Jobs & American Power Act),将"总量控制与贸易"(cap – and – trade)的提法改为"污染控制与投资"(pollution reduction and investment)。其目的是避免将"总量控制与贸易"制度中的碳排放配额(allowance)理解成一个新的税种,而非改变这一制度本身。

⑤ American Clean Energy and Security Act of 2009, H. R. 2454, Aug. 17, 2009. http://energycommerce.house.gov/Press_ 111/20090701/hr2454_ house. pdf, [2009 – 06 – 30].

一单边措施可能违反了 WTO 关税减让承诺和《公约》体系下的"共同但有区别原则",引起了其他发达国家和中国、印度等新兴发展中大国的强烈反应,"碳关税"成为一触即发的国际贸易摩擦点。欧美发达国家已经开始借"碳贸易限制措施"之名在国际应对气候变化与国际贸易之间形成新的控制攻势。

(二)"碳关税"贸易保护下的"碳政治"博弈分析

"碳关税"主张的本质是为抵消发达国家实施"碳贸易"而增加的成本。欧盟于 2008 年就开始考虑对进口至欧盟的产品实施"碳限制",表示要对不参与减排的国家出口至欧盟的产品课征"碳关税",以消除欧盟成员国因为实施排放交易机制而必须额外负担成本所导致的不公平竞争。欧盟执委会也要求修改原"欧盟能源及气候计划"(Climate Action and Renewable Energy Package)① 草案,以强化并扩大实施欧盟碳排放交易体系为核心,针对 2013 年开始的欧盟碳排放交易体系第三阶段减排规划提出建议,其中提及不排除在 2013 年强制要求能源密集产品进口商,通过欧盟碳排放交易机制购买产品碳排放权的可能性,以降低"碳泄漏"(Carbon leakage)风险。② 欧美在提出其"碳关税"主张时都以"公平的竞争环境"(level competition field)③ 为借口,实质上就是要回避其排放的历史责任,片面强调减排与贸易间的所谓公平,鉴于中国所处的国际贸易地位,"碳关税"政治博弈

---

① European Commission, "Climate Action and Renewable Energy Package", Jan 23, 2008. http://ec.europa.eu/environment/climat/climate_action.htm, [2009-05-20].

② 根据联合国政府间气候变化专家委员会(IPCC)的定义,"碳泄漏"是指《京都议定书》附件 B 所列国家(主要是发达国家)的减排将导致非附件 B 国家排放量增加,从而减少了附件 B 国家减排的环境有效性。http://www.ipcc.ch/publications_and_data/ar4/wg3/en/ch11s11-7-2-1.html

③ Ian Talley and Tom Barkley, "Energy Chief Says U.S. Is Open to Carbon Tariff," The Wall Street Journal, March 18, 2009, http://online.wsj.com/article/SB123733297926563315.html, [2009-05-20].

的主角必然是中国和欧美发达国家。"碳关税"的提出虽然面临 WTO 和多边环境协定机制两套实体国际法规则的约束,但又恰恰能在上述两套国际法规则当中找到合法存在的空间,使"碳关税"能够在相关国际法之间获得游刃有余的解释空间。首先,"碳关税"违反《1994 年关贸总协定》第一条所规定的"最惠国待遇"及第三条所规定的"国民待遇"。客观上只可能针对发展中国家的"碳关税"措施,使其沦为发达国家实施贸易保护主义的手段。① 同时,"碳关税"违反《联合国气候变化框架公约》体系下的"共同但有区别的责任"原则,不仅对减缓全球暖化无任何效果,更可能增加消费者与生产者的负担。其次,"碳关税"措施又符合《关贸总协定 1994》第 20 条"一般例外"条款规定:为保护人类、动植物的生命健康所必需的措施可成为最惠国原则的例外。② 世界贸易组织秘书处在其最近发表的《贸易与气候变化》报告中也引用大量文献分析了类似国内措施的合理性。③ 同时,《京都议定书》第 2 条为附件一国家提供了相当大的选择国内政策的灵活性,以满足其减少温室气体排放量的承诺,使一国以促进减排为由单方面征收"碳关税",以削弱未参与减排的国家的进口商品的竞争力获得了国际环境法的认可。国际法规范的模棱两可也使各国政治博弈空前混乱,例如法国支持并最先提出"碳关税",德国则抨击这是一种新形式的"生态帝国主义";④ 欧盟也为了促使联合国气候变化大会相关谈判尽早达成一致而拒绝了法国的这一提议。在美国

---

① 颜剑:"碳汇 VS 碳税:碳排放约束机制失灵",载《第一财经日报》2007 年 12 月 19 日第 11 版。

② 曹建明、贺小勇:《世界贸易组织》(第二版),法律出版社 2004 年版,第 65 页。

③ WTO and UNEP, "Trade and Climate Change," Jun 26, 2009, http://www.wto.org/english/res_e/booksp_e/trade_climate_change_e.pdf, [2009-6-30].

④ Mia Shanley, Iona Wissenbach, "Germany calls carbon tariffs eco-imperialism," Posted by Truth About Trade & Technology, Friday, 24 July 2009, http://www.truthabouttrade.org/content/view/14450/54/lang, en/.

国内,美国商会、美国对外贸易委员会、美国贸易紧急委员会和美国国际商业理事会四家民间贸易团体也于2009年7月22日联合致信美国参议院领导人,呼吁议参院在审议气候法案时,取消"碳关税"条款。①

(三)"碳关税"实施的国际机制及中国的应对

虽然"碳关税"问题引发了激烈的政治博弈,但其并不具备现实的实施运行机制。首先,要实施类似"碳关税"的贸易限制措施,必须以产品的碳足迹(Carbon footprint)为原则,明确区分商品来源,并区别产品是由哪一个贸易伙伴提供,才能在现行的贸易机制下实施碳贸易限制措施。然而,在全球化的今日,很多产品的零件来自不同的国家,根本无法实现大规模对商品进行碳估算的可能。② 其次,从中美和中欧贸易关系的相互依存度角度来看,欧美单方面采取不利于中国的碳贸易限制措施也将面临巨大的国内和国际阻力;再次,实施碳贸易限制措施的主要依据的"碳泄漏"范围仅在5%至20%之间。③ 这意味着"碳泄漏"概念被赋予太多政治意义而不是科学结论。然而,欧美鼓吹不具有现实意义的"碳关税"的目的,实质上只是一种"贸易保护方法的政治选择",④ 试图借助这一问题胁迫享受极大贸易

---

① 管克江:"美国民间团体呼吁取消'碳关税'",载《人民日报》,2009年7月24日第19版。
② Terence Corcoran, "Carbon tariff trade war?" *Financial Post*, March 25, 2008, http://www.nationalpost.com/opinion/columnists/story.html?id=397658.
③ IPCC, "Equilibrium modelling of carbon leakage from the Kyoto Protocol", *IPCC Fourth Assessment Report: Climate Change* 2007, p179. http://www.ipcc.ch/publications_and_data/ar4/wg3/en/ch11s11-7-2-1.html
④ [美]艾尔.L.希尔曼:《贸易保护的政治经济学》,彭迪译,北京大学出版社2005年版,第100页。

顺差积累的中国参与全球减排，并为全球经济恢复提供资金支持。①基于此，在宏观战略层面上，中国应借助相关贸易与环境的多边机制及时建立针对性的国家发展战略，有步骤地应对纠结在一起的贸易与气候问题。在国家战略层面建立以低碳经济和新能源创新为核心的未来五年乃至十年的宏观发展规划，指导参与全球应对气候变化的国际治理机制，同时应避免成为低碳经济盲目发展的试验场，或者成为低碳经济产品的单纯消费市场，以便保障国家发展需要的环境容量供应以及传统能源安全。在微观策略层面，依托国家立法②和政策③，斩断发达国家基于可能的不公平竞争而采取碳贸易限制措施的借口。同时，应促使国内产业及早规划温室气体减排策略，以使政府能够掌握产业碳排放现状，从而利用"边境税调节措施"等策略把握进一步拟定出口对策的方向；再有，在应对气候变化的哥本哈根进程受挫，欧盟即将全面利用"碳关税"将贸易与气候变化问题挂钩的情势下④，应密切关注碳排放核查资料的国际标准制定进展，促使中国及早规范相关标准并及时调整产业结构和发展低碳产品，以便从根本上应对未来针对中国的碳贸易限制措施的实施。

---

① James B. Quilligan, "How the Brandt Report Foresaw Today's Global Economic Crisis", *Integral Review* (*Vol.* 6, *No.* 1), 2010. http://www.stwr.org/global-financial-crisis/how-the-brandt-report-foresaw-todays-global-economic-crisis.html
② 第十一届全国人民代表大会常务委员会第十次会议，《全国人民代表大会常务委员会关于积极应对气候变化的决议》，2009 年 8 月 27 日。
③ 中国国家发展与改革委员会，《中国应对气候变化的政策与行动——2009 年度报告》，2009 年 11 月。
④ Christian Egenhofer and Anton Georgiev, "The Copenhagen Accord – A first stab at deciphering the implications for the EU", *Centre for European Policy Studies*, Dec 25, 2009.

碳金融与碳货币：国际金融法的低碳方向

■ 李威

美国肆意创设金融衍生工具而导致"次贷危机"爆发，进而引发全球金融和实体经济危机，包括中国在内的新兴大国开始质疑包括 IMF 股权构成到 SDR 地位在内的国际金融制度的不公正，美元的国际储备货币地位也遭到抨击。在这一背景下，随着温室气体排放权成为可以贸易的商品，欧美发达的金融体系迅速建立起了以商业银行、交易机构和投机基金为主体的"碳金融"框架，以欧元和美元估值和交易的"碳贸易"已使欧美获得了碳定价权，也就以低成本获得了未来发展所需的排放空间与环境容量，进而以金融激励引导其新能源创新和低碳经济发展。此时，以全球共同应对金融和气候危机的综合治理的理念，将温室气体排放权设计为国际储备货币的"碳货币"主张，即可避免主权国家货币作为国际储备货币的经济扭曲，又可促使全球真正参与减排行动，虽然无法在短期内将国际货币体系改革与国际减排行动相融合，但未来对涉及"碳货币"的国际金融框架体系的构建必将成为国际政治在台前和幕后博弈的重心。

一、金融危机引发中国强力推进国际货币金融机制的改革

2007 年 4 月，以美国第二大次级房贷公司新世纪金融公司破产事件为标志，美国次贷危机爆发，[1] 并通过国际贸易传导到世界各国的

---

[1] Atif R. Mian, Amir Sufi, 2008. "The Consequences of Mortgage Credit Expansion: Evidence from the 2007 Mortgage Default Crisis." SSRN Working Paper. http://papers.ssrn.com/sol3/papers.cfm?abstract_id=1072304.

实体经济。各国的国内救市措施从稳定金融市场入手,进而通过刺激政策促进实体经济增长。而国际经济政策的协调则从深层次上引发了对现有国际货币金融机制的质疑和改革浪潮。2009年,中国以推动深层次治理国际金融体制弊病的姿态,针对国际金融体制及国际金融法的现状,特别是以美元为主体的国际储备货币问题,提出了强有力的改革路径。中国人民银行行长周小川于2009年3月23日发表《关于改革国际货币体系的思考》指出,"美国次贷危机的深层次根源,是由美元充当国际结算货币造成的,有必要在长远期内创立一种超主权国际储备货币"。① 为渐进式改革国际金融体制,中国除提出上述宏观改革目标外,亦开始在微观策略中谋求话语权的实现。首先,我国开始建立双边或多边非美元结算体制,使各国在经济交往中绕开美元,从而降低大量持有美元带来的风险,并最终创立一个"世界货币多元体系"。② 其次,我国正着力推动SDR(特别提款权)的分配改革,以加强新兴国家对SDR的话语权。第三,我国愿意买入IMF发行的债券,为扩充国际货币基金组织资金库做出力所能及的贡献。③ 中国基于上述国际金融危机引发的国际金融法改革思路,获得了谋取国际金融体制话语权的良机,也正是因为中国对国际金融体制改革的上述倡议和实践,确定了中国谋建国际金融中心的决心。2009年4月29日,

---

① 周小川:"关于改革国际货币体系的思考",http：//news.hexun.com/2009/xwrw302/,鉴于美国在SDR(特别提款权)的绝对地位(美国以371.493亿特别提款权排第一,中国排第8),及美国在IMF(国际货币基金组织)中的特殊权利(一票否决权),短期内实现创立一种超主权国际储备货币的目标很困难,[2009-5-25]。

② 目前,中国已经与韩国、香港、马来西亚、印度尼西亚、阿根廷、白俄罗斯等周边经济体货币当局建立了总计6 500亿元人民币的3年期双边本币互换安排。通过货币互换支持需要救助的新兴和发展中国家,既有利于中国稳定周边环境,也有助于帮助新兴和发展中国家提振信心,共同应对危机。

③ 2009年3月27日,王岐山在《泰晤士报》发表署名文章:G20 must look beyond the need of the top 20, http：//news.ifeng.com/mainland/200903/0327_17_1079948.shtml, [2009-5-25]。

中国政府明确提出，到 2020 年，要将上海基本建成与中国经济实力和人民币国际地位相适应的国际金融中心。①

二、"碳金融"促进下金融与气候两重危机的全球治理

金融危机逐步演变成的全球经济衰退，使得国际货币和金融安全为核心的国际金融机制，正面临从 IMF 到世界银行股权构成、从美元与 SDR 的国际储备地位消长到人民币的双边货币互换及区域一体化安排的全面改革，中国正在这一变革中逐步争取着国际货币金融体系改革的话语权。同时，《议定书》为全球减排温室气体提供了市场化的运行机制，引发"碳金融"的产生和发展，促进两重危机的全球治理。中国已经成为国际"碳金融"交易的关键角色，更以新兴大国的身份在金融与气候的全球治理中获得了举足轻重的话语权。

促使两"危"同时转化为"机"的全球将是全球政治资源最经济的策略选择，而"环境金融"的产生乃至"碳金融"的发展恰恰为这一综合方案提供了蓝本。随着国际经济一体化的发展，国际金融日益成为国际经济发展的重要支撑力量。同时，为使日益严重的环境问题和各国经济发展的需求相协调，基于"可持续发展原则"指引的发展路径必然需要在市场经济框架下寻求成本效益的均衡点。当经济手段通过法律的确认而广泛应用于解决环境问题的时候，以资金融通为核心的金融因素顺其自然地与环境问题联系起来了。"碳金融"包含了市场、机构、产品和服务等要素，是金融体系应对气候变化的重要环节。为实现可持续发展、减缓和适应气候变化、灾害管理三重环境目标提供了一个低成本的有效途径。② 世界银行"碳金融"部门认为，

---

① 《国务院关于推进上海加快发展现代服务业和先进制造业建设国际金融中心和航运中心的意见》。

② Labatt, Sonia., White, Rodney R. John (2007), "Carbon finance: the inancial implications of climate change", Wiley & Sons, 2007. p12.

"碳金融"提供了各种金融手段，利用新的私人和公共投资项目，减少温室气体的排放，从而缓解气候变化，同时促进可持续发展。① 英国伦敦和美国芝加哥已经成为国际"碳金融"中心。例如英国于 2002 年启动了排放交易体系（the UK Emissions Trading Scheme，UK ETS），创建了世界上第一个通过经济金融手段进行的温室气体交易体系，并计划使伦敦金融城建成全球温室气体排放权交易中心。② 基于 2003 年 10 月 25 日生效的欧盟理事会《在共同体内建立温室气体排放权交易框架的指令》，欧盟建立了全球最大的排放交易体系（EU ETS），交易中心仍在英国伦敦。在交易所建设方面，气候交易所公共有限公司（Climate Exchange plc，CLE）③ 更使伦敦成为全球碳金融的中心。美国虽然退出了《协议书》，然而却在国内展开了全面的以自愿减排为核心的市场化机制，并依托其国内活跃的金融交易平台，获得了国际碳金融中心的地位。其中芝加哥期货交易所（Chicago Board of Trade，CBOT）是经美国环保部指定的二氧化硫排放权交易场所，获得了环境金融交易的丰富经验。成立于 2003 年的芝加哥气候交易所（Chicago Climate Exchange，CCX）是全球第一个温室气体减量的市场交易平台。联合国秘书长安南先生称赞芝加哥气候交易所是"建二氧化碳排放市场的成功范例"。④ 芝加哥气候期货交易所（Chicago Climate Futures Exchange，CCFE）创立于 2004 年，是全球第一家气候金融衍生品交易所。⑤

全球应对气候变化国际机制的政治博弈，充分表明了欧美国家借

---

① "About World Bank Carbon Finance Unit（CFU）". World Bank Institute, http：//wb-carbonfinance. org/Router. cfm? Page = About&ItemID = 24668, ［2009 - 11 - 28］.
② The International Energy Agency（IEA）, http：//www. iea. org/textbase/work/2003/ghgem/uk. pdf, ［2009 - 3 - 01］.
③ http：//www. climateexchangeplc. com/, ［2010 - 3 - 12］.
④ 朱家贤：《环境金融法研究》，法律出版社 2009 年版，第 147 - 158 页。
⑤ http：//www. ccfe. com，［2010 - 3 - 12］.

以碳排放指标和减排额度的重新分配,旨在建立新的国际政治、经济秩序和利益格局。中国既然已经置身其中,就必须把握机遇,利用自身优势发展低碳经济,尽快建立中国的"碳金融"制度。然而,由于中国可能会在较长一段时间内不放开资本项下的人民币可兑换,同时中国的储蓄动员和资本积累在较长一段时间内依旧由银行主导,导致中国建设国际金融中心难以在短期内建成。因此,需要借鉴国际金融中心发展模式的小国模式,即重视发展有专业优势的金融业务,依靠"碳金融"尚未发展完善的新兴均势,在短期内丰富上海金融市场的"碳金融"品种和服务类型,充分利用我国在多边金融体制和多变气候机制改革的成果和日益提升的国际地位,以"碳金融"策略在上海谋建国际新兴金融中心。然而,中国当前的"碳金融"建设布局散乱,缺乏规划,难以形成规模优势,散布于京津沪三地为主的交易机构没有统一的交易标准,也无法进行场内交易,各类金融机构的参与度仍然停留在"绿色信贷"的层面,无法与英美两国已经形成的"碳金融"中心大规模的金融衍生交易相比。国家发改委正在酝酿环境权益交易相关管理办法,[①] 整合中国现有的"碳金融"资源,借助中央政府谋建上海国际金融中心的契机,以上海为中心尽快构建参与国际碳金融交易的国际金融中心。

三、"碳货币"博弈对未来国际金融体制的冲击

金德尔伯格(Charles P. Kindleberger)将全球权力分配和金融领域集体行动运行相挂钩,[②] 说明一国的国际货币金融地位对其全球权力分配的重要意义。当前,国际社会动用巨大的政治资源进行碳排放

---

① "中国环境能源交易争夺国际话语权",载《中国企业报》,2010年4月8日版。
② Arthur Stein: "Coordination, Collaboration, Regimes in an Anarchic World," *International Organization*, Vol. 36, No. 1, 1982, pp. 229–324.

限制的谈判，本质上就是各国碳排放量额度的争夺，政治博弈的焦点就是碳排放的配额及其分配问题。然而，金融危机重创了美元的国际储备货币地位，未来基于经济实力、地缘政治等诸多因素进行多方博弈所形成的碳排放信用单位，有可能利用"碳货币"体系构建未来国际货币体系和国际金融秩序。当前国际碳政治博弈的最直接的利益聚集点，就是表现为定价权的"碳货币"之争。

《京都议定书》中规定的"量化的限制或减排的承诺"为全球"碳预算"（carbon budget）奠定了基础，各主要发达国家普遍承诺了碳排放权限额。① 上文述及的"碳贸易"机制下的 AAUs、CERs、ERUs 等碳排放信用单位已经成为可以交易的商品。②这类商品经由国际法设置规则而产生国际信用，因而不同于一般商品而具备了"信用货币"的特征。而且，碳排放信用单位可以将现有的不同的国际货币集中在"碳排放信用单位"这一单一的"信用通货"之下，使其具备了"国际储备货币"的特征，类似于原先的"金本位制"。③ 按照现行 RGGI④ 的规则，碳排放信用单位还可以通过银行进行储蓄和信贷。⑤ 2003 年，国际会计准则委员会（the International Financial Reporting Interpretations Committee）更决定将"碳排放信用单位"视为"货币性

---

① Alice Bows, Sarah Mander, et al., living carbon budget. *Report for Friends of the Earth and the Co‐operative Bank*, Manchester, 2006. p. 175.

② Rutger de Witt Wijnen, Emissions Trading under Article 17 of the Kyoto Protocol, in Legal Aspects of Implementing the Kyoto Protocol Mechanisms 403, 403 (David Freestone & Charlotte Streck eds., 2005).

③ Michael Mondshine, Jette Findsen & Christina Davies, "The Currency of Carbon", *Carbon Finance*, Jan. 14, 2005.

④ RGGI 全称是 Regional Greenhouse Gas Initiative，也即"区域温室气体减排行动"，它是由美国纽约州前州长乔治·帕塔基（George Pataki）于 2003 年 4 月创立的区域性自愿减排组织。目前，这个组织已经成功吸收了包括康涅狄克州、缅因州、马萨诸塞州、特拉华州、新泽西州等美国东北部十个州郡。参见：http://www.rggi.org/home

⑤ Pew Center on Global Climate Change, Summary of the Lieberman‐McCain Climate Stewardship Act, www.pewclimate.org/policy_center/analyses/s_139_summary.cfm

项目"进行会计核算。① 英国是世界上第一个制定立法绑定碳预算的国家。② 英国的一些研究报告明确把"碳预算"与社会经济系统联系起来，并要求实现"碳预算"的货币化。③ 即便在"碳预算"尚未确立的情况下，类似"个人碳交易计划"（Personal Carbon Trading，PCT）④ 项下产生的可交易的能源配额（Tradable Energy Quotas，TEQs）⑤、个人碳排放配额（Personal Carbon Allowances，PCAs）⑥ 等自愿性质的碳信用单位已经可以在某些交易机构的规则下进行交易。因此，为使国际"碳政治"博弈能够实现真正的全球协作减排，通过"碳预算"的确立而构建碳货币体系将是一种有效的方案。

当前，国际金融组织已经在多边国际金融框架下，依托世界银行集团的各个机构开展了多年的"碳金融"业务。然而，以国际货币基金组织 IMF 为代表的最重要的国际金融组织却仍然在"布雷顿森林体系"的阴影下，扮演着维护美国金融霸权的代言人的角色。欧美已经展开了强劲的"碳货币"博弈，由于欧盟是京都机制最大的推动者，欧盟排放交易体系（ET ETS）下的七大碳排放交易中心都以欧元计价，欧元已经成为碳现货和碳衍生品场内交易的主要计价结算货币。

---

① Robert Casamento, Accounting for and Taxation of Emission Allowances and Credits, in Legal Aspects of Implementing the Kyoto Protocol Mechanisms, supra note 1, at 65.
② A. Gilbert, and G Reece, "Developing a Carbon Budget for the UK: With Opportunities for EU Action", *Ecofys UK*, 2006, p. 9.
③ 李伟："全球气候变化、低碳经济与碳预算"，载《国际展望》2009 年第 2 期，第 78 页。
④ http://en.wikipedia.org/wiki/Personal_carbon_trading
⑤ David Fleming 在 1996 年首次提出。2003 年英国廷德尔气候变化研究中心已经开始研究此计划。参见：http://www.tyndall.ac.uk/
⑥ PCAs described in the book "How we can save the planet" by Mayer Hillman and Tina Fawcett. Work on PCAs is ongoing at the Environmental Change Institute, Oxford, UK. see: http://www.eci.ox.ac.uk/

例如欧洲气候交易所（ECX）、欧洲能源交易所（EEX）①和奥地利能源交易所（EXAA）②、法国能源交易所（Powernext）③、北欧电力库（Nord Pool）④、环境交易所（Bluenext）⑤和气候交易所（Climex）⑥等。此外，由于美国至今未加入《议定书》，以美元计价的芝加哥气候交易所和推出碳期货、期权的芝加哥气候期货交易所的交易规模相对较小，但美元借助国际储备货币的地位亦成为"碳货币"的主要竞争者。印度国家商品及衍生品交易所（NCDEX）2008年4月也推出了CER期货并以卢比计价。⑦ 将于2010年正式实施的澳大利亚新南威尔士温室气体减排体系（GGAS）排放交易制度也以澳元计价。澳洲气候交易所（ACX）与澳洲证券交易所（ASX）已于2009年初开始碳信用期货交易。⑧ 此外，加拿大蒙特利尔气候交易所（MCeX）、新加坡贸易交易所及香港交易所都计划推出CER交易。韩国、阿联酋、巴西等新兴市场的碳交易所都将采用本币标价，展开碳排放权交易定价的本币竞争。随着各国在"碳金融"市场深度参与，各国利用"碳金融"平台提升本币在国际货币体系中的地位，加速走向世界主导国际货币的行列，而中国决不能因为标价权的丧失而错过这一历史机遇。

---

① 2002年由德国莱比锡电力交易中心与位于法兰克福的欧洲能源交易市场合并而成。参见：http://www.eex.com.
② 该机构成立于2001年，从事排放权的现货交易，参见：http://www.exaa.at
③ 该机构进行排放权的现货实时交易，参见：http://www.powernext.fr
④ 挪威于1993年建立，1996年瑞典加入，2000年芬兰、丹麦加入而成为北欧国际交易中心，参见：http://www.nordpool.com
⑤ 2008年由纽约泛欧交易所集团与法国信托投资银行合作设立，参见：http://www.bluenext.com
⑥ 2005年，荷兰的Climex交易所与西班牙SendeCO$_2$交易所及亚洲国际碳交易所建立合作关系，以期实现与CERS的交易，该机构从事排放权的现货与期货交易，参见：http://www.climex.com
⑦ CDM及JI追踪第6卷第16期2008年8月20日，参见：http://www.pointcarbon.com
⑧ 点碳网：http://www.pointcarbon.com

作为日益崛起的经济大国,中国应与其他新兴发展中大国一起积极参与国际碳信用交易,推进以碳排放权为业务支点的"碳金融"产品的开发,借着国际金融机制改革之机,促进国际社会将"碳预算"纳入多边谈判平台,进而以"碳货币"的主张,向不公正的国际金融体制发起挑战。因为中国已经确立了国际社会负责任大国的角色形象,并已经拥有了推进和改革国际机制的话语权。

中国参与低碳发展国际制度构建的思考

邓梁春[*]

中国以往长期将气候变化问题主要作为政治外交问题,在应对气候变化方面也坚持"韬光养晦"和多做少说。这一外交方针虽然争取到了和平稳定的国际发展环境和历史发展机遇,也使得国际社会不了解中国的战略意图并由此引发对中国快速发展的忧虑。21世纪以来,中国通过灵活务实的外交政策积极负责地介入国际事务,提出作为"负责任的大国"要发挥在国际社会中的"建设性作用",走"和平发展"的道路并积极推动建设"和谐世界"。目前,气候变化、低碳发展及其相应的国际制度正逐渐发展成为影响国际国内当前和未来发展的重大问题,中国作为一个快速发展中的排放大国,应对气候变化国家战略需要适时调整,在不断变革的世界中应当在构建促进低碳发展的国际制度方面"有所作为"。

一、走具有中国特色的低碳发展道路

中国的工业化和城市化正在飞速发展,能源、资源以及包括气候变化在内的环境问题,以及近年来日益严重的自然灾害事件,逐渐成

---

[*] 邓梁春,气候组织项目研究员,主要研究方向为低碳经济和气候变化。

为国家可持续发展所面临的重大瓶颈和安全隐患。中国迫切需要走低碳发展道路并构建"抵御气候变化型社会",这对于中国的社会经济发展而言是机遇也是挑战。气候变化将给中国的崛起带来重大的风险和不确定性,低碳转型要求中国实现产业结构和社会生活的跨越式发展。尽管转型还面临多重困难和挑战,中国的低碳转型正是中国可持续发展的必由之路,国际应对气候变化的行动将可能有利于中国拓展发展的资源和市场渠道,支持中国的基础设施改造和产业升级,支持中国的居民消费和社会生活升级。

走具有中国特色的低碳发展道路,与中国建设"资源节约型和环境友好型社会"以及建设"创新型国家"和实现可持续发展的目标是一致的。中国必须在国家和地方层面上战略性地认识到发展低碳经济和构建"抵御气候变化型社会"的重要性,以实现缓解贫困和促进社会经济发展的目的,保障中国的"三步走"战略目标的实现。与此同时,还应逐渐意识到发展低碳经济对于地区经济结构调整和转型的重大意义,逐渐将高能效、低能耗和低排放的生产和消费方式和低碳的发展理念纳入社会经济转型的核心,以重塑区域经济发展的核心竞争力,赢得未来国际竞争中有利的战略地位。此外,在国际层面上,构建低碳发展的国际制度规则总体上对于中国的社会经济发展是利大于弊的,中国在走低碳发展道路的同时也应当顺应国际低碳经济发展的趋势。

二、树立正面积极的国际形象

应对气候变化的国际制度作为全球科学研究、经济社会和国际国内政治之间的互动产物,从发展趋势来看,纳入环境成本并且关注代际代内公平和可持续性的发展道路将会成为未来国际制度构建的最终目标。应当指出的是,中国正在进行中的工业化和城市化道路基本上沿袭了发达国家的老路,中国崛起所引发的国际社会的关注和忧虑也是不可避免的，这些挑战需要中国勇敢直面并采取措施，否则被国际社会视为不负责任地崛起将是中国为气候变化问题所付出的最大的成本。

中国需要在应对气候变化的国际舆论中掌握主动，树立自身负责任大国的形象。中国应当充分展现其在发展低碳经济和构建"抵御气候变化型社会"方面开展的工作和取得的成效，特别是利用媒体舆论对于中国问题的关注，通过白皮书、新闻发布会、进展简报等渠道定期发布中国的政策、行动与倡议。与此同时，在更好地整合发展中国家利益的前提之下，中国应当适时表达承担更大国际责任的意愿。中国可以在确保国家利益的前提下提出国际气候制度的各种情景，并制定各种情景下有条件和分阶段采取"适当的减缓行动"的方案，由此，使得国际社会对中国的预期合理化，并且在几大利益集团间的谈判博弈中掌握主动，也能应对国际谈判发展的各种变数。

三、团结发展中国家、积极争取国际支持

中国作为全球最大的发展中国家，目前已经是世界第三大经济体，已然或即将成为世界头号温室气体排放大国，尤其是在未来二十年内可以预见到的经济和排放增长，使得中国成为国际社会所最为关注的焦点。不管我们态度如何，在国家责任、发展水平、应对能力和谈判态度方面，中国与其他众多发展中国家之间的差异加大已是客观的事实。到2020年，中国的发展和排放都将提升到一个新的高度，中国与一般发展中国家的差异将更为明显，国际减排压力也将更加显著。因此，中国特别需要考虑到国内发展阶段和国际政治经济局势的不断变化，尽早推动有利的国际气候制度的形成，维系与广大发展中国家的共同利益，避免客观上在当前与发展中国家的分裂。

为了团结发展中国家，中国必须在国际气候制度的构建中发挥"建设性作用"，争取主要发达国家的支持，推动国际社会尽早达成协

议，帮助发展中国家克服低碳转型所面临的产业技术门槛和经济成本。首先，必须和发展中国家一起推动发达国家承担中长期大幅减排目标，并且坚持走低碳发展道路，确保发展中国家的发展空间。通过人均排放、甚至是人均历史累积排放的方式、或者通过以消费侧进行排放核算对现行清单进行补充，提出各个国家的温室气体排放预算并积极推动其国际制度化，公平地解决未来发展空间的问题。其次，依据核算各国的历史累积排放和人均历史累积排放，探讨"污染者付费"原则成为应对气候变化的国际环境法原则的可行性，促使发达国家为其历史上的高碳发展承担后果，从而合理地解决气候变化影响及其适应的历史问题。最后，通过建立国家预算下的技术转让和资金机制，研究"使用者付费"原则在国际资金机制上的应用，有利于促进应对气候变化的效果、效率及公平目标得到最恰当的权衡。

四、积极参与国际气候制度的制定

从中长期国家战略来看，无论从资源环境禀赋和经济社会基础出发，还是基于国家发展理念和全球合作战略，中国未来二十年的低碳转型对于迈向中等发达国家是至关重要的，中国比其他任何国家都需要公平合理的国际环境制度的保障。因此，中国需要逐渐掌握世界政治经济秩序及其制定游戏规则的主动权，积极参与国际气候制度的构建，体现中国的影响并保障中国发展的长期利益。中国应当充分利用国际气候制度造法性条约的国际法性质，在国际气候制度构建过程中发挥更为重大的作用。

到本世纪中叶，如果中国经济成功地进行了低碳转型，经济总量和人均量均达到中等发达国家水平，那时，资源、能源和环境的利用效率以及低碳的社会经济发展理念将成为中国最大的国际比较优势，中国应对气候变化的支付意愿和能力建设都大为增强。并且，低碳转型还将使得中国成为低碳产业生产力和低碳社会发展水平高度发达的国家,中国有能力为国际社会提供高附加值的低碳产品和服务。当前,中国需要以国际气候制度构建为契机,特别关注全球公共资源管理及其背景之下的国际贸易规则调整,影响包括世界贸易组织、世界银行、全球环境基金等多边组织运作的规则制定。同时,中国还需要认同保持国际气候制度一定程度的灵活性,并且为国家在中长期即将到来的角色转变做好战略性的铺垫,从而在不断变化的国际国内政治经济局势下保障国家长期利益。

低碳经济下的货币主导权

■ 管清友[*]

低碳经济(Low-Carbon Economy,LCE),既是人类应对气候变化的基本方式之一,也是21世纪世界经济发展的基本趋势之一。低碳经济因"碳"而起。随着全球人口和经济规模的不断增长,化石能源使用带来的环境问题及其诱因不断地为人们所认识,不止是烟雾、光化学烟雾和酸雨等的危害,大气中二氧化碳(CO_2)浓度升高带来的全球气候变化也已被确认为不争的事实。"碳"主要指《京都议定书》规定的六种温室气体,包括二氧化碳(CO_2)、甲烷(CH_4)、氧化亚氮(N_2O)、六氟化硫(SF_6)、氢氟烃(HFCs)和全氟烃(PFCs)。二氧化碳是最主要的温室气体,大约占温室气体排放总量的80%。

最早见诸于政府文件是在2003年的英国能源白皮书《我们能源的未来:创建低碳经济》。英国是第一次工业革命的先驱,主导世界经济和政治秩序二百年;英国充分意识到了能源安全和气候变化的威胁,它正从自给自足的能源供应走向主要依靠进口的时代。按目前的消费模式,预计2020年英国80%的能源都必须进口。同时,气候变化的

---

[*] 管清友,中国海洋石油总公司能源经济研究院副研究员,研究方向为石油经济。

影响已经迫在眉睫,去碳化是能源安全的重要方面。

低碳经济是一种经济形态或模式,以低能耗、低污染、低排放为基础,是给市场经济加上了重要的约束条件或者说是强化了对市场的负外部性的约束。低碳经济是人类社会继农业文明、工业文明之后的又一次重大进步。

低碳经济是一次能源革命,是在经济发展的同时,提高能源利用效率、开发清洁能源、追求绿色GDP,减少对化石能源的依赖,核心是能源技术和减排技术创新、产业结构和制度创新以及人类生存发展观念的根本性转变。

低碳经济是一种理念,与目前国内落实科学发展观,建设资源节约型和环境友好型社会,转变经济增长方式的本质是一致的。中国文化自古以来就提倡"天人合一"的思想,其思想内涵在于,尽管资源与环境是人类生存的基本条件,但人类文明的发展从来就是依附于自然的。在经历了现代工业文明对自然掠夺式的开发和利用并结出恶果之后,人类有必要重新思考我们原有的生活、生产和消费方式。我们必须学会更加现实地理解人类赖以生存的物质和自然世界。

低碳经济是一场社会变革,它意味着人类要改变对能源资源高消耗的生活方式。比如,减少塑料袋的使用,尽量使用公共交通工具,减少个人开车出行次数等。

低碳经济是一场国际博弈,不同国家需要减少排放,承担国际责任。但责任分担问题上,各国争论不一,最终导致哥本哈根会议无果而终。

低碳经济是世界经济趋势,是人类应对能源、环境和气候安全挑战的必由之路。发展低碳经济也适合中国发展的具体国情,既能摆脱对碳基燃料的过分依赖,减轻高油价的压力,实现经济转型,又能保持适度、快速的经济增长。

20世纪90年代中国开始实施节能减排政策,"十一五"节能降耗目标的制定更是为低碳经济发展提出了量化的指标（把单位 GDP 能耗降低 20% 作为约束性指标来执行），是中国走向低碳经济之路的重要尝试。2009 年 6 月初，温家宝总理主持召开国家应对气候变化领导小组暨国务院节能减排工作领导小组会议，会议明确指出，"要把应对气候变化、降低二氧化碳排放强度纳入国民经济和社会发展规划，采取法律、经济、科技的综合措施，全面推进应对气候变化的各项工作，为国际社会合作解决气候变化问题做出积极贡献。"各方面应当在具体措施上认真落实好中央这一新的决策。之后，中国政府进一步提出，将培育以低碳为特征的新的经济增长点，加快建设以低碳排放为特征的工业、建筑、交通体系。2009 年 11 月 26 日，哥本哈根会议之前，中国正式对外宣布控制温室气体排放的行动目标，决定到 2020 年单位国内生产总值二氧化碳排放比 2005 年下降 40%～45%，这是中国政府第一次对全世界公开承诺量化减排指标。目前，中国有关部门正在加紧落实到 2020 年非化石能源在能源消费结构中达到 15% 的目标。

目前，中国已经成为全球碳排放交易市场中的最大卖家，碳交易的实施将有助于中国进一步实现节能减排目标，走向低碳经济。同时，也有助于中国增加对国际货币体系的发言权乃至掌握低碳经济下的货币主导权。

迄今为止，目前国际上普遍看法是把二氧化碳排放权交易看成商品，但从货币角度对全球碳交易体系进行探讨的文献为数不多，笔者拟从该角度入手，把低碳经济背景之下的碳货币问题分为三个层次来讨论。

第一，碳排放权交易的结算货币问题。碳交易与货币主导权联系在一起，起因于《京都议定书》的签订。《京都议定书》是世界上第一部带有法律约束力的国际环保协议，于 2005 年正式生效。议定书规定在第一阶段（2008—2012 年）把温室气体的排放量在 1990 年的基础上降低 5.2%。并根据共同但有区别的责任原则，把缔约国分为附件一国家（发达国家和转型国家）和非附件一国家（发展中国家）。其中，附件一国家在京都第一阶段须各自承担一定减排承诺，如欧盟15国需比1990年排放水平减少8%，美国减排7%（2001年已退出），日本、加拿大各减排6%，否则将受到严厉的经济处罚。非附件一国家暂不承担减排义务。

目前美国是唯一没有批准京都协定书的超级大国（但奥巴马政府已经承诺到2020年将比2005年的排放水平减排17%）。根据各国温室气体排放的历史数据测算，如果不采取任何措施，欧盟15国、日本和加拿大等主要减排国在BAU（business–as–usual，即"一切照旧"）温室气体排放情景下，《京都议定书》第一阶段（2008—2012年）的减排缺口将达到55.4亿吨。

为了推动各国主动、积极的减排，《京都议定书》设定了三种碳交易机制。这相当于在世界有形商品贸易体系之外确立了在全球范围内流动的一种极为特殊的无形商品贸易体系，而这张纽结世界新型贸易版图的核心正是基于现代国际规则而产生的一种前所未有的有价商品——碳信用。在其设定的三种交易机制下，碳交易风生水起。它用联合履行（JI）和国际排放贸易（IET）的双重机制打通发达国家之间的碳交易市场，用清洁发展机制（CDM）连接发达国家和发展中国家的碳交易管道。这三种交易机制都属于"境外减排"，即把碳排放权量化并定价和交易，减排量就成为了一种可以交易的大宗商品或者财富。

从历史经验看，一国货币要想成为国际货币甚至关键货币，往往要遵循计价结算货币–储备货币–锚货币的基本路径。其中，与国际大宗商品、特别是能源贸易的计价和结算绑定权往往是货币崛起的起点。

根据国际碳交易市场发展现状，以是否受京都议定书辖定为标准，将国际碳交易市场分为京都市场和非京都市场。其中，京都市场主要由欧盟排放贸易体系（EU ETS）、CDM 市场和 JI 市场组成，非京都市场包括自愿实施的芝加哥气候交易所（CCX）、强制实施的澳大利亚新南威尔士温室气体减排体系（GGAS）和零售市场等。碳交易市场经过几年的发展已经渐趋成熟。参与国地理范围不断扩展、市场结构向多层次深化，财务复杂度更高。市场规模迅速扩容，2012 年有望超过石油成为世界第一大宗商品。新能源贸易——碳信用交易的计价结算货币绑定权以及由此衍生出来的货币职能，将对打破单边美元霸权促使国际货币格局多元化产生影响。

目前，EU ETS 在全球碳交易市场中遥遥领先。2007 年交易量达 16.5 亿吨，成交额达 280 亿欧元，分别占全球碳交易量的 62% 和交易额的 70%。CDM（包括一级 CDM 和二级 CDM）市场位居第二，2007 年交易量为 9.47 亿吨，交易额为 120 亿欧元，占总交易量的 35% 和总交易额的 29%。再次是 JI 市场和自愿市场等。

因此，与传统的大宗商品交易不同，在碳交易计价和结算货币的问题上，欧元已经领先，而美元稍显逊色。EU ETS 主要的碳排放交易所包括欧洲气候交易所（ECX）、法国电力交易所（Powernext）、北欧电力库（Nord Pool）、欧洲能源交易所（EEX）和澳洲电力交易所（EXAA）和环境交易所（Bluenext）等，这六大交易中心均用欧元标价。此外，二级"核证减排额"（CERs）和 CER 期货、期权市场增速极快。ECX、Nord Pool 已经推出了二级 CER 现货和 CER 期货交易，其中 ECX 于 2008 年 3 月推出 CER 期货合约后，仅 1 个月交易量就高达 1 600 万吨 CO_2。这部分新增市场主要在欧洲市场进行，以欧元计价。

与之相比，以美元计价的 CCX 和推出环境衍生品的芝加哥气候期货交易所（CCFE）、纽约商业交易所（NYMEX）的交易规模相形见绌。毋庸置疑，欧元是碳现货和碳衍生品场内交易的主要计价结算货币。

场外交易也很活跃。据世行统计，EU ETS 80%的交易量发生在场外市场（OTC），其中伦敦能源经纪协会（LEBA）完成的交易活动占到了OTC市场的54%。

由于一直以来英国都是碳减排最坚定的执行国，尽管英国排放交易体系（UK ETS）已并入EU ETS，但伦敦作为全球碳交易中心的地位已经确立，英镑作为碳交易计价结算货币的空间能够继续保持。

此外，日元、澳元、加元、新元、港币等都具提升空间。转型国家的货币如卢布，发展中国家的货币如卢比等也将有一席之地。

由于中国没有对温室气体排放的总量控制，碳减排量就不可能成为稀缺资源，就很难建立繁荣的碳交易市场，人民币也很难成为碳交易的结算货币。总量控制和碳交易实际上是皮和毛的问题，皮之不存，毛将焉附？没有总量控制，碳金融市场的建设将大打折扣，人民币的国际化也会受到影响，更遑论争夺低碳经济下的货币主导权了。在这样的形势下，中国如不奋起追赶，人民币很可能会因为碳交易标价权的丧失而错过成为国际货币的历史机遇。

第二，碳货币的发行问题。全球碳交易市场可以划分为履行减排义务驱动的市场（compliance-driven market，强制型市场，包括某些自愿承担有法律约束力的合规义务的市场）和自愿型市场（voluntary market）。履行减排义务驱动的市场是指由强制性减排义务驱动的碳市场，大部分买家从事碳交易是为了满足（目前或预计）国际、国内或国内某些区域的碳排放约束的要求。而自愿型市场的需求并不由履行减排义务的要求来推动，能够在多大程度上提供碳减排额是不确定的。

实际排放额低于碳排放指标分配的"节约量"，就是该时期碳货币的总量，即这个节约量相当于该国的一笔额外财富，也即发行了一种碳货币。这个总量取决于人类实施碳减排的力度，同时还取决于世界经济增长的趋势和惯性。

众所周知，纸币发行是基于政府信用和国家立法强制推行，碳排放权与之相似,所不同的是其执行基础是国际协定和规则。假设美国决定发行一种新型货币取代美元,则美元的价值就会丧失。同样,如果美国、欧盟、日本等发达国家决定不再接受来自发展中国家的 CERs 用以满足其履约义务,CERs 的价值将消失殆尽。这充分说明,不同种类碳信用的内涵价值基于《京都议定书》、后京都的各阶段全球碳减排协议,以及各个强制型市场的内部减排规则而产生和变动。

有趣的是,碳排放权作为一般等价物的商品属性恰恰是基于国内法和国际规则的信用秩序而建立,而不像粮食、原油等商品不需要任何政府背书就天然拥有稳定的价值基础。由此,碳货币本位的设想也不同于金本位或其他一揽子商品本位等纯粹商品本位的货币体系改革方案,而近似于一种全新的"商品信用本位"。金融危机后,国际社会对于美元自身的稳定及其在国际货币体系中的地位越来越表现出忧虑的情绪,对美元的不信任感增加,要求改革国际货币体系的呼声也越来越高。

在信用货币时代,美元的强势并非体现在其汇率的高低上,而是体现在其作为大宗商品的结算货币地位和支付手段地位上,因此,美国并不一定会因为国际社会的职责而维持美元的汇率强势。相反,弱势美元政策恰恰符合美国的利益,也是美元霸权的具体体现。碳货币的出现,将给美元带来一定冲击,也将给非美国家在国家资产储备上提供一种新的选择。既然美元不稳定,非美国家完全可以选择像黄金一样的信用商品——碳减排量(碳货币)。

各国的目标减排量是基于自身减排能力、经济结构、减排行业重点和经济增速下限承受力等综合因素设置的。在满足全球减排目标的前提下,各国根据其自身情况和与经济发展的关系承诺相应比例。根据实施的情况,每个阶段的分配方案还可以做出微调,但总的来说约束将越来越严格。

各国如何赢得碳货币的发行权?根据《京都议定书》和后京都的

各阶段全球减排协议确定的排放总量、减排目标和交易规则，已承担减排目标国家的实际减排量超过其承诺减排量的超额碳减排量，或者尚未承担减排义务的发展中国家通过 CDM 等方式已经削减的碳排放量，为该国赢得碳货币发行权，并构成碳货币供给能力。

值得强调的是，碳货币的发行权不仅取决于碳减排能力的大小，还在于受减排约束的程度和承诺减排数量的多少。典型的例证是，由于发展中国家在《京都议定书》第一阶段（2008—2012 年）不承担减排义务，其通过 CDM 实现的所有减排量都可以作为商品向承担减排义务的发达国家出售，从而使发展中国家在现阶段拥有了更多的碳货币供给能力，赢得了碳货币的发行权。

碳货币成为财富，能够提供多余二氧化碳排放权的国家必定具有先进的制造业，它们不通过数量和规模的扩张来实现经济增长，而是提高劳动生产率，提升产品附加值，改造工艺流程，以此节约更多的碳货币，出售给那些技术落后的国家。那些减排技术落后，而消费又很旺盛的国家将因此受到双重打击，其制造业要购买碳货币才能生存，其消费者也要购买碳货币才能继续享受，由此必然造成国家财富的流失。

当然，碳货币涉及世界货币发行的主权体系建设问题。现代国别性货币的发行是由国家主权力量支持的，这是世界性的货币发行所不能够比拟的，除非世界已经实现了大同、归为一个集合性的"主权体"。因此，碳货币实施面临一个重大难题——各国碳货币发行权取决于两个条件：一是设定减排目标，二是在既定减排目标之上的超额减排潜力。可见，目标约束的宽松程度直接影响到该国所享有碳货币发行权的大小。在这种情况下，减排目标的承诺将成为各国争夺国际竞争主导力的最大博弈。

第三，碳货币的本位问题。金融危机之后，重建国际货币秩序的主张越来越落实到行动上，其根本问题是选择锚货币的问题。这些设想大致归结为以下两种：第一，重归金本位或商品本位；第二，把特别提款权（SDR）发展成为超主权货币。第一种选择具有历史经验上的可行性，但目前争议颇大。第二种选择则是完全推翻美元体系，是不可能实现的，也不符合中国的利益和中国和平崛起的现实路径。最近也有人提出把碳信用作为各国货币之锚，以解决美元稳定性问题。碳信用作为锚货币实际上与第一种思路类似，不太现实，因为无法解决碳排放权作为价值基础的稳定性问题，其面临的问题将与把一揽子商品作为锚货币的思路面临同样的问题。

不过，如果将各国碳货币与一个标准品质的碳货币挂钩，比如，"黄金标准"碳信用（gold standard carbon credits），[①] 可以预见，按照各自品质规定含碳量，由此可以确定两国碳货币的兑换基准。同时，市场实际汇率还随着碳货币供求关系围绕含碳比价上下波动。如果中国能通过本国的能效提高、新能源发展和碳交易平台建设建立自己的标准碳信用体系，那么中国在碳交易市场上就拥有了一定程度的发言权，这将大大推动人民币作为碳交易结算货币的进程，也将激励中国行业、部门、企业产生更多的碳信用，"发行"更多的"碳信用"，获得更多的碳货币财富。

总之，碳交易体系已经呈现出相当多货币化的特点。如果我们把眼光放得更远一些，在金融全球化和不断深化的背景下，货币种类趋于单一是长期净收益最大化的一种制度安排。当世界各国达到经济发展的更高阶段，出现增长的趋同，碳货币本位制也不啻为是一种选择。但这需要相当长的时间。对于中国而言，比较现实的选择是，通过碳

---

① 黄金标准碳信用由黄金标准基金会核准，这是瑞士的一个非盈利组织。黄金标准的质量标签已被全世界60个非政府组织所认可，黄金标准的碳信用通常能够获得溢价。所谓"黄金标准"碳信用，是指CDM、JI和那些符合一定标准，旨在促进新能源、能源效率、本地可持续发展和具有"严格额外性"的自愿减排项目所产生的优质碳信用。参见："The Gold Standard – Premium Quality Carbon Credits," http://www.cdmgoldstandard.org.

交易体系建设推动人民币成为碳交易的结算货币,加快人民币国际化进程;即便无法进行总量控制,也应该鼓励自愿减排市场,并协助行业、企业将减排量货币化、财富化。长远看,对碳排放的总量控制则是中国实现经济增长方式转变、实现可持续发展,争夺货币主导权和获得巨额碳财富的必由之路。

第三篇

上海企业低碳发展研究

上海气候变化工作室第三次圆桌会议纪要

"跨国公司的低碳发展之路创新"系列研讨

3M公司顺应全球发展的趋势,提出了可持续发展战略,其内涵包括:企业发展、社会责任和环境保护三方面协调并进。由上海气候变化工作室主办的"跨国公司的低碳发展之路创新"研讨会在3M中国研发中心召开。研讨会采取主题报告和深度研讨等形式,共包括两个主题,分别为"低碳促进可持续性发展——3M公司低碳制造经验分享"和"哥本哈根大会后评估和展望"。

在"低碳促进可持续性发展——3M公司低碳制造经验分享"主旨发言中,3M中国有限公司环境健康与安全管理部许少华经理从污染防治投资项目、产品生命周期管理和节能环保产品开发战略等方面,介绍了3M公司在低碳发展方面的做法。污染防治投资项目旨在解决自身运营过程中的污染,取得了非常好的经济和社会效益,在业界产生较大影响。

讨论发言中,上海长三角人类生态科技发展中心理事陶康华教授高度评价了3M公司在低碳发展方面的做法,并指出中国下一步推进低碳发展,关键是如何确定科学的路线和如何实现可持续的行动。对于上海推进低碳发展,陶教授认为存在两大机遇,一是2010年上海世博会,上海要通过举办世博会,抢占低碳发展的先机;再就是,要重视青年学生在推进低碳发展中的作用,要让他们成为低碳发展的"先锋"。UNEP-同济大学可持续发展学院牛东杰副教授强调，应对气候变化，实现低碳发展，最终将体现在企业的发展上。3M中国有限公司经理张黎华以3M公司所参加的"克林顿气候倡议"为例，指出应对气候变化，实现低碳发展，是一项系统工程，需要包括技术、资金以及法制环境各方面协同推进。在推进低碳制造方面，关键要建立有效的"动力机制"，其中应包括政策法律驱动力、道德驱动力和经济驱动力。WWF上海办事处王倩认为3M公司在推进低碳发展方面的理念非常先进，比如"污染防治投资项目"中的理念与现在正在大力推进的"合同能源管理"有着很强的相通性。宝钢集团经管院可持续发展研究所张龙博士将3M公司与宝钢做了对比分析，认为虽然两家企业主业不同、运营模式不同，但在承担低碳发展使命上是一致的。3M公司的可持续发展战略非常具有借鉴意义，比如实施污染防治投资项目，比如关注产品上下游的共同减排等。宝钢也有自己的可持续发展战略，正在探索高碳企业的低碳发展之路。宝钢在注重自身减排的同时，也在努力带动"行业减排"，通过技术转移，实现碳减排效应的扩散。

在"哥本哈根大会后评估和展望"主旨发言中，上海国际问题研究院国际组织与国际法研究中心主任于宏源副研究员从战略的视角向大家介绍了全球气候变化谈判的基本态势、后哥本哈根展望和中国的应对战略等内容。于博士认为，未来的全球气候变化谈判存在着较大的不确定性，但不管"双轨"会不会并为"单轨"，不管国际社会何时达成有约束力的协议，对于中国而言，当前乃至今后一个时期，都将面临着外争排放权，内推低碳发展的双重任务。

讨论发言中，上海气象局气候研究中心田展博士从一位从事气象科学研究的学者的角度向大家介绍了关于气候变化怀疑论的相关情况。田博士介绍了包括全国发展改革系统应对气候变化会议的召开等我国政府在应对气候变化方面的近期工作，他认为这无不证明中国政府高度重视气候变化问题。田博士还从国际政治博弈的角度分析了国际气候变化谈判的前景。上海外国语大学海外利益中心主任汪段泳以"海外投资风险的定量分析"为题,与大家一起分享了他的最新研究成果。他从计量学的角度,为大家分析了我国海外投资中的风险,并重点就环保风险进行了介绍。他认为我国企业在海外投资中的风险大致可以分为:主权、政治、法律、工会、安全、环保和文化等七大风险,其中环保风险并不如一般公众所想象的情景,环保风险的严重程度在七大风险中排位总体比较靠前,在不发达的国家和地区中同样存在环保风险。上海交通大学法学院讲师赵加强认为,气候变化问题的重心已从科学转到政治和法律,对气候变化问题的关注也已由少数精英转向大众,对气候变化问题的应对也正从国家扩展到企业和个人。对于企业的发展,低碳是挑战也是机遇。低碳会增加企业的运行成本,但如果主动应对,完全可以将其转化为竞争力,助推企业的可持续发展。3M公司作为一家以"尊重社会和自然环境"为价值观的大型跨国企业完全可以将低碳转化为生产力。

与会者还就政府应为企业低碳发展提供什么样的低碳政策进行了讨论。与会者普遍认为,总体上,目前的政策环境还是比较好的。比如,政府刚刚出台的节能技术改造奖励制度,也向包括3M公司在内的跨国企业开放。部分地方政府,在制定区域产业发展规划上也体现出了低碳的理念。比如,广东省正在实施的"腾笼换鸟"行动,淘汰了一大批不环保、不"低碳"的企业。政府应逐步建立适应低碳发展的市场准入制度。比如增亮膜,政府设置了低碳的准入制度之后,促进了企业创新,最终实现了保护环境、节约能源的目的。

上海气候变化工作室第四次圆桌会议纪要

"气候变化与企业应对"研讨会综述

2009年被称之为"气候变化年",全球瞩目的哥本哈根会议即将召开。气候变化将对人类的生产生活产生深刻影响。企业作为经济发展的基本单位,必须认真面对气候变化所带来的影响。7月24日,由宝钢集团有限公司经济管理研究院和上海气候变化工作室联合举办的"气候变化与企业应对"研讨会在宝钢集团经济管理研究院举行,来自驻沪著名研究院所、高校、企业、NGO的近二十位青年学者代表参加了研讨会。

研讨会共分三个专题,分别为:"巴厘岛路线图和哥本哈根谈判展望"、"全球气候变化和各国企业应对"和"中国企业和气候变化"。与会人员从不同角度分析了气候变化给企业发展,尤其是我国高耗能企业的发展带来的影响,并就如何应对提出了建议。

上海国际问题研究院的于宏源博士从全球气候变化谈判的角度分析了当前国际气候政治格局发展新变化,他指出要注意欧盟和美国气候政策立场正逐渐接近这一动向,另外,也要看到新兴发展中大国气候博弈中地位日益成为关键。浦东美国经济研究中心张健副主任认为,目前中美两国在应对气候变化方面的合作处于凝聚共识的预热阶段,尚无具体成果出台,双方各自的国家利益始终是左右合作深度和广度的关键,而气候变化以及伴生的新能源技术和低碳经济在中美各自的国家发展战略中的定位,将是各自进行政治决策的决定性因素。上海国际问题研究院叶玉博士对《2009年美国清洁能源与安全法案》的前景做了分析,她认为WTO并未明确为"碳税"开绿灯。

复旦大学环境经济研究中心李志青副主任围绕"低碳经济发展与企业应对",提出低碳经济是收益型经济,企业是发展低碳经济的主体以及产业需求导向是企业低碳化经营的出路等重要观点,并建议将企业的低碳化经营上升为国家战略。华东政法大学李威博士从国内法、国际法两个角度分析了企业的环境责任,并就碳信用、碳贸易与碳金融等方面具体提出了企业主动应对的建议。上海社会科学院助理研究员汤伟分析了气候变化对城市责任的影响,并结合建设低碳城市的世界经验,对我国建设低碳城市提出了具体建议。上海外国语大学国际关系与外交事务研究院助理研究员汪段泳以中非能源合作为例,分析了中国海外直接投资的国家战略与企业责任。

联合国环境规划署-同济大学环境与可持续发展学院牛冬杰副教授认为,企业在应对气候变化的过程中机遇与挑战并存,我国企业,特别是大型企业,应转变观念,由消极应对或被动服从到积极引领和参与,主动发掘企业可持续发展的潜力。上海交通大学资源环境法研究所讲师赵加强以我国大型钢铁企业为例,深入分析了气候变化给钢铁企业带来的机遇与挑战,并提出了变投入为投资、化技术为效益等若干具体建议。宝钢经济管理研究院张龙博士介绍了国外钢铁企业碳减排现状及主要措施,分析了中国钢铁企业碳排放现状,并介绍了宝钢在碳减排方面的主要应对措施。

上海国际问题研究院叶玉博士认为,WTO并未明确为"碳税"开绿灯:首先,在一个生产全球化的时代,如何为每一进口产品测量碳排放数量是一个很大的技术难题。其次,美欧推出的"限量与贸易"制度,充满了豁免、排放额度免费发放、抵扣等等妥协措施,辖区内同一个行业不同企业所面临的负担均不一定相同,如何对相同产品的进口商进行边境调节，又不违背 WTO 规则，具有相当的法律难度。再次，如何在不同国家间进行碳排放政策的量化比较是其中最大的挑战。"限量与贸易"制度是美欧正着力推行的碳减排政策，但是这并非唯一的气候变化减缓措施，甚至未必是行之有效的减排措施，欧盟实施了数年排放交易制度，其排放额却不降反增便是典型的例子。对于不少发展中国家而言，通过各类法律法规提高能效、调整产业结构可能是更易实施、更适合自身国情的气候变化政策。比如，不少外国学者认同，中国"十一五"期间努力实现的单位 GDP 能耗降低 20% 以及可再生能源比例占 10% 的目标实际上代表了世界上幅度最大的减排努力。但是，根据美国新提出的能源与气候变化法案，这些努力却很可能不是与他们推出的"限量与贸易""相似的行动"，是否是欧盟立法要求的"可比性行动"亦具有相当的不确定性。国际律师界亦认为，相关的案例实践参差不齐，在此问题上远未形成共识。

与会人员普遍认为，未来气候变化对于企业发展的影响，将更为广泛、深刻、全面，企业在制定战略发展规划时，应更加重视气候变化的影响，要顺应低碳发展趋势，积极应对气候变化所带来的挑战，同时，企业还应善于发现并利用气候变化所带来的机遇，为企业的发展寻找新的增长点。

上海气候变化工作室第五次圆桌会议纪要

"气候变化中的企业责任",《能源》杂志与上海气候变化工作室访谈,2009 年第 9 期。

主持人:
张 娜 《能源》杂志记者

嘉 宾:
于宏源 上海国研院国际组织与国际法研究中心副主任、上海气候变化工作室负责人
李志青 复旦大学环境经济研究中心副主任
张 龙 宝钢集团经济管理研究院研究员

气候变化问题已经越来越受到包括中国在内的发展中国家的重视,而感到压力的同时,还有其中蕴藏的低碳经济的商业机会。那么对于中国而言,企业将承担起大量的节能减排责任,但是,如果能利用好气候变化带来的低碳经济的机会,对企业本身的技术提高和盈利能力都将产生深远影响。本期"圆桌"栏目就此问题进行探讨。

2 度:中国将面临更大的减排压力

主持人:17 国共同宣言最重要的成就,是就控制全球气候变暖的总体目标达成了一致:全球平均气温不应当比工业化前高出 2℃,即

"2度共识"。2度对中国来说有没有压力?

于宏源:欧盟不但在舆论上鼓吹全球平均气温不得升高2℃,还在实践上为实现2℃目标率先通过各种措施积极减排。"2度共识"不是现在才有的,只是各国看法不一,是2度、3度,还是1.5度?为了2度的目标,联合国政府间气候变化专门委员会认为需要将大气中温室气体浓度稳定在450ppm左右,发达国家到2020年应整体减排40%。一方面由于发达国家自身减排意愿下降,另一方面由于"2度共识"并没有相应的国际碳减排机制加以配合,所以发达国家将继续向发展中国家施压,发展中国家减排和能源发展问题将成为谈判的焦点。新兴发展中国家特别是中国将在气候变化谈判领域面临日益严峻的压力。

李志青:2度是全球共同消化的,与原来没有2度概念时对中国的压力差异不是很大。按照分摊的原则,我国没有明确的减排责任,但是我国可以确定一个减排的时间表,美国也会很清楚。2度的问题,发达国家的压力应该比中国大。

张龙:"2度共识"标志着控制全球气候变暖走出了重要一步。如果"2度共识"能够得以执行,将对哥本哈根会议具有重要指导意义。未来谈判中,发达国家不会放弃在2020年之前向发展中国家转嫁减排任务的企图,因此中国仍面临较大的减排压力。

钢铁工业是高能量密度的生产行业,属于二氧化碳排放大户。二氧化碳主要来源于高炉中焦炭和铁矿石之间的还原反应工艺过程。据国际能源署统计,钢铁行业排放二氧化碳约占全球总排放量的4%~5%,其中90%来自9个国家和地区,中国就身处其中。

学会在低碳经济中寻找商机

主持人:对于能源企业来说,是机大于危,还是危大于机?企业怎样利用气候变化带来的低碳经济的机会？

于宏源：对人类而言，气候变化是危大于机；而对企业来说，机却大于危。为了让发展中国家代替实现全球性减排的目标，发达国家一方面通过"气候变化牌"来限制发展中国家的高碳商品和产业，另一方面通过推广碳贸易和碳关税实现欧美低碳产业垄断全球市场的目的。发达国家也积极利用国际标准和规则占领和扩大环保市场。虽然说有挑战就会有机会，但我们总是想看到机会而忽略危机。能否抓住机会取决于中国的科技和经济等自我创新能力，而事实上这方面我们很落后。

全球碳市场和碳交易也会给中国企业带来商机。统计数据显示仅2007年全球碳交易为27亿吨，交易金额为280亿欧元，以后随着碳价格的上升交易金额还会成倍增长，显然碳排放权交易作为一项制度已取得了成效。

李志青：从长远来看，低碳经济的发展，政府仅能在低碳制度的建设上发挥作用，而其最终任务却必然落实到企业和消费者上。企业提供低碳化产品和服务，消费者则购买。目前，让消费者直接埋单来大力推动低碳经济发展的想法并不现实，而企业则有相对较高的经济承受能力、明显的信息优势和超前的环保理念，尤其是行业中企业经营的佼佼者，他们最有可能率先尝试低碳化经营参与新一轮的国际竞争，并从中胜出。

张龙：气候变化对于优秀企业应该是机大于危，企业通过发展低碳经济不仅可以直接实现碳减排、有效应对气候变化，同时以应对气候变化为核心的新能源和可再生能源以及相应的低碳技术创新可以成为企业新的经济增长点。企业应提高对碳资源价值的认识，积极参与碳交易市场，研究关注各种低碳金融衍生品，获取企业最大战略利益。

2008年1月，宝钢股份与英国瑞碳公司、瑞士信贷集团签署了宝钢分公司4JHJ发电机组《核证减排量买卖协议》。作为联合国清洁发展机制项目,未来 5 年预计可实现二氧化碳减排达 600 万吨。瑞碳和瑞信在此期间会向宝钢总体投资超过 6 000 万欧元,用于购买这一项目所减排的二氧化碳量。

技术进步成为必然选择

主持人:"2 度共识"的决策将会创造很强的需求,并带动相关技术进步,能源企业应该如何做出调整?

于宏源:气候变化使一些企业避免了某种锁定效应从而具有后发优势,因此气候变化对企业最大的挑战不是管理,也不是技术,而是战略,考验的是企业领导人的战略决策能力和风险承担能力。危机源于失衡,拉动经济走出泥潭的动力只能来自新的经济增长点,目前只能是以应对气候变化为核心的新能源和可再生能源以及相应低碳技术创新。对企业来说如何掌握此次机会,加快对相关核心技术的投资、掌握,进行战略再造将成为未来新一轮竞争高潮的焦点所在。因此中国必须采取措施促进大企业的经济进步,特别是技术进步。

李志青:由于技术障碍,高耗能企业在生产低碳化产品和服务的过程中,低碳技术工艺本身仍是其需要突破的重要领域,比如,汽车、钢铁等企业,在未来 10 年里必然面临来自低碳标准和国际竞争的内外多方面压力。

低碳经济的本质是一种收益型经济,完全有可能在低碳化的过程中引导需求,创造利润。首先,国际低碳标准下,低碳技术具备较大的应用范围和空间,在同行业企业的生产中有推广应用的价值;其次,低碳产品和服务价高质好,在高收入国家和地区有着较大的需求;最后,在低碳经济发展初期进行低碳化经营,有利于企业在参与制定行业低碳标准和指标的过程中获得产品和服务的"标准化租金"。由此,企业应侧重技术和制度创新,应对当前的低碳经济发展。

张龙： 就宝钢而言，世界上第一套熔融还原炼铁工业技术 COREX–3000 炼铁炉 2007 年在宝钢建成投产。由于减去了炼焦等工艺程序，污染物排放大幅减少，生产过程中产生的余能、余热、煤气等都得到综合利用。宝钢还通过固废综合利用实现碳减排。高炉水渣是钢厂的主要固废副产品，高炉渣主要含有石灰和硅酸铝，经过粒化可以 100% 回收再利用，高炉水渣的一个重要市场就是作为水泥生产中的原料。另外，炼钢转炉渣、电炉渣和尘泥等固废也可用于水泥行业和筑路而相应实现二氧化碳减排。企业今后应加强研究开发低二氧化碳排放的新的生产工艺流程，同时开展碳捕获和碳收集等新项目。

传统产业与新能源齐头并进

主持人： 是改进传统产业更有效，还是发展新能源更有效？

于宏源： 尽管从历史上看，能源领域的替代要花费很长一段时间，但新能源和可再生能源发展前景良好，新的以脱离化石能源为核心和标志的能源转型不可避免。但目前清洁能源还只是常规化石能源的一种补充，距离替代能源和主流能源还有很长的路要走。新能源和可再生能源虽受到重视，但存在诸多不确定因素，如技术和产业的发展、政策支持力度、社会认同及国际社会合作的程度等，而近期影响最大的当属石油等能源价格的走势。

目前出现的替代能源虽多在资源和环保等方面有较大的优势，但在效率和经济性等方面存在缺陷和不足，需要技术突破。不同行业应制定不同标准。而不是跟风，如美国大力推动新能源，我们未必一定照搬。

李志青： 节能肯定是最主要的，就是改进传统的产业，其实大部分传统能源企业已经开始行动，企业的嗅觉是最灵敏的。新能源的发展还是有问题的。新能源产业的发展任重而道远，肩负着应对气候变化、建设低碳经济的历史使命，但也不能操之过急，须注意发展有度，量力而行。

张龙：目前新能源的价格比传统行业价格相对高出许多，因此新能源还不能替代传统的能源行业。对于中国，煤电在未来很长时间内肯定还会存在而且占主流，所以仍要立足于提升传统行业的能效水平，同时要不断加大新能源的研发和应用力度。

低碳化经营应上升为国家战略

主持人：我国的低碳经济发展，除了以企业为主体通过技术等手段积极转型采取措施，政府应该做哪些工作？需要怎样的法律支持和制约？

于宏源：根据国家发改委能源所中国与全球温室气体排放情景分析模型组的研究结论，在战略层面上，能源与气候可持续发展将通过低碳社会发展目标和谐共进。新兴发展中大国要积极加强应对气候变化的法律法规、政策体系和管理机制建设，为企业低碳发展营造良好的制度环境、政策环境和市场环境。把政策激励和企业自身发展动力结合起来，使企业自身最终形成低碳技术发展模式并掌握低碳核心技术。2008年12月英国气候变化委员会向英国政府报告的碳预算方案就规定政府每个部门都必须负责碳减排，每项政策的碳效用都要得到评估，碳预算将在政府所做的每一件事和每个经济行业（包括能源、交通）都得以应用。

李志青：除了企业自身积极采取措施应对低碳经济发展之外，国家战略层面也应予以必要重视，就目前的形势来看，中央政府"外松内紧"地推动企业低碳化经营是较为可行的策略。包含两方面，一是在国际社会上通过谈判尽量为国内企业转型提供足够的空间和时间，国内高能耗企业必然向低碳目标靠拢，但在它们没有做好准备的情况下推行低碳指标和标准，必然损害市场竞争力，国家要为其护航；二是在国内社会通过立法、经济政策、舆论等手段营造低碳的市场氛围和技术环境，让有条件的企业率先开展低碳化的经营实践，分阶段地推动所有企业的低碳化转型，为最终符合国际社会低碳标准铺平道路。

　　上海气候变化工作室通过上述三场专题论坛和活动，为上海企业的低碳发展凝聚了研究成果，各位学者在气候变化国际法推动下的企业低碳发展、低碳经济发展与企业应对、气候变化与宝钢企业责任、气候变化中的企业责任、应对气候变化：企业责任？发展机遇？气候变化国际法的制度建设与科技创新、技术扩散、低碳经济成长与中国可持续发展等领域撰写了专业论文，从不同的角度针对上海的企业低碳发展建言献计，取得了良好的社会效果。

上海气候变化工作室第三次专题报告

企业环境责任与世博会协调共进的政策建议

■ 于宏源

随着全球应对气候变化越来越紧迫以及巴厘路线图和哥本哈根协议的不断推进，作为市场经济主体的企业，尤其是高度依赖石化燃料企业的未来生存和发展也开始受到越来越大的影响。一方面，由于国家为节能减排更快更好地向低碳经济转型，对企业产品的监管越来越严格，原料选择的范围越来越窄，随着近期可能实施的国内碳税也将使企业生产成本越来越高；另一方面，随着公众对气候变化感知的越发强烈，消费价值取向也发生了巨大变化。相当程度上人们已不再以高耗能、高排放的消费为荣。因此，当前日趋紧张的能源供应、直线上升的生产成本都对现今的企业生产模式和生产内容提出了根本挑战，迫使企业关注气候和环境问题。如果说政府监管和社会公众期望只是提供了一个外部压力，那么在世界各国竞相发展低碳经济，积极从事可再生能源、高能效技术及节能产品的开发与投资时，气候变化又为企业增添了一个新的竞争领域和舞台，那些拥有低碳技术和绿色形象的企业无疑将具有更强的竞争力和更美好的未来。

一、企业环境责任与世博会

世博会"城市，让生活更美好"提出环境变化中的城市责任，其概念进一步深化就是城市政府责任、城市居民责任和城市企业责任的三维分度，企业尤其是能源型企业和环境危机、气候变化息息相关。重视企业环境责任的建立与世博会应展开全面的协调共进。

1. 企业环境责任的提出与发展

企业和城市的环境责任早在 1999 年已被提出，在 1999 年 1 月达沃斯世界经济论坛年会上，时任联合国秘书长的安南就提出了"全球契约（Global Compact）"计划，该计划主要目的就是号召各公司遵守在人权、劳工标准以及环境方面的十项基本原则，而企业的环境责任问题无可争议地成为全球契约的核心。目前这一计划已实施将近 9 年并逐渐成为企业参与全球应对气候变化、承担环境责任的重要国际平台。关于应对气候变化的国际谈判对各国规制的减排温室气体的指标将无一例外地落到国内企业的身上，必须通过国内各排放主体（企业）的全面参与才能实现国家的政治承诺。我国虽然还未被以《联合国气候变化框架公约》和《京都议定书》等多边环境协议设置具体的减排指标，但是我国面临巨大的国际减排压力以及国内已经开始的大规模的节能减排行动，都无一例外地使企业必须直面环境责任的问题。

2. 企业环境责任与世博会的关系

在政府推动以节能减排为代表的企业环境责任的落实之外，上海应充分利用世博会的平台和拉动效应，深入宣传和积极推进企业环境责任的建立和实施，这不仅将促使上海企业乃至全国企业在世博会期间充分认识企业环境责任的重要性，同时，基于城市中的经济主体是企业这一前提，企业环境责任的尽快建立实施也会充分彰显世博会"城市，让生活更美好"的主题。上海作为国际经济和国内经济联结的桥头堡和全国环境发展的示范城市完全有必要通过世博会的形式向国内企业介绍宣传国际上的成功经验。这样做一方面可以向外界表明中国城市发展低碳经济的决心和意志，另一方面也是向中国居民表明中国城市积极承担责任的时机已经成熟，中国企业践行低碳未来的行动必须加速。

二、企业环境责任与世博会协调共进的政策建议

虽然已经有不少企业意识到了环境保护和气候变化问题的重要性，并且采取了相应措施，比如减少温室气体排放量、提高产品能效、使用可再生能源、在设计产品的时候考虑气候因素等等，但仍然有很多企业尤其一些能源型企业仍然没有意识到问题的严重性，甚至仍然质疑全球变暖的科学性和严肃性。能源作为经济社会发展的基础，如果能源型企业不承担环境治理和应对气候变化的责任，那么所谓的城市责任就只能成为空中楼阁。应充分利用世博会的平台推动企业环境责任的建立与实施，及早谋划企业环境责任与世博会协调共进的策略与路径。

1. 积极宣传"企业社会责任认证标准"

SA8000标准是全球第一个"企业社会责任认证标准"，它要求企业在获取合法利润的同时承担社会责任，对环境保护、劳动条件、工会权力、员工的健康和安全及员工的培训和薪酬等设立了最低要求。该标准的宗旨是"赋予市场经济以人道主义精神"，提倡企业承担社会责任主要是为了强化企业人性化的科学管理方式，促使其内部环境更加融洽，与周边自然环境和民众的关系更加和谐，这样既推动了社会的平稳发展也为企业谋求长远利益创造了条件。这一标准也正是上海世博会和谐发展理念的应有之意。

2. 结合金融中心建设，推动赤道原则

上海正在利用历史机遇展开国际金融中心建设，这与世博会的举办一样是国家发展战略中重要的环节。国际金融中心的建设必须关注已经广泛推行的国际金融领域绿色融资的"赤道原则"，从根源上促动企业环境责任的建立。赤道原则（the Equator Principles，简称EPs）

是由世界主要金融机构根据国际金融公司和世界银行的政策和指南建立的，旨在判断、评估和管理项目融资中的环境与社会风险的一个金融行业基准。当国内金融机构必须重视这一原则开展国际金融业务的时候，企业的环境责任就成了其获得融资的前提。因此，上海的国际金融中心建设与企业的环境责任建立具备了相互推动的基础。同时，世博会的平台亦可推动金融机构采用赤道原则从根源上促动企业环境责任的建立，同时促进世博会与国际金融中心建设的协调共进。

3. 全面推进国内企业环境责任的建立和发展

对于企业来说，采取环境对策、消除环境影响是企业履行社会责任的重要组成部分。对一个承担着完整的环境责任的企业来说，它对自身的要求并不仅仅局限于不污染周边的环境。就大的方面而言，它在保障生产过程不危害环境的同时应当注重研发无害于环境和人体健康的产品，还应当注重资源（水、能源、原材料）的减量利用和循环利用，尽量降低废弃物的产生量；另外它应当努力促使企业环境与周边自然环境相互融合，让人与自然的关系保持平衡和协调。在小的方面，鼓励员工使用公共交通工具、使用可再生办公用品、注意节水节电，这些看似琐碎的做法都是企业勇于承担环境责任的表现。更重要的是，一个具有环境责任感的企业家会时时叩问和展现自己的生态良心，尤其在他感到自己的产品有可能对环境造成损害的时候，会积极采取预防和补救措施。例如法国的一家汽车生产企业为减少汽车尾气排放对大气的影响，专门出资 1 000 万美元到巴西亚马逊森林遭到破坏的地区在 5 年之内种植了 220 万棵树木，因为重新生长的大面积森林可以吸收大气中过量的二氧化碳，从而减缓地球的温室效应。该企业把环保的目光不仅投向自己旗下的工厂的所在地，而且投向了世界性的环境问题，这种战略性的决策既有利于社会的发展又有利于企业自身的发展。因此，在国家节能减排规划之外，上海应充分借助世博会的长期拉动效应，探索超前性的应对气候变化、减排温室气体的技术和市场的开发和完善。以市场机制,让目前环境问题的主要制造者——企业自觉自愿地采取环保手段,承担环境责任,彻底根治环境问题。

4. 积极促进在华跨国公司环境责任的建立和发展

目前大型跨国公司已有85%以上在提交可持续发展报告时都重点论述了气候变化的问题,而且一些能源企业比如说英国的BP还在比较早的时候就设立了自愿减排目标,在公司内部建立排放贸易系统,并在2002年宣布决定提前9年实现了在1998年设立的自愿减排目标,现又提出了新的减排计划。上海最为全国最有活力的跨国公司所在地,不但为上海社会发展吸引了资金,更促进了就业和税收的提高。而跨国公司在中国的发展也必须建立企业环境责任。根据《OECD跨国公司行为准则》(2000年修订版)规定,"企业应以谋求可持续发展为前提,切实关注环境保护,鼓励竞争,反对垄断,抑制商业腐败等等。企业在生产和运营时,应遵循清洁生产的原则,同时承担对周边环境的保护责任,主要包括提高资源利用率、减少排放、推进循环经济三个层面"。因此,世博会应博览世界发展的主题下,推动跨国公司为自己影响人们、社会和环境的任何行为承担责任,及时认识到大量非绿色投资和企业行为对人和社会的危害,并尽可能予以纠正。促进他们放弃短视的当前收益,以获得积极的社会效益。

5. 实现世博会与企业环境责任建设的协调共进

世博会"城市,让生活更美好"提出环境变化中的城市责任问题。作为城市经济发展主体的企业必须重视被动接受环境的成本不断加大的压力和被淘汰的风险,通过承担环保责任将获得竞争优势的机会。因此我们需要针对企业目前的发展阶段制定相应的政策,鼓励它们在承担环境责任的同时获得竞争优势。如果一些大型耗能企业以及能源型企业能以先进技术、管理方法、服务理念及合作态度全面推动城市的可持续建筑、城市的可持续交通、城市的可持续生活以及清洁生产乃至循环经济，那么，环境变化的城市责任就有可能比仅有政府的推动、媒体的宣传更有实效，也更具有示范意义。因此，世博会大力宣传气候变化的企业责任尤其是能源型企业的环境责任是必要的，也是可行的。这将能促使世博会与企业环境责任建设实现协调共进。

总之，在应对以气候变化为代表的环境危机中，企业应该进入战略调整，应对新的挑战加大科研投入，重新设计产品和生产工艺流程，提前转换技术和产品，大力开展技术创新和管理创新，采用清洁生产和循环经济思路，提高资源利用率，节能减排。同时抓住机会，实现产品和产业结构调整，在全球分工的产业链环节上争取有利位置，赢取新的产业竞争优势。而世博会无疑将为这一主题提供发展的空间和平台。无论中国在后京都谈判上是否会承担强制性减排义务，作为一个负责任的发展中大国，中国一直以积极、务实、审慎的态度参与全球气候变化问题的国际合作，并发挥着重要的建设性作用。在这种背景下，上海为代表的城市应该也必须首先做好应付未来低碳发展的责任，显然在这一过程中中国企业尤其是能源企业的作为将起着不可或缺的基础性作用，而世博会无疑将成为整合这种发展的历史性地标。

上海气候变化工作室专家报告

气候变化国际法推动下的企业低碳发展

李威

气候变化问题正通过《联合国气候变化框架公约》和《京都议定书》等国际法规则设计的多边行动框架和减排机制在全球范围内加以应对。2009年年底在哥本哈根举行的公约第15次缔约方大会（COP15），讨论了2012年以后的全球减排问题，并出台《哥本哈根协议》。中国正在此国际法框架下全面参与《公约》和《议定书》的谈判，并于国内制定完善着以"节能减排"为核心的国家应对气候变化政策和措施。不论是目前发达国家减排承诺的实施，还是中国国内节能减排国家政策的落实，各国工业企业都将承担减排成本，高能耗的企业更是首当其冲。因此，企业需要站在全球发展战略的角度，重视相关国际法的规则变化，有预见性地把握国家应对气候变化战略和产业政策的未来走向，为保持同行业竞争力，真正实现可持续发展奠定基础。从企业的角度看，当前迫切需要关注的有两个相互联系的问题：一是国际法规制下"碳贸易"的发展空间以及对企业未来竞争力的影响问题。二是发达国家可能实施的"碳关税"对企业产品对外贸易的影响问题。

一、气候变化引发的企业低碳经济发展需求

（一）低碳经济发展的政策导向

为了应对全球气候变化，实现减少碳排放的目标，各国都开始了向低碳经济转型的战略行动，并已经开始从产业政策、能源政策、技术政策、贸易政策等方面进行了一系列重大调整。英国、日本等发达国家已经将发展低碳经济作为国家战略，欧盟则在低碳经济发展上形成了地区优势。美国、挪威、巴西、印度等许多国家也已经制定了相关政策、行动来推动低碳经济的发展。英国、美国等已经开始了相关立法行动。同时，英国、美国、日本、欧盟等纷纷制定自己的低碳技术发展规划。随着世界各地基于减排义务和自愿减排的各种地区和区域性碳排放贸易体系的陆续建立，各类碳排放贸易体系的整合，即全球性的碳市场的形成，成为未来的发展趋势，并将通过市场机制有效降低各国向低碳经济转型的成本。

（二）企业低碳经济发展的内涵与实质

低碳经济指的是依靠技术创新和政策措施，实施一场能源革命，建立一种较少排放温室气体的经济发展模式，以减缓气候变化。[①] 低碳经济的实质是市场经济的主体企业的能源效率和清洁能源结构问题，其核心是企业能源技术创新和制度创新，目标是减缓气候变化和促进人类的可持续发展。因此，企业低碳经济的核心内容包括低碳产品、低碳技术和低碳能源的开发利用，其基础是建立企业低碳能源系统、低碳技术体系和低碳产业结构，建立与低碳发展相适应的生产方式、消费模式和鼓励低碳发展的国际国内政策、法律体系和市场机制，实

---

① 庄贵阳："中国经济低碳发展的途径与潜力分析明"，载《国际技术经济研究》2005年第11期。

质是高能源利用效率和清洁能源结构问题。

（三）我国低碳经济发展的政策走向

丁一汇认为，中国低碳经济可能分两步走，即先是低碳经济，然后逐步使用新技术，能够逐步达到零排放和新的能源结构。邹骥指出，"中国今天正处于一个十字路口上，实现一个传统的发展路径向一个创新性的发展路径转变，发生这样的转变需要这样几个因素：一是需要研发技术、引进技术；需要体制的改革，正确的政策，人力资源和资金；二是要把市场上已经存在的低碳技术迅速加以推广；三是战略层面、政策层面、技术层面的合理规划也非常重要；四是要形成互利双赢的国际合作，联合进行开发、设计等"。①

二、企业低碳经济发展的国际法推动

通过市场机制有效降低各国向低碳经济转型的成本，是低碳经济发展最有效的途径，国际法正是基于以上原因，涉及了基于市场的碳贸易机制。但是在此类机制的运行过程中，由于国际法"共同但有区别原则"下各国减排义务的有无和程度不同，引发了搭便车、碳泄露和国际贸易中的公平竞争力问题，欧美以边境税调整为代表的碳关税的未来实施，都将在国际法的框架下，直接或间接地推动企业低碳经济的发展。

（一）碳贸易的产生发展

2005年生效的《京都议定书》规定发达国家减排温室气体（GHG）可以利用排放贸易（Emission Trading，ET）、联合履行机制（Joint Implementation，JI）以及清洁发展机制（Clean Development

---

① 中国环境与发展国际合作委员会，"低碳经济和中国能源与环境政策研讨会会议概要"，2007年5月。

Mechanism，CDM）三种灵活机制。① 使得市场化手段开始在全球范围内为提高"气候公共物品"的稀缺性资源配置的效率而发挥作用。ET机制规定公约附件一国家（有减排义务的发达国家）如果需要超过其被许可的排放量，可以从拥有富裕排放量的附件一国家以现货交易的方式购买"分配数量单位"（Assigned Amount Units，AAUs）。JI 和 CDM 机制规定公约附件一发达国家或其国内企业到其他国家投资具有减排效益的项目，东道国将项目产生的 GHG 减排量卖给投资方，而投资方以其折抵在议定书中的减排承诺。只是基于东道国是公约附件一中的"向市场经济过渡的国家"还是公约的非附件一国家（发展中国家）而分别设计为 JI 和 CDM。JI 下的项目减排量称为"减排单位"（Emission Reduction Units，ERUs），CDM 项下可交易信用规定为"核证减排量"（Certified Emission Reductions，CERs）。

中国以发展中国家身份参与了大量的清洁发展机制项目交易，截至 2009 年 12 月 24 日，国家发改委批准清洁发展机制项目 2 327 个。② 根据世界银行测算，到 2012 年，全球需要减少温室气体排放 50 亿吨，其中 25 亿吨来自境外购买，15 亿吨需要通过购买核证减排量实现。预计到 2012 年，全球碳交易市场容量为 1 500 亿美元，有望超过石油市场成为世界第一大市场，仅通过清洁发展机制中国就有望获得 18 亿吨的碳贸易份额，金额高达数百亿美元。③ 例如：2008 年 1 月，宝钢股份与英国瑞碳公司、瑞士信贷集团签署了宝钢分公司 4 号发电机组《核证减排量买卖协议》。作为联合国清洁发展机制项目，宝钢股份在

---

① Kyoto Protocol to the United Nations Framework Convention on Climate Change, Conference of the Parties, 3d Sess., U. N. Doc. FCCC/CP/1997/L.7/Add.1, Dec. 10, 1997.

② 参见中国发展与改革委员会清洁发展机制网，http://cdm.ccchina.gov.cn/WebSite/CDM/UpFile/File2401.pdf，[2009-12-25]。

③ 王江："中国 CDM 碳金融市场供需两旺背景下的市场供给空洞"，载《经济论坛》2009 年第 10 期。

建的 4 号发电机组未来 5 年预计可实现二氧化碳减排达 600 万吨。瑞碳和瑞信在此期间会向宝钢总体投资超过 6 000 万欧元,用于购买这一项目所创造的 CO_2 减排量。

(二) 碳贸易成本引发的碳关税争论

从 2006 年开始,承担减排指标的发达国家以应对气候变化是全球各国的共同责任为由,相继提出要在 2012 年后(京都议定书第二减排承诺期)对来自不承担气候变化责任国家的产品进口实施"边境调节税"(border tax adjustment, BTA)。在欧盟,相关提议出现在近几年来"欧盟竞争力、能源与环境高层工作小组"为欧盟委员会撰写的报告[1]、欧盟委员会关于修订欧盟碳排放交易体系的指令[2],以及欧洲议会的相关决议[3]等各类政策文件中。2008 年,美国也提出《气候安全法修正案》(Lieberman – Warner Climate Security Act of 2008, S. 3036),要求其他国家采取"相当的行动"进行实质性温室气体减排,否则美国将对进口产品进行贸易制裁,即向中国等一些国家的进口征收高额

---

[1] the High Level Group on Competitiveness, Energy and Environment, "Contributing to an Integrated Approach on Competitiveness, Energy and Environment Policies – Long term energy futures and investment in power generation and energy efficiency", Oct 30, 2006. http://ec.europa.eu/enterprise/policies/sustainable – business/files/environment/hlg/doc_06/second_report_30_10_06_en.pdf, [2009 – 06 – 05].

[2] Commission of The European Communities, "Proposal for a DIRECTIVE OF THE EUROPEAN PARLIAMENT AND OF THE COUNCIL amending Directive 2003/87/EC so as to improve and extend the greenhouse gas emission allowance trading system of the Community", Brussels, Jan 23. 2008, http://ec.europa.eu/environment/climat/emission/pdf/com_2008_16_en.pdf, [2009 – 06 – 20].

[3] European Parliament Resolution, "Trade and Climate Change". A6 – 0409/2007, [2007 – 11 – 29].

"碳关税"。① 最近两年,美国国会通过的几个气候变化法案②在提出实施全国性碳排放贸易的同时,也详细提出了要对第三国实施"边境调节税"的主张。2009年6月27日,美国众议院通过《清洁能源和安全法》(H. R. 2454),该法基于本国在实施"温室气体排放总量限制和交易制度"③后可能对本国产业的不公平竞争情况,要求不减排国家的产品向美国出口时必须购买"国际储备配额"(international reserve allowance)。④虽然该法全文没有"碳关税"这个词,但是一些美国官员和媒体将该法中的这一条款直接称为"碳关税"条款。这一规则违反了世界贸易组织关税减让承诺,引起了其他发达国家和中国、印度等新兴发展中大国的强烈反应,"碳关税"成为一触即发的国际贸易摩擦点。

20世纪90年代,经济合作与发展组织就提出了应对气候变化的经济手段,作为市场机制的"可交易的许可证"制度和作为行政机制的税收制度为各国促进减排提供了选择方法。⑤最近"碳关税"的提出并非偶然,其背后的原因正是国际减排温室气体的多边环境协定创设了"碳贸易机制",与此同时,以欧盟为主导的发达国家大规模运用这一机制后导致其国内企业成本增加,加上某些发达国家(如美

---

① Economics Focus, "Emissions Suspicions," *The Economist*, June 19, 2008, www. economist. com/ finance/displaystory. cfm? story id = 11581408,[2009 - 06 - 20]。

② Low Carbon Economy Act (S1766) and Lieberman - Warner, America's Climate Security Act (S2191)。

③ 2009年9月30日美国参议院在众议院气候法案的基础上公布了《清洁能源工作与美国电力法》(Clean Energy Jobs & American Power Act),将"总量控制与贸易(cap - and - trade)"的提法改为"污染控制与投资"(pollution reduction and investment)。其目的是避免将"总量控制与贸易"制度中的碳排放配额(allowance)理解成一个新的税种,而非改变这一制度本身。

④ American Clean Energy and Security Act of 2009, H. R. 2454, Aug. 17, 2009. http://energycommerce. house. gov/Press_ 111/20090701/hr2454_ house. pdf,[2009 - 06 - 30]。

⑤ 经济合作与发展组织:《国际经济手段和气候变化》,曹东、张天柱译,中国环境科学出版社1996年版,第1-4页。

国）和新兴发展中大国因不承诺减排或没有减排义务而使其国内企业不必负担这部分成本，造成承诺减排并实施碳贸易的国家以"公平竞争力"为主要诉求，提出了"碳关税"的主张。例如：由于美国退出了减排温室气体的《京都议定书》，同时，由于欧盟碳排放交易体系（EUETS）使得欧盟各国企业普遍增加购买 AAUs、ERUs 和 CERs 的成本，因此，2007 年，法国政府提出要对来自不承担国际减排义务的美国的产品征收碳税，以抵消法国参与欧盟碳排放交易体系而使法国企业增加的负担。欧盟更于 2008 年开始考虑对进口至欧盟的产品实施"碳限制"，表示要对不参与减排的国家出口至欧盟的产品课征"碳关税"，以消除欧盟成员国因为实施排放交易机制而必须额外负担成本所导致的不公平竞争。欧盟执委会也要求修改原"欧盟能源及气候计划"（Climate Action and Renewable Energy Package）[1] 草案，以强化并扩大实施欧盟碳排放交易体系为核心，针对 2013 年开始的欧盟碳排放交易体系第三阶段减排规划提出建议，其中提及不排除在 2013 年强制要求能源密集产品进口商，通过欧盟碳排放交易机制购买产品碳排放权的可能性，以降低"碳泄漏"（Carbon leakage）风险。[2] 欧美在提出其"碳关税"主张时都以"公平的竞争环境"（level competition field）[3] 为借口，实质上就是要回避其排放的历史责任，片面强调减排与贸易间的所谓公平。

---

[1] European Commission, "Climate Action and Renewable Energy Package", Jan 23, 2008. http://ec.europa.eu/environment/climat/climate_action.htm, [2009 - 05 - 20].

[2] 根据联合国政府间气候变化专家委员会（IPCC）的定义，"碳泄漏"是指《京都议定书》附件 B 所列国家（主要是发达国家）的减排将导致非附件 B 国家排放量增加，从而减少了附件 B 国家减排的环境有效性。

[3] Ian Talley and Tom Barkley, "Energy Chief Says U.S. Is Open to Carbon Tariff," The Wall Street Journal, March 18, 2009, http://online.wsj.com/article/SB123733297926563315.html, [2009 - 05 - 20].

三、企业针对碳贸易与碳关税的应对分析

世界钢铁协会于 2003 年 10 月首次提出评价钢铁企业可持续发展的 11 项指标。尽管总指标仅选择了 11 项,但吨钢 CO_2 排放量仍作为一项重要指标,反映企业发展对温室气体排放问题的特别关注。在这一背景下,企业仍旧是利益最大化的市场经济主体,可持续发展才是其参与应对气候变化的唯一动力。因此,企业,特别是高耗能企业,必须针对应对气候变化中伴生的碳贸易与碳关税问题加以研究,及时应对。

(一)碳贸易的继续发展

以宝钢的碳贸易实践为例,2008 年宝钢与英国瑞碳公司、瑞士信贷集团签署了宝钢分公司 4 号发电机组《核证减排量买卖协议》。作为联合国清洁发展机制项目,宝钢分公司 4 号发电机组未来 5 年预计可实现二氧化碳减排达 600 万吨。根据协议,瑞碳和瑞信在此期间会向宝钢总体投资超过 6 000 万欧元,用于购买这一项目所创造的二氧化碳减排量。企业的碳贸易实践需要在上述 CDM 基础上加强应对未来的研究和实践。

1. 继续发展在现行国际法体系下的收益性碳贸易

现行的国际环境法体系通过《京都议定书》为我国提供了不减排 GHG 的权利,使得我国工业企业不必为此削减产能或者增加减排 GHG 的成本。争取在未来碳捕获和碳收集(CCS)等技术领域研究新项目,更多地获得 CDM 的资金支持对企业发展非常重要。但是由于发达国家越来越不认同中国的发展中国家身份,未来通过 CDM 进行的碳贸易将越来越少。随着我国在国际应对气候变化机制的谈判不断进行,作为全球主要排放国的中国迟早会参与实质性减排。因此,应及时在国内层面推动建立和国际接轨的排放交易制度,而不仅仅局限于现行国际

机制下的"清洁发展机制",因为这一机制使中国以获取少量资金为代价实现发达国家减排承诺的同时,也在侵夺着中国的环境容量。因此,首先应建立国内的排放权交易市场和二级投融资市场,通过碳交付保险(Carbon Delivery Guarantee)、销售碳信用额度现金流的货币安排(monetization of future cashflows from sales of carbon credits)、富碳产品与营业的债权和资产安排(Debt and equity for carbon rich products and businesses)等市场金融手段促进碳信用的实现和碳市场的发展,①利用金融市场和工具为中国企业经济发展必需的产能和能源消耗及时谋取多边环境协定机制下的排放额度。

2. 预测未来国际法调整后企业可能面临的支出型碳贸易

2009年年底达成的《哥本哈根协议》并未达成2012年后的国际减排承诺。综合各方因素,中国有条件地参与CO_2减排的可能性非常大。目前,我国已经提出将碳排放强度减低至2005年标准的40%~45%。国家行动已经开始,不论未来国际协议为中国设置的碳减排指标是多少,都将落实到国内高碳产业,特别是钢铁企业头上,如果在短时间内无法降低企业能耗,那么,为了保障企业的产能,我们很可能要通过前述三种灵活机制,通过直接购买他国富裕的AAUs、或通过项目合作为企业产能必需的额外碳排放购买ERUs和CERs。支出性的碳贸易将是企业下一步关注的重点,而不是简单地通过减排项目进行收益性的碳贸易。

3. 企业可持续发展目标下通过自愿减排进行的碳贸易

即便我国政府为了经济发展不承诺减排,但作为特大型国有企业,不可避免的外向型经济发展模式也要求我们必须重视可持续发展下的企业社会责任问题。例如:2009年8月5日国内自愿碳减排第一单交

---

① 李威:"论国际法框架下碳金融的发展",载《国际商务研究》2009年第8期。

易在北京环境交易所达成,天平汽车保险股份有限公司成功购买奥运期间北京绿色出行活动产生的 8 026 吨碳减排指标(经北京环境交易所通过确认并正式挂牌),成为第一家通过自愿购买碳减排量实现碳中和的中国企业。目前,上海世博局与上海能源与环境交易所正在进行"低碳世博"自愿减排活动,企业的积极参与也将为自身可持续发展打下基础,也可能为将来承担减排预留抵消空间。

(二)碳关税的应对

由于我国国内生产总值增量普遍依靠国际贸易和投资,此类碳贸易限制措施必然成为我国政府和外向型企业关注的重点。我国目前的二氧化碳排放量中,大约有 7%~14% 是为生产出口美国的产品而产生的。在中国出口美国商品中,机电、建材、化工、钢铁、塑料制品等传统高碳产品占中国出口市场一半以上的比重,而这类高碳产业在我国国民经济中又占有很大比重,对这类产业进行全面低碳化升级改造面临着资金、技术等多方面约束,短期内无法实现。如果按照现行征收碳税国家每吨碳 10~70 美元之间的计税标准,若取中间值 30 美元/吨碳和 60 美元/吨碳两个等级的碳关税税率,前者将导致我国进出口总额下降 0.517%、而实施后者我国进出口总额将下降 0.869%。若以目前我国与美国的贸易额计算,征收 30 美元/吨碳的关税,将使我国对美国出口总额下降近 1.7%,上升为 60 美元/吨碳时,下降幅度增加到 2.6% 以上。①

1. 虽不符合国际政治和国际贸易宗旨的碳关税:亦不必谈虎色变反应过激

我国政府在第一时间提出:坚决反对利用气候变化之名推行贸易保护主义。"碳关税"虽不符合国际政治和国际贸易宗旨,但其实施

---

① 有关数据来源于上海财经大学刘小川教授研究课题《美国征收"碳关税"对中国经济的影响》。

在机制运行层面上几乎不可能,因此亦不必谈虎色变。首先,从技术性角度来看,要实施类似"碳关税"的贸易限制措施,必须以产品的碳足迹(Carbon footprint)为原则,包含产品物流、运输等由供应链所产生的二氧化碳量,都必须给产品制造商提供资料。只有明确区分出国内及国外商品,并区别产品是由哪一个贸易伙伴提供,才能在现行的贸易机制下实施碳贸易限制措施。然而,实际上此举并不可能,在全球化的今日,很多产品的零件来自不同的国家,根本无法实现大规模对商品进行碳估算的可能。① 其次,欧美实施碳贸易限制措施的主要依据是"碳泄漏"。但"碳泄漏"概念被赋予太多政治意义,成为欧美"不作为"的借口或者在气候谈判中要求发展中国家参与强制性减排的工具。最后,从美国法律的生效机制上分析,上述法案还要经过美国参议院修改后表决通过,② 再经奥巴马总统签署才能生效。这期间有关"碳关税"条款变更的可能性非常大。同时,即使能够完成所有的立法程序,依据目前的法案规定,如果中美一直未共同加入一项国际减排协议,则将在 2018 年后经总统授权才可针对我国实施"碳关税"。近 10 年的时间内,我国很可能已经加入国际共同减排的行列,因为我国很可能在 2020 年排放达到峰值后进入实质性减排行列,因此,那时我国将不再是此类措施的实施对象。③

---

① Terence Corcoran, "Carbon tariff trade war?" *Financial Post*, March 25, 2008, http://www.nationalpost.com/opinion/columnists/story.html?id=397658, [2009-05-25].

② 美国参议院已于 2009 年 9 月 30 日公布了参议院版本的气候法案:《清洁能源工作与美国电力法》(Clean Energy Jobs & American Power Act, S. 1733),美国国内称为 Boxer - Kerry 法案。该草案基本上是在众议院气候法案版本基础上撰写出来的。但其主体部分与众议院版本也有很多明显的不同。文本参见:http://kerry.senate.gov/cleanenergyjobsandamericanpower/pdf/bill.pdf, [2009-10-10]。

③ 中国已于 2009 年 11 月 25 日经国务院常务会议公开宣布:"到 2020 年我国单位国内生产总值二氧化碳排放比 2005 年下降 40%~45%,作为约束性指标纳入国民经济和社会发展中长期规划,并制定相应的国内统计、监测、考核办法"。

2. 钻国际法规则漏洞的碳关税：必须重视未来碳关税的实施及可能纠纷

虽然我国政府明确指出碳关税违反 WTO 规则和应对气候变化的国际环境法，但是，从国际法的规则深入分析来看，上述碳关税的实施恰恰在上述两套规则当中预留了合法的空间。因此，重视这些规则的研究，并为将来在 WTO 争端解决机制或者多边环境协定的机制下解决纠纷做好准备。首先，WTO 最惠国待遇原则存在例外规定，例如《关贸总协定 1994》第 20 条"一般例外"条款规定：为保护人类、动植物的生命健康所必需的措施可成为最惠国原则的例外。① "碳关税"的主张具备为人类生存利益而共同减排温室气体的环保理由。从 1995 年以来，WTO 争端解决机构先后审理的美国与委内瑞拉等国之间"汽油标准"贸易争端、美国与泰国等国"海龟－海虾"贸易争端、欧盟与巴西"废旧轮胎限制措施"贸易争端等案例，在不同程度上反映了上述思想。WTO 秘书处在其最近发表的《贸易与气候变化》报告中也引用大量文献分析了类似国内措施的合理性。② 因此，"碳关税"可能先在发达国家间运行起来后向发展中国家施压。从多边环境协定的角度看，《京都议定书》第 2 条为附件一国家提供了相当大的选择国内政策的灵活性，以满足其减少温室气体排放量的承诺。使一国以促进减排为由单方面征收"碳关税"，以削弱未参与减排的国家的进口商品的竞争力获得了国际环境法的认可。因此，类似诸如"碳关税"之类的碳贸易限制措施具有较大的实施可行性。

3. 企业的应对

"国家十二五计划"中将建立以低碳经济和新能源创新为核心的

---

① 曹建明、贺小勇：《世界贸易组织》（第二版），法律出版社 2004 年 9 月版，第 65 页。

② WTO and UNEP, "Trade and Climate Change," Jun 26, 2009, "http：//www.wto.org/english/res_ e/booksp_ e/trade_ climate_ change_ e. pdf, [2009 - 6 - 30].

未来五年的宏观发展规划，在进一步参与全球应对气候变化的国际治理机制的同时，保持国内经济高速、稳定地发展。但中国在积极推进减缓气候变化的政策和行动战略时，不仅应调整经济结构，转变发展方式，大力节约能源、提高能源利用效率、优化能源结构，也应避免成为低碳经济盲目发展的试验场，或者成为低碳经济产品的单纯消费市场，以便保障国家发展需要的环境容量供应以及传统能源安全。在应对气候变化的哥本哈根进程受挫，欧盟即将全面利用"碳关税"将贸易与气候变化问题挂钩的情势下[1]，随着《中国应对气候变化的政策与行动——2009年度报告》[2] 的发布，我国已经开始促使国内产业及早规划温室气体减排策略，以使政府能够掌握产业碳排放现状，从而利用"边境调节措施"等策略把握进一步拟定出口对策的方向。这些政策的制定和实施需要企业密切关注碳排放核查资料的国际标准制定进展，如：英国商品与服务生命周期温室气体排放计算规格草案（PAS2050）、温室气体盘查与减排认证（ISO14064/14065）、碳足迹计算标准（ISO TC207）等标准化制度等，[3] 促使企业及早规范相关标准并及时调整产业结构和发展低碳产品，以便从根本上应对未来针对中国的碳贸易限制措施的实施。

---

[1] Christian Egenhofer and Anton Georgiev, "The Copenhagen Accord – A first stab at deciphering the implications for the EU", *Centre for European Policy Studies*, Dec 25, 2009.

[2] 中国国家发展与改革委员会，《中国应对气候变化的政策与行动——2009年度报告》，2009年11月。

[3] PAS 2050 – Assessing the life cycle greenhouse gas emissions of goods and services, Apr. 20, 2009. http://www.bsi-global.com/en/Standards-and-Publications/Industry-Sectors/Energy/PAS-2050/PAS-2050-Form-page/Thank-you/, international organization for standardization: ISO/TC 207 15th Plenary Meeting in Bogota, Colombia. http://www.tc207.org/, [2009-05-20].

四、应对气候变化推动的企业低碳发展策略

应对气候变化的全球行动,已经促使社会经济发展的主体推动因素——企业,必须选择面向低碳的发展目标和效益增长模式,并在新的低碳转型中谋取新的增长点。这就需要企业综合面对应对气候变化的国际法和国内政策措施的协调。即本着参与合作的精神通过国际法的制度建设积极投入国际社会的减排浪潮中去,发现商机。又必须结合国家发展政策,有步骤有计划地实施企业的可持续发展战略,实现企业的低碳发展。

(一) 积极参与国家应对气候变化的政策制定过程

对于企业来讲,国家的产业发展政策至关重要,除现有的钢铁产业发展政策以外,企业也应积极预测国家低碳经济发展政策的走向,为促进企业低碳发展及早规划。一般来讲,国家低碳经济发展政策主要包括三个方面,一是提高能源效率和发展可再生能源,即不断提高企业能效,执行更高的产品标准,并将低碳能源技术应用于可再生能源发电中;二是建立温室气体排放贸易等市场机制,通过设定排放上限,依靠碳排放贸易来激励对提高能效和清洁技术开发的投资;三是设立碳基金,发挥政府在扶持和鼓励开发低碳技术领域的重要作用。[①]国家应对气候变化政策虽有比较完善的思路,但是随着国际政治经济形势的变化会随时调整。例如对"共同但有区别原则"的理解,中国参与减排 CO_2 的时机和时间问题,对钢铁等高碳行业的产业政策安排等。企业需要利用自身在同行业中的重要地位,积极协调与相关智囊及科研机构的合作,积极参与有关应对气候变化领域的国际会议,积极促进国内政策的导向和制定向有利于企业的方向发展。

---

① 赵娜、何瑞、王伟编译:"英国能源的未来—创建一个低碳经济体",载《现代电力》2005 年第 4 期。

(二) 加强企业技术进步,为企业承担减排 CO_2 的指标做好准备

按照可持续发展和循环经济理念,着力提高环境保护和资源综合利用水平。依照《钢铁产业发展政策》,节能降耗。研究显著降低钢铁工业 CO_2 和其他温室气体排放的新的钢铁生产流程。针对我国钢铁产业发展特点、降低能耗、提高能源利用效率、加大废钢重炼以及 CO_2 回收和资源化力度等,是我国钢铁工业 CO_2 减排的主要途径。以 POSCO 公司为例[1],开发新一代炼铁 FINEX(非高炉炼铁)技术、焦炉 CDQ 等节能技术利用、通过利用副产气体新设热合并发电设备减排、通过追加回收高炉炉顶压发电机的废弃能源在热轧厂采用液力耦合器节省电力消耗;高等级电工钢和高强度汽车板等绿色钢铁产品生产、超低价分离和处理 CO_2 技术和 H_2 还原炼铁技术开发、与政府达成 CO_2 的减排和节能自愿协议、参加国际钢协 CO_2 排放突破性研究项目和生命周期评估项目、与其他钢铁企业合作开发 CO_2 减排技术研究、推进新生、再生能源开发事业的投资,开发利用氢能、太阳能、风能等新能源技术、参与 CDM 体制等。[2]

(三) 以应对气候变化为核心,增强企业承担社会责任的力度

不论是《环境责任经济联盟原则》(CERES)、联合国全球契约(UNGC)、《OECD 跨国公司行为准则》(2000 年修订版),还是 SAI(SA8000) 与企业社会责任、ISO 与企业社会责任(ISO14000,ISO26000) 等社会责任的标准和认证,应对气候变化都是核心的责任内容。另外,一项最具代表性的"碳信息披露项目(CDP)"机制也越来越使全球企业必须关注并参与其中。CDP 是全球唯一收集企业气

---

[1] 2008 年 POSCO 被碳信息披露(CDP)国际委员会评为全球钢铁行业中最有能力应对气候变化的企业。

[2] 张龙:"应对气候变化 履行企业责任",宝钢与应对气候变化研讨会,2009 年 10 月。

候变化信息并为市场提供的非政府组织（注册号为1122330的英国慈善机构），联合国全球契约（特别是关注气候变化行动小组）已经展开与CDP的合作，其2009年的全球500企业碳信息披露报告已经出台，提出全球500企业已经达到82%的回应率，其中"碳信息披露领袖企业指数"（CDLI）代表了碳披露的范围和深度。我国企业要应对气候变化，绕不开认识、数据和路径三个问题。解决好这三个问题可以为后面的发展打下坚实的基础。企业以外的群体（譬如，政府、民间组织、公众）都可以运用各自的力量监督、推动甚至支持企业应对气候变化。我国政府也正以更积极、开放的心态看待气候变化，为发展低碳经济营造了有利的外部环境。因此，我国企业特别是高耗能的企业应在年度可持续发展报告的基础上，进一步增强企业承担社会责任的力度，为企业未来低碳发展谋取国际竞争力。

低碳经济发展与企业应对

李志青[*]

气候变化下全球面临环境挑战，传统经济收益日益递减，企业经营亟须在适应气候变化与技术进步上同步实现实质性突破，为此，企业必须开展技术创新和制度创新。同时，在欧美主导下的国际政治经济格局下，中国政府不仅要为企业向低碳发展的战略转型进行护航，采取国家行为保护企业利益，同时也要注意内部环境政策、经济政策上的适度调整，提高企业在气候变化领域的适应性，推动不同类型企业分阶段地实现低碳化目标。

---

[*] 李志青，复旦大学环境经济研究中心副主任，主要研究方向为环境经济。

一、低碳经济是收益型经济

低碳经济之所以可能成为未来人类经济发展的选项,既来自于气候变化的压力,更是因为它在经济增长上表现出来的推动作用。与以往各种致力于环境保护而提出的经济形态概念相比,例如生态经济、循环经济等,低碳经济不仅在目标上更为明确,以量化低碳的形式体现其操作性,它还在技术和经济上具备扩散性。从某种程度上来看,在200多年工业化发展的历史中,人类经历了无数的环境危机和挑战,但只有此次气候变化才是唯一一次真正意义上的全球性环境危机。这决定了所有克服气候变化的技术创新都将对生产和生活产生积极的普遍意义,而不再局限于一国、一地和一时的范围。由此,低碳经济的发展实际上是在保护和恢复至关重要的生产力源泉,其中任何有效的技术创新、制度创新和金融创新都将给全人类带来巨大的福祉。

二、企业是发展低碳经济的主体

由低碳经济发展的源头出发,我们可以清楚地发现低碳经济是典型的供给型经济,并非由需求推动。气候变化从历史上一个科学问题的论证演变为目前国际关系和政治问题的争论,再演变为未来低碳经济的发展,其路径具有明显的制度依赖,也就是说,约束社会经济发展的低碳化制度框架的确立将促使经济的低碳转型。从长远来看,低碳经济的发展,政府仅能在低碳制度的建设上发挥作用,而其最终任务却必然落实到市场两大主体之上,也就是企业和消费者。各行各业的企业提供低碳化产品和服务,消费者则购买低碳化产品和服务。在目前的情况看来,受限于产品成本、信息劣势与低碳意识几方面因素,让消费者直接买单来大力推动低碳经济发展的想法并不现实,而企业则有着相对较高的经济承受能力、明显的信息优势和超前的环保理念,尤其是行业中企业经营的佼佼者，他们最有可能率先尝试低碳化经营，参与新一轮的国际竞争，并从中胜出。

三、产业需求导向是企业低碳化经营的出路

企业在低碳经济发展之初必然面临多重挑战，其一是成本障碍，对于大多数企业而言，低碳化经营的直接要求便是节能（传统能源）和用能（新能源），在现行国家鼓励政策下，这两个方面虽然能够帮助企业节约电力和能源方面的开销，但其前提是必须在相关设施设备上进行一定前期投入，而且往往投资数额巨大，短时间内难以回收，最终必将反映到产品成本的提高上，给企业经营带来困难。其二是技术障碍，高耗能企业在生产低碳化产品和服务的过程中，低碳技术工艺本身仍是其需要突破的重要领域，比如，汽车、钢铁等行业企业，在未来10年里必然面临来自低碳标准和国际竞争的内外多方面压力，目前主流技术产品的低碳化仍然是未知数。其三是系统集成的障碍，在传统的技术环境下，企业低碳化经营面临着应用的困境，实际上，当前已经有一部分价廉物美的低碳化产品面世，但却无法大规模地投入市场使用，其原因便在于受到了传统技术环境的抵制，或是无法兼容，或是性能过高，LED便是最好的例证。

受以上因素影响，企业低碳化经营并非一路坦荡，其出路在于转供给导向为需求导向。正是因为大部分企业都将低碳化经营视为制度和标准约束下的被动供给行为，在较大程度上等同为履行社会责任，才给自身带了成本、技术和技术环境等方面的困难。实际上，低碳经济的本质是一种收益型经济，完全有可能在低碳化的过程中引导需求、创造利润。首先，国际低碳标准下，低碳技术具备较大的应用范围和空间，在同行业企业的生产中有着推广应用的价值；其次，低碳产品和服务价高质好，在高收入国家和地区有着较大的需求；最后，在低碳经济发展初期进行低碳化经营，有利于企业在参与制定行业低碳标

准和指标的过程中获得产品和服务的"标准化租金"。由此出发,企业应以行业内的需求为导向,侧重技术和制度创新,应对当前的低碳经济发展。

四、企业的低碳化经营应上升为国家战略

除了企业自身积极采取措施应对低碳经济发展之外,国家战略层面也应予以必要重视,就目前的形势来看,中央政府"外松内紧"地推动企业低碳化经营是较为可行的策略。这包含了两个方面的国家战略行为,一方面是在国际社会上通过谈判尽量地为国内企业转型提供足够的空间和时间,国内高能耗企业未来必然向低碳目标靠拢,但目前最缺的仍然是技术和时间,在它们没有做好充分准备的情况下推行低碳指标和标准,必然损害它们的市场竞争力,国家要为它们护航;另一方面是在国内社会通过立法、经济政策、舆论等手段营造低碳的市场氛围和技术环境,让有条件的企业率先开展低碳化的经营实践,分阶段地推动所有企业的低碳化转型,为最终符合国际社会低碳标准铺平道路。

气候变化与宝钢的企业责任

■ 李威

企业是社会的细胞,也是应对气候变化各项工作的落脚点和基石。然而企业似乎总是被动接受着环境保护的责任,例如节能减排指标的20%的完成,宝钢在厂区饲养梅花鹿展示了清洁生产的成果,但需要计入企业管理费用。环境责任不再只是简单增加了企业的成本,在全球化不可避免的现实情况下,企业有必要从国际角度,经由政策研究与国际法预测气候变化和企业责任的发展,为企业谋划可持续发展的未来。

一、国内法律和政策规范的企业环境责任

《中华人民共和国公司法》第五条:"公司从事经营活动,必须遵守法律、行政法规,遵守社会公德、商业道德,诚实守信,接受政府和社会公众的监督,承担社会责任。"《中华人民共和国循环经济法》和《中华人民共和国环境保护法》有专门条款规范企业的环境责任。此外,《环境影响评价法》、《节约能源法》、《水污染防治法》、《大气污染防治法》、《固体废物污染环境防治法》、《电子信息产品污染控制管理办法》及《深圳证券交易所上市公司社会责任指引》等法律也都有明文规定。

中国"十一五"规划纲要提出第一个节能减排战略目标,五年内单位国内生产总值能耗降低20%左右、主要污染物排放总量减少10%。目前已经提前完成。中国《应对气候变化国家方案》不仅进一步明确了应对气候变化的指导思想和基本原则,还提出了实现上述目标的重点领域的减缓和适应的措施和具体目标。国家应对气候变化领导小组暨国务院节能减排工作领导小组会议2009年6月5日在北京召开。宣布中国要把应对气候变化、降低二氧化碳排放强度纳入国民经济和社会发展规划,采取法律、经济、科技的综合措施,全面推进应对气候变化的各项工作。

这是中国在应对气候变化政策中的一个新发展。虽然没有宣布将降低二氧化碳排放强度纳入国民经济和社会发展规划的时间表,中国很有可能在制定国家"十二五"计划时考虑降低二氧化碳排放强度目标。那么企业面临的将不仅仅是节能和污染控制,减排 CO_2 将直接影响现有企业的生产。

二、企业环境责任——国际惯例的推动

企业社会责任(Corporate Social Responsibility,简称CSR)中企业

的环境责任（Environmental Responsibility Of Corporate Citizenship，简称 EROCC）越来越成为各国企业发展必须关注的问题。国际惯例推动了企业环境责任的发展。包括：《环境责任经济联盟原则》（CERES）；《联合国全球契约》（UNGC）；《OECD 跨国公司行为准则》（2000 年修订版）；SAI（SA8000）与企业社会责任；ISO 与企业社会责任（ISO14000，ISO26000）等。

目前，中国企业在环境责任承担方面，无论是在观念上还是在实践行动上，仍处在被动状态，常常是迫于政府和社会压力，产业链中跨国公司等合作伙伴的压力之下的非自愿举动，更多地将其看作消耗企业利润的减项，很少看到承担环境责任给企业带来的效益和竞争力，不少企业尚停留在追求利润最大化的传统企业理念阶段，忽视相关着利益最大化的现代企业理论。企业应当更新理念。随着社会经济的发展，社会和政府对环境的要求必然是越来越高，随着全球经济一体化的深入，环境保护一体化会最先出现，比如减少二氧化碳排放的《京都议定书》公布执行后，各国企业都将处于必须接受环境的成本不断加大的压力和被淘汰的风险，企业应该进入战略调整，实现产品和产业结构调整，在全球分工的产业链环节上争取有利位置，赢取新的产业竞争优势。并积极探索利用国际规则谋取新的利润增长点和成本减低点。

三、应对气候变化的国际环境法与企业责任

如果说企业环境责任更多是从社会可持续发展的角度通过国内法和政策以及国际惯例来实施的话，为各国共同应对气候变化危机而建立和发展着的国际环境法，不仅仅是国家参与的国际制度安排，例如各国承诺的减排指标，都将落实到各国所有的排放温室气体的企业头上。宝钢 2008 年与英国瑞碳公司、瑞士信贷集团签署了宝钢分公司 4 号发电机组《核证减排量买卖协议》，就是利用《联合国气候变化框

架公约》和《京都议定书》下的清洁发展机制项目,以碳贸易的形式实现了 6 000 万欧元的实际收入,并在五年内实现减排 600 万吨二氧化碳。因此,在当前气候变化成为首屈一指的环境问题的时候,企业必须熟悉国际法的发展情况,以便未雨绸缪。

《联合国气候变化框架公约》作为一个造法性条约。1997 年 COP3 通过的《京都议定书》,为议定书附件 B 国家的温室气体排放量做出了具有法律约束力的定量限制;《京都议定书》规定发达国家以 1990 年确立的排放量削减水平为基线,将于 2008—2010 如果 2009 年底在哥本哈根没有达成一份包括所有发达国家进一步减排的协议,就会对 UNFCCC 进程及其取得成果的能力提出严峻的挑战。中国企业是否会在 2012 年后承担减排 CO_2 义务,要看年底哥本哈根谈判是延续后京都规则呢还是重新达成哥本哈根议定书?国际国内迹象表明,我们减排 CO_2 是早晚的事!我们当前的重点是节能降耗,减排也只针对 SO_2,氮氧化物和一氧化碳等综合污染物。不涉及企业生产发展的直接影响,但是一旦国家承诺减排 CO_2,企业面对的就不仅仅是环境责任的道义要求了,这一问题甚至关乎企业生死存亡,是时候调整企业发展规划了,发展预案的建立非常必要。

四、碳信用、碳贸易与碳金融发展与企业的应对

《京都议定书》包括排放贸易机制(ET),确立了一种以排放减少或消除量为形式的新的商品。公约附件一国家如果需要超过其被许可的排放量,可以从拥有富裕排放量的附件一国家以现货交易的方式购买"分配数量单位 AAUs"。由于二氧化碳是主要的温室气体,此类交易被统称为"碳交易"。由于"碳"成了和其他商品一样受人们关注和交易的对象,"碳市场"就自然形成了。清洁发展机制是协助非附件一国家能够达到可持续发展,并协助附件一国家履行《京都议定书》之减量承诺,所获减量单位称为"核证减排量"(CERs)。京都

机制利用市场手段,以实现高效率的基础广泛地应对气候变化的经济模式。这些新兴市场从污染源交易中创造新的财富。通过确立包括成本、价格等因素的碳交易机制,以及不同类型的配额和排放减少信用,为各经济体创造新的发展模式并赢得竞争优势。AAUs、ERUs、CERs 等都属于可交易的碳信用范围,由于其归属分配和实际使用并非发生在一个时间点上,使得碳信用具备了金融衍生产品的某些特性,为国际金融充分介入碳交易奠定了基础。

宝钢已经从 4 号发电机组《核证减排量买卖协议》中获益,但未来 CDM 项目审批和交易都越来越受限制,这样的单向资金流动会越来越少,我们很有可能为了保障生产排放而需要向其他国家进行 AAU_s 的交易,也可能通过项目合作向别的国家输出 CDM。这些都可能增加企业运营成本。而企业是否能建立碳交易机构,及时谋划未来交易的利润点,或与上海能源环境交易所合作,为将来可能进行的能源环境交易规划蓝图,将可能最大程度的减低成本,甚至谋划利润。

五、美欧国内法设置的碳关税对世界贸易及国内生产的影响

国际法在国际贸易和国际环境领域有两条线的规则体系,由自由贸易的 WTO 规则和多边环境协定各自规范。但贸易和环境问题日益融合,出现了大量新的问题需要解决。美国众议院刚通过的能源与气候安全法,规定了将通过向不减排 CO_2 的国家的产品征收关税的条款。我们国家第一时间反对,认为违反了 WTO 的自由贸易规则。未来可能引发贸易争端。但是按照 WTO 争端解决机制和相关规则的规定,我们胜诉的可能性不大。原因如下:

(1) GATT20 条例外条款里面有规定,各国为保护环境而采取的措施可以作为 WTO 规则约束的例外。另外,WTO 秘书处在其发表的应对气候变化与 WTO 的报告中也谨慎地认可了碳关税的合理性。

（2）《京都议定书》第 2 条为附件一国家提供了相当大的选择国内政策的灵活性，以满足其减少温室气体排放量的承诺。使其单方面征收碳税，以削弱廉价进口商品的竞争力获得了国际环境法的认可。如果美国参议院也通过了《能源与气候安全法案》重新回到多边国际法框架内的话，美国的这一法律也获得了国际环境法的支持。

怎么办？不论年底是否通过新的国际协议，中国企业都面临必须减排 CO_2 的任务了，即便是年底哥本哈根会议没有为中国设置硬性减排指标，欧美国家也将普遍利用碳关税、边境税调整措施等合理规则挫伤中国产品的竞争力。

气候变化中的企业责任

■ 汤伟

气候变化已经经历了从科学问题到政治问题再到经济问题的三级跳，日益发展成为集合经济、政治、文化和社会发展综合性问题，透到经济活动、政策法规和社会大众心理的各个层面和各个环节，从这个意义上说气候变化成为公众话语体系和环保主义不可分割的一部分，成为影响当今世界如何共存的意识形态和合法性的重要来源，也对企业的生存和成长构成了道德上的、物质利益上、科学知识上的甚至法律意义上的多重压力。

面对这种压力，不同的企业做出了不同的选择，以埃克森美孚为代表的美国石油公司态度暧昧、行动迟缓甚至相当时间内组建利益联盟成为国际气候机制形成发展的主要障碍之一，而以 BP 和 Shell 为代表的欧洲石油公司不但全面接受了 IPCC 结论而且还主动公布了自身的减排计划，这充分说明欧美石油公司态度的差异某种程度上暗合了国家气候战略的差异，国家的态度、政策和行动会对企业构成重大影响。企业以盈利为目标但又不能仅仅以盈利为目标，还需要承担广泛的社会责任，面对气候变化以及随后为控制温室气体而进行的一系列努力带来的企业生产流程和行业环境的改变，企业尤其中国企业必须未雨绸缪，做好一些基础性工作。这些基础性工作主要包括及时更新国际气候机制谈判进展，了解国际气候机制的主要内容、具体机制和工作方式；国际气候机制各国减排安排以及随之而来的对企业的具体要求如产品含碳标准的提出，含碳标准的标识等等；了解行业先进企业的主要技术参数以及他们一些成功的做法和经验；仔细分解本企业所有产品每个环节温室气体排放并计算总量，找出管理上、技术上的减排潜力，根据ISO14064全方位塑造自身管理流程；对外向性企业而言，还得随时关注国外诸如美国碳关税、英国碳预算等主要贸易伙伴国的政策动向并进行适当的研究以便未来这些国家把政策一旦付诸实施尽可能取得主动；参与诸如CDM和碳贸易等国际气候金融机制的企业还必须尽快熟悉自己的贸易伙伴和中介公司，尽早掌握碳金融相关知识；当然企业要可持续地应对和适应气候变化，除外部情况了解还需在内部管理制度上做出改革，比如成立专门的独立的气候变化委员会，建立内部总量－排放权交易体系等等。

对人类而言，气候变化是危大于机；而对企业来说，机却大于危，气候变化实际上使某些企业避免了某种锁定效应从而具有后发优势，因此气候变化对企业最大的挑战不是管理上的也不是技术上的而是战略上的，考验的是企业领导人的战略决策能力和风险承担能力。危机源于失衡，拉动经济走出泥潭的动力只能来自新的经济增长点，这个新的经济增长点目前看来只能是以应对气候变化为核心的新能源和可再生能源以及相应低碳技术创新。对企业来说如何掌握这个千载难逢的把竞争对手拉回一线的机会，加大加快对相关核心技术的投资、掌握，以前人没有的勇气对企业进行战略再造将成为未来新一轮竞争高潮的焦点所在。

应对气候变化：企业责任？发展机遇？
——以我国大型钢铁企业为例

■ 赵加强

当前，金融危机与气候变化危机共同深刻影响着世界。今后一个较长的时期，应对两大危机将成为世界主要经济体以及经济体之间合作的主要任务，应对两大危机的过程也必将成为今后世界经济、政治格局重新洗牌的过程。国家的应对举措以及国家间的合作最终将落实为企业的行动。全球经济一体化让大型企业成为国家参与全球竞争的主体，而日益严峻的气候变化危机再次让大型企业，特别是高耗能大型企业成为焦点。

钢铁行业是全球温室气体的主要制造者之一，根据国际能源署（IEA）估计，全球约4%～5%的二氧化碳排放量来自钢铁行业，而世界钢铁协会（WSA）测算，2006年世界钢铁业的碳排放量占到当年全球的7%。钢铁工业是我国重要的支柱产业，也是节能减排最具潜力的行业之一。资料显示，当前中国钢铁业的碳排放量占全国总排放量的10%，占大城市的35%～40%。我国已成为世界最大的碳排放国，面临着越来越大的减排压力。过去一个时期，特别是"十一五"以来，中国大型钢铁企业开展了包括推进技术创新、实施科学管理以及开发环境友好型产品等系列节能减排工作，并为此投入了巨额资金，取得了显著成效，但无论是与行业国际先进水平相比，还是与我国节能减排的总体任务相比，中国大型钢铁企业仍任重道远。另一方面，哥本哈根谈判没有取得什么实质性的进展与成果，但有一点应当是明确的，那就是在后京都时代中国将会面临更大的碳减排压力。未来，留给中国的时间和空间只会更少。所以说，作为受这次金融危机影响最深的行业之一，中国的钢铁业，特别是大型钢铁企业，承载着经济回升与碳减排的双重使命。

近年来,能源、资源和环保已成为制约我国钢铁业发展的"三大瓶颈",铁矿石的"疯狂"也愈演愈烈。在这样的时空背景下,中国大型钢铁企业重新审视过去的发展道路,将应对"两大危机"与破解"三大瓶颈"通盘考虑,已显得非常必要而又迫切。

中国的大型钢铁企业应走出一条什么样的新型发展之路?奥巴马的新能源战略或许能给我们以启发。有专家评价奥巴马的新能源战略是"一石三鸟":一是创造就业岗位,应对金融危机;二是减少温室气体排放,应对气候变化;三是抢占新能源技术制高点,提升国家未来核心竞争力。因此,我认为,对于中国的大型高耗能企业,应对气候变化,与其说是责任,不如说是机遇。对于包括钢铁企业在内的中国大型高耗能产业应对"两大危机"的最好出路就是:化挑战为机遇,将应对气候变化的行动融入到企业核心竞争力提升的主战略中去,通过构建引领性的技术创新体系,转变传统发展模式,在应对全球气候变化中做大做强。

围绕这样一个思路,我提出三点具体建议:

(1) 在应对策略上,变被动应对,为积极引领。中国的大型钢铁企业虽然在节能减排上已经做了大量的工作,但为国家减、为社会减的色彩还很浓厚,还没有深刻意识到为企业自身发展而减、为企业未来发展而减的迫切性。另一方面,在减排的具体成效和技术水平上,中国的大型钢铁企业还只是做到了国内领先,距离国际先进水平还有明显差距,更没能做到引领世界。作为参与全球性竞争的大型企业,必须面向世界、面向未来及早谋划,将应对气候变化作为转变钢铁工业发展方式和竞争模式的重要契机,将提升产品竞争力与推进节能减排"两个目标"融合为一个目标,统筹企业、国内、国际"三个平台"上的有利资源,全面推进企业核心竞争力的提升。

(2) 在资金使用上,变投入为投资。投入与投资在理念上存在根本性不同。未来的钢铁企业竞争力，将不只决定于企业规模和产品品质，包括产品能耗、排放水平以及企业形象在内等的可持续发展因素将会越来越显著地影响到企业的竞争力。以投资的理念，将节能减排技术创新提升到与产品自身创新并重的高度，这必将极大地提升企业的资金使用效率。而事实上，按照《京都议定书》规定，在清洁发展机制（CDM）下，"碳"就是货币。同时，我国大型钢铁企业还可以通过参与和开发包括合同能源管理机制（EMC）在内的各种金融创新，拓展筹资渠道，不断提升企业节能减排能力。

（3）在技术创新上，化技术为效益。总结国内外钢铁企业的节能减排工作，任何成绩的取得都离不开技术创新。可以说，技术创新是高耗能企业应对气候变化的核心手段。企业是技术的发源地，更是技术的回归地。企业在继续加大技术创新的同时，应更加重视包括自有和引进技术的转化工作，并通过开展系统评价，不断提高技术转化效率。

气候变化国际法的制度建设与科技创新

李威

一、打破"杰文斯悖论"的路径：科技生态化

在全球文明发达史中，科技创新和经济发展已经被证明了其相互推动和相互促进的正相关性。然而，科技推动经济发展的同时，以气候变化危机为代表的生态环境恶化似乎不可避免。如何打破科技促动经济发展，经济发展又破坏环境的三角悖论，成为科技发展方向、经济发展模式和应对气候变化路径这三个主题必须认真审视和解决的问题。

（一）科技推动下的国际经济发展危机

市场经济体制的发展模式已被宏观经济学证明了价值，①而微观经济学为资源稀缺状态下如何进行最优选择提供了科学的路径。② 在市场经济制度的全球化基本完成后，以效率促进发展繁荣成为现代经济发展的首选模式。以提高生产效率为目标的科技创新直接引发了以工业革命为开端的科技革命，"效率"迅速为经济发展确立了无限增长的目标。继蒸汽技术革命和电力技术革命之后，以原子能、电子计算机和空间技术的广泛应用为主要标志的信息控制技术革命不仅极大地推动了人类社会经济、政治、文化领域的变革，而且也影响了人类生活方式和思维方式。然而，人类中心主义的发展模式使得促进发展的科技丧失了"中性"的特征，它已经不再是自然科学引导下探寻进步的纯粹工具体系了，科技进步向前发展的同时，往往会超脱人的控制而难以遇见其不利后果。③ 因此，科技推动下高效率经济发展的结果，造成了能源资源和生态资源的极大损害，致使不可再生的资源性产品耗费过度，以至于高效率下的社会经济发展模式出现了不可持续的发展危机。经济合作与发展组织于2008年3月5日发表了《OECD 2030年环境展望》，对2030年的经济和环境趋势进行了分析，并对应对主要环境挑战的政策行动进行了模拟研究，指出若不采取新的政策，人类面临的风险将不可逆转地损害经济增长、生存幸福所必需的环境

---

① ［美］杰弗里·萨克斯、费利普·拉雷恩：《全球视角的宏观经济学》，上海人民出版社2004年版。该书以基本的宏观经济理论表明了当今世界的各个国家是如何通过全球市场相互联系的。

② ［美］哈尔·R.范里安：《微观经济学：现代观点》，上海人民出版社1994年版。该书为理性经济人在资源稀缺状态下如何进行最优选择提供科学的路径并严密论证市场经济的基本信条——经济自由主义的合理性和有用性。

③ 克莱夫·庞廷：《绿色世界史：环境与伟大文明的衰落》，上海人民出版社2002版，第10页。

和自然基础。① 始自2007年的金融危机,正是作为世界货币的美元以其无限膨胀的信用为基础,借助信息科技所支撑的全球电子交易系统,肆意促使资产证券化并创造缺乏监管的金融衍生工具而造成的。以泡沫资本崩溃和经济衰退为代表的延续至今还未见底的全球金融危机,已经促使各国开始关注经济发展模式的转型。因为单纯追求效率理念下科技推动经济无限制发展的结果,必然造成经济波动的"跨时期无效率",② 也将促使经济危机周期性发生。

(二) 传统发展模式造成的气候变化危机

科技推动下的经济发展推崇效率优先,盲目重视效率的传统经济发展模式同时带来了巨大的生存危机,这就是以气候变化为代表的全球生态系统的恶化和灾难性的未来危机。"二十世纪中叶以来所观测到的大部分全球平均气温升高极有可能是由观测到的人为温室气体的增加造成的"。③ 而相应的气候变化都是"在类似时期内所观测的气候的自然变异之外,由于直接或间接的人类活动改变了地球大气的组成而造成的"。④ "自工业化时代以来,由于人类活动已引起全球温室气体排放增加,其中在1970年至2004年期间增加了70%。"⑤ 经济发展必然依托能源资源的消耗,而燃烧化石燃料释放的二氧化碳已经占导

---

① 经合组织至2030年环境展望:中文版摘要[M/OL].经合组织官方网,http://www.oecd.org/dataoecd/30/17/40203197.pdf,[2009-1-25].

② 杰弗里·萨克斯、费利普·拉雷恩:《全球视角的宏观经济学》,上海人民出版社2004年版,第2页.

③ 政府间气候变化专门委员会(IPCC),气候变化2007综合报告之决策者摘要[M/OL]. http://www.ipcc.ch/pdf/assessment-report/ar4/syr/ar4_syr_cn.pdf,[2008-10-02].

④ 联合国气候变化框架公约,FCCC/INFORMAL/84 GE. 05-62219(C),第1条第2款[M/OL]. http://unfccc.int/resource/docs/convkp/convchin.pdf,[2008-10-02].

⑤ 政府间气候变化专门委员会(IPCC),气候变化2007综合报告之变化原因[M/OL]. http://www.ipcc.ch/pdf/assessment-report/ar4/syr/ar4_syr_cn.pdf,[2008-10-02].

致气候变化的温室气体全球排放总量的一半以上。①"全球和地区各级都发生了前所未有的环境变化，并可能已达到临界点，而超过这一临界点就有可能出现迅速和越来越快、甚至是不可逆转的变化。这种前所未有的变化，是由于人类在日益全球化、城市化和工业化的世界上从事活动、导致货物、服务、资本、人员、技术、信息、主张和劳动力的流通不断扩张造成的。"② 已有足够的科学共识认为，由人类行为引起的气候变化对经济和环境构成严重威胁。必须要使现在与日俱增的温室气体排放尽快达到峰值，并在今后数十年内大大降低，只有立即采取持久的联合行动才有可能达到降低排放的目标。《联合国千年发展目标报告2008》中也将"确保环境的可持续能力，必须立即采取行动，抑制温室气体排放上升"作为其"千年发展目标"的第七个目标，敦促国际社会的重视和制度安排。但是，《全球气候风险指数2009》（Global Climate Risk Index 2009）评估报告通过对2009年全球气候风险指数的分析，揭示了国家受到气候相关损失事件的影响程度：由于受全球气候变化的持续影响，极端天气发生的频率和强度将会增加，可能阻碍实现千年发展目标的进程。③

（三）三角悖论的突破：科技创新生态化

如何减缓和调适日益显见的气候变化危机和正在肆虐的金融危机，必须将科技进步、经济发展、环境不可持续所组成的三角悖论打破。必须重新认识当前出现了重大问题的世界经济发展方式和国际社会治理模式，因为危机已经使得经济发展不可持续而面临必须的转型。而

---

① 联合国千年发展目标报告 2008 [M/OL]. http://www.un.org/chinese/millenniumgoals/MDG_Report_2008_CHINESE.pdf, [2009-2-12].

② 2010—2013年中期战略：环境促进发展之全球环境的现状和主要趋势 [M/OL]. http://www.unep.org/gc/gcss-x/download.asp? ID=470, [2008-5-25].

③ Sven Harmeling: Global Climate Risk Index 2009 [M/OL]. 德国观察网（GermanWatch）http://www.germanwatch.org/klima/cri2009.pdf, [2009-2-12].

转型需要楔入点,能否在治理全球气候变化危机的同时,检讨旧的经济发展模式,同时推动科技进步生态化为可持续发展服务,将为治理人类最严重的气候变化危机和当前经济发展危机提供全新的策略和发展路径。目前的全球经济危机可能给国际合作化解危机提供一个动力,那就是各国政府通过确立科技生态化目标,谋划促进可持续发展的循环经济和绿色经济,催生出能推动新一轮经济增长的"绿色科技"和"绿色产业",走低碳经济发展之路,实现经济转型,从而减缓气候变化并应对经济危机。诺贝尔经济学奖得主库兹涅茨这样定义经济增长:"一个国家的经济增长,可以定义为给居民提供种类日益繁多的经济产品的能力长期上升。这种不断增长的能力是建立在先进技术以及所需要的制度和思想意识之相应调整的基础上的"。可见,科技和法律将为经济增长提供可持续的途径。而"科技生态化"更将保护生态环境和促进经济发展的双重使命确定为技术创新的方向。同时,"科技生态化"必须经由法律设计制度才能实现可持续的目标。以气候变化为核心的全球环境危机又促使国际环境法必然成为这一领域最重要的制度体系。"各国在国际环境法的框架下将成为技术创新生态化的核心推动力和倡导者,其法律政策的制定以及管理与服务的能力和水平是实现可持续发展的关键;经济贸易全球化下的各国企业将作为技术创新生态化的实践者,将生态化技术的使用与企业利润结合而成可持续发展的根本保证;科技界则作为技术创新生态化的原创者,在各种机制激励下创造出优质的生态化技术是可持续发展的源泉。这一领域国际环境法的确立和实施都必须充分考虑如何整合和协调技术创新生态化中各种主体的作用。"[①]

---

① 王曦、赵绘宇:"论技术创新生态化的法律制度安排",载《当代法学》2004年第9期,第3页。

二、可持续发展的制度选择：国际环境法

在当今纷繁复杂的国际事务中，如果没有现实的金融危机，也许就没有任何问题比气候变化与日俱增的威胁更具有全球影响了。然而，减少温室气体排放的指标要求，使得各国都必须盘算本国的成本效益，从而造成国际有效反应行动的迟钝。为了我们共同的未来，也为了使全球进入新的繁荣的低碳经济，规制国际气候环境法律制度将成为应对全球气候变化的制度选择。

（一）应对全球气候变化的理性选择

1. 国际气候环境法律的规制

追溯1968年欧洲议会理事会通过的《控制大气污染原则宣言》，国际环境保护首创国际软法。1979年欧洲委员会通过《长程越界空气污染公约》和《议定书》又开国际环境保护硬法先河。经1972年《联合国人类环境会议宣言》，到1988年联大《关于保护气候的第43/53号决议》、1989年至1991年间联大《关于联合国环境与发展会议的第44/228、44/207、45/212、46/269号决议》，再到1985年《保护臭氧层维也纳公约》和于1990年调整和修正的1987年《关于消耗臭氧层物质的蒙特利尔议定书》以及1990年通过的第二次世界气候大会部长宣言，联合国最终以1992年《联合国气候变化框架公约》（以下简称《公约》）和1997年通过的《<气候变化框架公约>京都议定书》（以下简称《京都议定书》），全面确立了规制全球气候变化领域的国际环境法律制度。

2. 《公约》和《京都议定书》的国际法规则

《公约》作为一个框架性的造法条约，定义了"气候变化的不利影响"、"气候变化"、"气候系统"、"温室气体"、"库"、"汇"和"源"等法律概念，并原则性地规定了公约的目标、承诺、研究和系

统观测、教育培训和公众意识、缔约方会议、秘书处、附属科技咨询机构、附属履行机构、资金机制、信息交流、争端的解决以及公约的生效、保留等诸多问题。《公约》在附件一和附件二列出了发达国家和向市场经济过渡的国家的名单，明确规定了各附件所列国家按照"共同但有区别的责任原则"[①]承担具体承诺。《公约》规定每年举行一次公约缔约方会议（Conference of the Parties，简称COP），就公约的履行等具体问题进行磋商。自《公约》1994生效以来，缔约国谈判签署了《柏林授权书》、《日内瓦宣言》、《京都议定书》、《波恩协定》、《马拉喀什协议》、《马拉喀什宣言》、《德里宣言》等法律文件，而之后的国际谈判几乎全部围绕着《京都议定书》进行，使其成为了这一领域国际环境法的核心。而联合国政府间气候变化小组（Intergovernmental Panel on Climate Change，IPCC）科学家提供了以下清晰的证据：1992年《公约》所设定的目标即便能如期实现，也无法阻止全球变暖趋势及其引发的一系列问题，因此，原先规定的二氧化碳及其他温室气体的排放量尚需进一步削减。1997年气候公约第三次缔约国大会（COP3）通过的《京都议定书》规定发达国家以1990年确立的排放量削减水平为基线，将于2008—2012年间把六种温室气体的总排放量减少5.2%。参与《京都议定书》的发达国家已同意到2012年将温室气体排放量比1990年的水平降低5%。2005年2月16日，《京都议定书》正式生效，并成为国际法。同年，附件一国家要在履行《京都议定书》义务方面有实质性进展，并开始关于2012年后的第二轮义务的谈判。

  《公约》缔约方会议自1995年至今已经举行了15次会议。2007

  [①] 《联合国气候变化框架公约》在序言和第3条第1款等多处首次明确使用"共同但有区别的责任"（common but differentiated responsibilities）的概念，并通过规定相应的原则性措施实践着这一原则。

年达成的《巴厘行动计划》① 展开了《京都议定书》第二阶段（2012—2020）减排目标的谈判，这一轮谈判预计于 2009 年底的 COP15 哥本哈根气候大会结束。为使未批准议定书的美国加入多边谈判，这一进程一直存在两个谈判轨道，一是以《巴厘行动计划》为基础，展开"《公约》下长期合作行动特设工作组会议"（AWG – LCA）② 的谈判；二是围绕《议定书》进行"附件一国家进一步承诺特设工作组会议"（AWG – KP）③ 的谈判。然而，集全球期盼的哥本哈根国际法进程，却因"丹麦草案"、"基础四国共识"④、小岛国案文以及非洲案文的针锋相对，仅仅成就了一个不代表广泛一致的政治性

---

① See *Bali Action Plan*, Decision 1/CP. 13.

② See *Ad Hoc Working Group on Long – term Cooperative Action under the Convention*（AWG – LCA），available at http：//unfccc. int/meetings/items/4381. php，visited January 10，2010. 《公约》缔约方第 13 次大会（COP13 通过）的第 1/CP. 13 号决议（即巴厘行动计划）规定，AWG – LCA 应于 2009 年完成相关谈判并提交哥本哈根大会（COP15）审议，AWG – LCA 至今已召开了 8 次会议，但并未在 COP15 前达成各方妥协，根据 COP15 达成的 1/CP. 15 号决议，延长 AWG – LCA 的谈判机制至 COP16。See Unfccc，available at http：//unfccc. int/resource/docs/2009/cop15/eng/11a01. pdf#page = 3，visited January 10，2010.

③ See *Ad Hoc Working Group on Further Commitments for Annex I Parties under the Kyoto Protocol*（AWG – KP），available at http：//unfccc. int/kyoto_ protocol/items/4577. php，visited January 10，2010. 为谈判发达国家在京都议定书未来的承诺，《公约》缔约方于 2005 年 12 月成立上述特设工作组，并计划于 2009 年完成相关谈判工作。（AWG – KP）于 2009 年 12 月 15 日完成了《京都议定书》附件一国家进一步承诺特设工作组第 10 次会议的报告》（FCCC/KP/AWG/2009/17），see Unfccc，available at http：//unfccc. int/resource/docs/2009/awg10/eng/17. pdf.，visited January 10，2010. 2010 年 4 月 11 日，AWG – KP 公布了《经 AWG – KP 第 11 次会议通过的结论》（Conclusions adopted by AWG – KP at its eleventh session），指出："特设工作组同意继续在 2010 年按照其工作计划进行工作。"

④ 面对气候变化这个全球议题，2009 年 11 月 26 日 – 27 日，四国代表曾齐聚北京，共商这次气候大会上的基本立场，四国就开始被冠以"基础四国"的称谓。针对"丹麦草案"，基础四国领导人也于 COP15 期间达成了若干共识：首先，必须确保谈判围绕《公约》和《议定书》，而非一个新协议。其次，必须坚持"巴厘路线图"，不能弱化目标和期望。第三，《议定书》的法律效力必须继续是有效、可执行的。

宣言——《哥本哈根协议》（Copenhagen Accord）（以下简称《协议》）①。截止2010年3月，已经有包括中国在内的世界主要经济体和主要的二氧化碳排放国（除俄罗斯）正式批准了《协议》，②《协议》的落实和发展，将影响2012年前哥本哈根国际法进程的发展趋势。目前，国际社会仍通过密集的谈判试图在2010年的COP16墨西哥大会上完成预定的议程。谈判包括缓解和适应气候变化两方面内容，因为必须在这两方面同时采取紧急行动。核心议题包括资金和投资方面的激励、技术开发和转让（专业知识与技术在国家间、地区间共享）等。要使能源使用不造成温室气体排放，需要在能源供给与使用方面应用更加高效的技术，并向更清洁的可再生能源转变。为满足全球范围内对能源日益增长的需求，未来几年预计对能源项目将有大量的投资。《协议》经由美国和基础四国磋商后草拟文本并提交缔约方大会，③《协议》并未在缔约方大会上通过，只是在第"2/CP. 15号决定"中使用"注意到"来提及这一协议。④ 因此，《协议》本身属于未经全体通过的"政治宣言"，不代表缔约方的广泛一致性。⑤ 但《协议》在序言中明确指出"遵循《公约》的原则和规定"并认同双轨制的谈判模式，加之《协议》并未创设新的规则，其实质上成为在减缓、适应、资金和技术层面上延续《公约》和《议定书》双轨制谈判

---

① Copenhagen Accord. Decision 2/CP. 15, FCCC/CP/2009/11/Add. 1, 18 December 2009.

② See *China and India to Join Copenhagen Climate Change Accord*, NYTimes, available at www. nytimes. com/2010/03/10/science/earth/10climate. html, visited March 10, 2010.

③ See *Copenhagen Accord Politically Significant but Not Legally Binding*. U. S. Department of State. available at http: //www. america. gov, visited February 20, 2010.

④ 早在1996年《公约》缔约方会议第二届会议时，为重建《京都议定书》谈判的动力而草拟的《日内瓦宣言》也是采用"注意到"的方式被会议决议提及，但并未被缔约方会议通过。

⑤ M. Doelle, *The Legacy of the Climate Talks in Copenhagen: Hopenhagen or Brokenhagen?*. SSRN. available at http: //ssrn. com/abstract = 1535669, visited March 30, 2010.

的政治宣言。《协议》的达成还有望抛开无法调和的障碍,创设亟待解决的目前至 2012 年之间的共同和区别责任规则,将两轨谈判中各方都不愿纳入的议题归入其中,建成《协议》特别议题、《议定书》第二承诺期和《公约》远期目标谈判三轨并行的运行机制。然而,能否在 2010 年底达成有约束力的减排承诺,还存在诸多不确定因素。

(二) 国际环境法环境治理与经济发展的均衡

1. 国际环境法依托的可持续发展原则

自 1972 年开始,国际环境法逐渐从萌芽发展到较完备的规则体系。1972 年联合国人类环境会议召开,为"取得共同的看法和制定共同的规则以鼓励和指导世界各国人民保持和改善人类环境",会议通过了《人类环境宣言》和《行动计划》。1992 年联合国环境与发展大会,各国签署了《21 世纪议程》,开始建立可持续社会的全球性行动计划。会议还通过《里约环境与发展宣言》,开放签署《气候变化框架公约》和《生物多样性公约》。从此确立了世界各国在可持续发展和国际合作的一般性原则并制订了可持续发展和国际合作的战略措施。2002 年联合国可持续发展世界首脑会议又通过了《约翰内斯堡可持续发展宣言》和《可持续发展世界首脑会议实施计划》,促使所有国家都应提倡可持续的消费形态和生产形态,按照共同但有区别的责任的原则,推动各国政府、有关国际组织、私营部门和所有主要群体努力改变不可持续的消费形态和生产形态,实现"可持续发展"。①

"可持续发展"成为国际环境法创设的首要原则。依据"可持续发展"的文义探究它的本质,我们会发现国际环境治理预设了这样的前提,也就是包括经济增长在内的人类发展必须持续。《公约》第 2

---

① 可持续发展问题世界首脑会议的报告: 第一章第 2 号决议附件 [M/OL]. http://daccessdds.un.org/doc/UNDOC/GEN/N02/636/92/PDF/N0263692.pdf? OpenElement,[2008 - 10 - 02].

条明确规定:"本公约以及缔约方大会通过的任何相关法律文书的最终目标是根据本公约的相关条款实现大气中温度室气体浓度稳定在防止气候系统受到危险人为干扰的水平上。应当在足以使各生态系统自然适应气候变化,确保粮食生产免受威胁并使经济在可持续方式发展的时间范围内达到这一水平。"① 英国政府报告《绿色经济蓝图》的作者皮尔斯更直接声称:"可持续发展就是指人均消费、GDP 或其他发展指标要持续增长,或至少不能下降。"② 联合国环境规划署(UNEP)的《气候变化战略:制定 UNEP 2010—2011 年的工作计划》中也认为:"应对气候变化不应该影响到整体经济的发展模式。"③ 温家宝总理于 2008 年 11 月 7 日在北京举行的"应对气候变化技术开发与转让高级别研讨会"也明确指出:"必须坚持在可持续发展的框架下应对气候变化。气候变化是重大环境问题,但归根结底是发展问题。为应对气候变化而影响发展目标的实现不符合国际社会的共同利益。"④ 不难发现,在"可持续发展"原则下创建的国际环境法必将寻求环境治理和经济发展的双赢制度。"巴厘岛路线图"⑤ 扬起"遏制全球气候变

---

① 联合国气候变化框架公约,FCCC/INFORMAL/84 GE. 05 - 62219 (C),第 1 条第 2 款 [M/OL]. http://unfccc.int/resource/docs/convkp/convchin.pdf, [2008 - 10 - 02].

② David Pearce, *Blueprint* 3: *Measuring Sustainable Development*. London, Earthscan Publications, 8 (1993).

③ UNEP Climate Change Strategy: For the UNEP Programme of Work 2010 - 2011 [M/OL]. http://www.unep.org/pdf/UNEP_ CC_ STRATEGY_ web.pdf, [2008 - 10 - 02].

④ 温家宝:《加强国际技术合作积极应对气候变化:在应对气候变化技术开发与转让高级别研讨会上的讲话》[M/OL]. http://www.ccchina.gov.cn/WebSite/CCChina/UpFile/File352.pdf, [2009 - 01 - 03].

⑤ 2007 年 12 月在印度尼西亚的巴厘岛召开的联合国气候变化公约缔约方大会(COP13)达成的"巴厘岛路线图",确定在 2009 年前达成减缓气候变暖的新协议。除减缓气候变化问题外,还强调了另外三个在以前国际谈判中曾不同程度受到忽视的问题:适应气候变化问题、技术开发和转让问题以及资金问题。"路线图"还为下一步落实《公约》设定了时间表,即要求有关的特别工作组在 2009 年完成工作,并向《公约》第 15 次缔约方会议递交报告,这与《京都议定书》第二承诺期的完成谈判时间一致,实现了"双轨"并进。

暖,拯救地球路标"的大旗。同时,国际金融危机演化成的国际经济危机使得国际社会普遍呼唤经济的持续发展。虽然两大目标表面上可用"可持续发展的理念"加以弥合,然而《京都议定书》的谈判举步维艰[①]已经充分表明,没有实质性的制度规范和创新思维,不可能真正协调环境保护和经济发展这两大目标。

2. 国际环境法治理环境对可持续发展的影响

为避免气候危机的预期影响而确立国际气候环境法律,则不可避免地对经济产生现实影响,具体反映在经济福利和碳泄漏(Carbon Leakage)问题上。[②] 多数学者认为,附件一国家的减排行动通过国际能源市场变动影响各国经济福利的总体水平,会对国际经济的总体产生影响。[③] 曾有学者认为:减排行动将提高化石燃料能源的使用成本,而导致市场对能源的需求的下降,进而导致能源价格和全球能源贸易量下降。[④]但是,事实上由于能源需求的刚性和减排行动的停滞,以国际油价飙升为代表的能源供给短缺仍旧是目前能源市场的主题。同时,碳泄漏可能导致全球总排放量的上升,这也是发达国家要求发展中国家参与全球减排行动的一个最重要的理由。更为主要的是,碳泄漏会延缓发展中国家改良技术和调整不合理的能源结构的进程,对发达国家产生依赖性,最终对发展中国家可持续发展造成不利影响。另外,为尽可能有效地实施《京都议定书》,世界范围内的现值成本可能高

---

① 刘向:"'波兹南'发达国家没有诚意",载《文汇报》,2008年12月13日第5版。
② 碳泄漏是指《京都议定书》中附件一国家的减排会引起非附件一国家排放量的增长,它是《京都议定书》经济影响在全球环境上的反映。
③ 中英气候变化合作项目"省级决策者能力建设培训":第六章减缓气候变化的应对措施及其社会经济影响 [M/OL]. http://www.ccchina.gov.cn/source/ia/ia2003072107.htm,[2007 - 10 - 08]。
④ 陈迎:"《京都议定书》的生效及其影响",载《2002—2003年:世界经济形势分析与预测》,社会科学文献出版社2003年版,虽然这一观点的结论被现实所证实(2008年12月中下旬国际油价已经降至40美元左右),但是,能源资源价格下降只是金融危机的后果,和减排没有直接的联系,况且国际减排行动的谈判目前仍处于停滞状态。

达 8 000 亿到 15 000 亿美元，而收益值约为 1 200 亿美元。① 甚至有研究表明，如果全面履行《京都议定书》需要花费 7 000 亿美元。② 许多表象甚至数据都似乎说明国际气候环境治理必然对国际经济发展产生消极影响。

3. 科技推动下环境治理和经济持续的均衡

为了全球环境权益的实现而规制的国际环境法，虽然会影响经济的绝对增长，但是选择牺牲经济增长的零增长模式，并不能以改变实际经济活动水平的方式切实减少温室气体的排放。③ 因此，纯粹为保护环境而牺牲经济发展成了舍本逐末的策略选择。但是有学者对全球经济主义进行反驳，认为人类发展的幸福需要并不绝对依赖于经济增长，仅当物质匮乏，人的基本需要得不到满足时才主要依赖于经济增长。在人们的基本需要得到普遍满足的社会条件下，人们生活得幸福不幸福，更多地依赖于财富分配的公平。④那么，为实现公平正义价值观下的全球环境权益和效率价值观下的持续发展，找到环境治理和经济持续发展之间衡量的均衡点，将改变纯粹的经济增长模式并同时获得环境的改善，这恰恰为国际气候环境领域达成国际协议提供了契机。依据公平原则⑤规制国际气候环境法律，虽然要在不同主体间耗费成本，但实质上成为促进国际经济发展的次优选择。引导科技面向可持续发展的原则，通过科技创新发展清洁能源的技术措施，将达到在取得经济增长的同时减少能源的消耗的目的，也就是实现经济增长总值

---

① 吴巧生：“论全球气候变化政策”，载《中国软科学》2003 年第 9 期，第 17 页。

② William D. Nordhaus and Joseph G. Boyer, *Requiem for Kyoto: An Economic Analysis of the Kyoto Protocol*" The Energy Journal, Issue 22. 93 (2001).

③ 鲁传：《资源与环境经济学》，清华大学出版社 2004 年版，第 172 – 173 页。

④ 中国社会科学院环境与发展研究中心：《中国环境与发展评论（第二卷）》，社会科学文献出版社 2004 年版，第 480 页。

⑤ 杨兴：“有关国际气候环境法律的公平原则及其价值”，载《气候变化框架公约研究——国际法与比较法的视角》，中国法制出版社 2007 年版，第 221 – 238 页。

与温室气体排放之间非直线线性变化。① IPCC 的《2007 综合报告》对减排造成的 2030 年和 2050 年的全球宏观经济成本进行估算后表明："如果到 2050 年相对于稳定在 710 ppm 和 445 ppm 的 CO_2 当量，减缓的全球平均宏观经济成本相当于平均每年全球 GDP 下降不到 0.12 个百分点。"②这一研究成果为促进国际谈判实现妥协提供了依据，也为世界各主要国家的策略选择提供了参照。③《经合组织至 2030 年环境展望》的中文概要也显示，应对今天面临的主要环境挑战，既是技术上可及的，也是经济上可行的。通过一些具体政策行动组合，某些关键性环境挑战可以得到处理，所付成本仅略高于 2030 年全球国内生产总值的百分之一，使至 2030 年的平均国内生产总值年增长率降低约 0.03 个百分点。④ 可见，单纯依据国际环境法治理环境危机将影响经济发展，而旧有模式下的经济增长又必然造成环境危机，只要以科技推动经济朝向可持续的发展方向，将促使环境治理和经济持续达到均衡。

三、制度建设与创新理念：国际环境法发展的科技生态化目标

在气候变化领域，当拯救地球未来和维持经济可持续发展成为并

---

① 但是在目前技术条件下，经济增长与温室气体排放空间的逆向变化大趋势是不可改变的。《京都议定书》及气候艰难谈判，清楚表明了各国能源消耗总量与其 GDP 刚性的正相关。IPCC 的《2007 综合报告》之"决策者指南"表明："开展低碳技术增加成本的融资是重要的。没有大量的投资流动和有效的技术转让，或许难以实现大规模减排。"

② 气候变化 2007：IPCC 第四次评估报告 [M/OL]，http://www.ipcc.ch/pdf/assessment-report/ar4/syr/ar4_syr_cn.pdf，[2008-03-12]。

③ 例如中国于 2008 年 10 月发布《中国应对气候变化的策略与行动》，呼吁发达国家拿出国内生产总值（GDP）的 1% 帮助较贫穷国家减少温室气体排放，因与 IPCC 报告数据差距很大而不可能成为合适的谈判要价。

④ 经合组织至 2030 年环境展望之中文概要 [M/OL]，http://www.oecd.org/dataoecd/30/17/40203197.pdf，[2008-03-12]。

行不悖的目标时，依托科技进步而创新的国际环境法规则必然成为国际政治谈判的中心。当前的金融危机固然影响了应对气候变化技术研发和资金支持，但同时金融危机将促使全球调整经济结构，调整方向将向低碳经济的方向发展，从而更有效地推动各国在国际环境法的框架下，实现有利于应对气候变化的技术不断进步。

（一）科学支撑下的国际环境法创立

在可持续发展的目标框架下，科技创新被引导向降低单位生产的能源消耗以及开发清洁替代能源的方向。不论是不断深入的应对气候变化的自然科学研究，还是以《京都议定书》等国际法规则下应对气候变化的国际减排安排，或是大量政府间或非政府间组织的协调和部署，科技创新已经成为完成可持续发展目标最有力的促进因素。

1. 气候变化问题科学研究的价值

1992年世界科学家联合会发起1 575位世界顶级科学家签署了"世界科学家警告人类声明书"，认为"人类的活动给环境资源造成了严重的、不可挽回的破坏，……要想避免这种发展模式带来的冲突，就必须进行根本的变革。"[①] 对气候变化问题深入的科学研究直接催生了国际环境法并使其发展完善。不论是1972年联合国人类环境会议、1992年联合国环境与发展大会、2002年联合国可持续发展世界首脑会议的成功召开，还是以《公约》和《京都议定书》为代表的一系列国际环境法规则制度的签署和完善，抑或联合国环境规划署、联合国可持续发展委员会、政府间气候变化委员会等国际组织和机构的运行，都离不开自然科学领域研究成果的支撑。由于国际环境法的完善发展需要各主权国家的积极参与，这一领域的科学研究更是起到了为各国决策者提供科学依据的重大作用。例如，美国国家科学院的国家研究

---

① John Bellamy Foster, John Jermier and Paul Shrivastava, *Global Environmental Crisis and Ecosocial Reflection and Inquity*, Organization & Environment, 5 – 8 (1997).

理事会地球生命研究部气候变化科学委员会于 2001 年 6 月 6 日向白宫提交了一份关于气候变化科学问题的咨询报告,该咨询报告承认在全球变暖问题上仍然存在一些不确定性,如关于自然变化对全球变暖的作用有多大等观点。上述科学研究的结果直接导致美国布什政府以科学的"不确定性"为理由不履行温室气体减排的国际义务。而美国《国家科学院学报》在 2008 年 2 月份发表的一份评估报告《地球气候系统的引爆点》(Tipping elements in the Earth's climate system)对影响未来气候系统发生变化的、具有多米诺骨牌效应的关键临界因素进行了分析,提出了严峻的未来气候变化挑战。这份由多国气候专家联合发布的研究成果总结了可能使地球进入危险状态的因素。科学家认为这些因素的变化一旦突破"引爆点",就可能成为"压死骆驼的最后一根稻草",引发更为严峻的气候系统变化,并带来不可逆转的影响。① 随后,美国气候变化科学计划(CCSP)于 2008 年 5 月发布《美国全球变化影响科学评估报告》(Scientific Assessment of the Effects of Global Change on the United States)。2008 年 6 月 25 日美国国家情报委员会(National Intelligence Council)联合美国 16 个国家级情报机构,发布了《2030 年前全球气候变化对国家安全的影响》(National Intelligence Assessment on the National Security Implications of Global Climate Change to 2030)报告,对全球未来的气候变化可能对美国的国家安全产生的影响做出国家情报评估。② 上述科学研究的成果直接促成了美国奥巴马新政府试图加强在这一领域国际合作的科学动因。

2. 科技促进环境治理的国际环境法宏观制度安排

1992 年联合国环境与发展大会通过的《21 世纪议程》专章讨论

---

① Tipping elements in the Earth's climate system [M/OL]. Proceedings of the National Academy of Sciences. http://www.pnas.org/cgi/reprint/105/6/1786.pdf,[2008 - 11 - 28].

② Energy Independence and Global Warming [M/OL]. Director of National Intelligence. http://www.dni.gov/testimonies/20080625_testimony.pdf,[2008 - 11 - 28].

了"科学和技术界"在促进全球可持续发展中的地位和作用,有针对性的将科技界、公共决策者以及公众的关系进行全面的剖析与整合,以促进科技在可持续发展中的作用。《公约》(UNFCCC)第四条第五款明确指出:"附件二所列的发达国家缔约方和其他发达缔约方应采取一切实际可行的步骤,酌情促进、便利和资助向其他缔约方特别是发展中国家缔约方转让或使它们有机会得到无害环境的技术和专有技术,以使它们能够履行本公约的各项规定。"2002年《可持续发展问题世界首脑会议行动计划》要求各国在农业、能源、化学工业、水资源、海洋、防灾减灾、气候、生物多样性、森林、矿业、卫生和环境监测等领域里发展新的、对环境无害的技术。国际能源署(IEA)2006年通过《能源技术展望:2050年的情景与战略》的研究报告,阐述了关键能源技术的现状和前景,并对其潜力进行了评估。此外,报告还对这些技术实施过程中可能遇到的障碍、壁垒进行了概述,并提出了相应的解决措施。报告预测了到2050年有助于改变CO_2排放现状的关键技术及其贡献,指出能源效率、CO_2的捕获与封存、可再生能源、核电等技术可能有助于实现全球减排目标。报告提供了详细的技术和政策分析,有助于政策制定者提出可持续的能源解决方案。[①]2007年底达成的"巴厘岛路线图"中强调,必须重视减缓、适应、技术开发和转让、资金四大问题。会议各方达成协议,技术转让专家组负责在接下来两年内设立机制,以推进大规模的环保技术转让,这对于全球尤其是发展中国家至关重要。由于能源技术内在的战略利益,技术转让议题极具政治敏感性。在当前的气候谈判形势下,需要一个面向技术转让和技术进步的政策机制,超越现有的技术转移障碍,促进技术的转让。所以,为了能够使相关技术政策机制发挥更显著的作

---

① Energy Technology Perspectives:Scenarios&Strategies to 2050 [M/OL]. http://www.iea.org/w/bookshop/add.aspx? id = 255,IEA [2008 - 11 - 28].

用,需要在《京都议定书》或者《公约》下设立一个新的完备的政策体系。①

3. 科技创新支撑下的国际环境法实施机制

应对气候变化领域最重要的国际环境法就是《公约》和《京都议定书》。依据《公约》第九条建立的附属科技咨询机构,负责就与公约有关的科学和技术事项,向缔约方会议及其他附属机构及时提供信息和咨询;就有关气候变化及其影响的最新科学知识提出评估;就履行公约所采取措施的影响进行科学评估;确定创新的、有效率的和最新的技术与专有技术,并就促进这类技术的发展和转让的途径与方法提供咨询;就有关气候变化的科学计划和研究与发展的国际合作,以及就支持发展中国家建立自生能力的途径与方法提供咨询;和答复缔约方会议及其附属机构可能向其提出的科学、技术和方法问题。

1997 年 COP3 通过的《京都议定书》,为《公约》附件一国家(发达国家与前苏联东欧经济转型国家)的温室气体排放量做出了具有法律约束力的定量限制;规定了公约附件一缔约方之间的联合履行机制(Joint Implementation,JI)、附件一缔约方与非附件一缔约方之间的清洁发展机制(Clean Development Mechanism,CDM)和附件一缔约方之间排放贸易(Emission Trading,EI),为各国(特别是发达国家)可以采用成本效益最佳的方式来削减排放二氧化碳开创了灵活机制;为促进工业化国家履行温室气体的减排义务而确立吸收汇机制,允许工业化国家通过造林和再造林等成本较低的活动来折抵部分温室气体的减排量;为解决发展中国家履约所需资金而设立资金机制;为确保缔约方履约,减少或杜绝不遵约的情况而设立遵约机制。《京都议定书》规定发达国家以 1990 年确立的排放量削减水平为基线,将于

---

① 裴卿:"应对气候变化的国际技术协议评述",载《气候变化研究进展》2008 年第 9 期,第 261 页。

2008—2012年间把六种温室气体的总排放量减少5.2%。参与《京都议定书》的发达国家已同意到2012年将温室气体排放量比1990年的水平降低5%。2005年2月16日,《京都议定书》正式生效,并成为国际法。同年,附件一国家要在履行《京都议定书》义务方面有实质性进展,并开始关于2012年后的第二轮义务的谈判。《京都议定书》规范的减排计划和灵活机制的实施,既是科技创新的成果,更需要依托科技创新来实现。根据"共同但有区别的责任"原则,发达国家有责任通过各种途径,如清洁发展机制(CDM)约束其温室气体排放量。在这种背景下,发展中国家可以通过国际合作机制大力引进先进技术,利用高新技术改造传统产业,推动产业升级和结构调整,提高整个国民经济的综合效率。以清洁发展机制(CDM)为例,CDM项目下的方法学问题就为各国参与市场化的减排合作提供了科技促进的途径。

(二)科技促进下的国际环境法发展

1. 应对气候变化的全球科技合作

由于气候资源的全球公共物品属性,应对气候变化必须经由全球合作。为了达成政治合作的目的,科技领域的合作成为国际社会实现减排目标的首要选择。IPCC报告指出,要达到减排目标,就要迅速提高现有和新的低碳技术的开发和部署。2009年《公约》(UNFCCC)的第十五次缔约方会议(COP)将在哥本哈根召开,在既有的国际环境法框架下,为了减少排放、适应气候变化,国际社会必须齐心合力,建立一个行之有效的创新和技术合作框架。而从发展趋势看,新能源、气候变化、环境保护、空间探索与利用、生命科学等过去纯科学领域,都已成为国家间外交与技术合作的重要内容。[①] 联合国环境规划署

---

① 万钢:"当前科技发展与改革的主要进展、问题及对策",载《科技与法律》2008年第2期,第6页。

"理事会暨全球部长级环境论坛"于2004年12月4日通过了《巴厘技术支持和能力建设战略计划》,要求通过政府间合作的手段,建立有利于创新和研制、转让和传播技术的良好环境,促进所有相关的合作伙伴、包括私营部门的参与,以此制定出一项增强技术支持与合作的有效战略。环境署应使其技术知识和能力建设活动能够在联合国系统内广泛传播。①IPCC于2007年发布的第四次评估报告就通过分析长期(2030年后)温室气体的排放情景、减排潜力、成本范围,以及稳定大气温室气体(GHG)浓度水平的可能选择,认为在2030年以后将温室气体浓度稳定在较低水平的成本并不高,但需要国际合作,采取一致行动。②但是国际合作往往被各国冠以提高国家竞争力的前提而有失偏颇。例如"第三代环保主义(E3G)"和英国皇家国际事务(查塔姆)研究所的联合报告《创新和技术转让:全球气候变化解决方案框架》中提到,"发达国家需要改变其国家战略创新选择优先级别,以促进低碳创新科技的国际合作,发展中国家需要有效的科技创新系统,而非简单的技术转让。"③

2. 应对气候变化的减缓技术

可持续发展的本质要求促使国际环境法治理环境的同时,必须保证经济的持续增长。具体到应对气候变化领域,则要求在稳定大气温室气体含量的同时保持工业经济的增长。从技术角度将上述两个因素结合可以设计出一个新的指标——碳生产率,也就是"每单位 CO_2 当量排放的 GDP 产出水平"。为实现未来碳减排的目标,必然要提高碳

---

① 巴厘技术支持和能力建设战略计划[M/OL]. http://www.unep.org/GC/GC23/documents/GC23-6-add-1.doc,[2009-03-08].
② 潘家华等:"减缓气候变化的最新科学认知",载《气候变化进展研究》2007年第7期,第187页。
③ Innovation and Technology Transfer: Framework for a Global Climate Deal [M/OL]. E3G、Chatham House. http://www.e3g.org/images/uploads/E3G_Innovation_and_TechnologyExecutiveSummary.pdf,[2009-03-08].

生产率。美国普林斯顿大学的 Pacala et al 提出了"稳定楔"理论，指出可以利用 15 种气候变化减缓技术，把 50 年后的全球大气 CO_2 浓度稳定在 500ppm① 的水平上（即在未来 50 年内全球 CO_2 的排放量平均为 70 亿吨/年）。这 15 种技术的应用将像楔子一样，在稳定全球大气 CO_2 浓度中发挥重要作用。根据"稳定楔"模型的模拟，每种技术的利用可使 CO_2 排放量每年减少 1 亿吨，如果全球大气 CO_2 浓度在 2050 年前要稳定在 500ppm 的水平，则需要至少将其中任意 7 种技术综合应用以实现减排目标。②

按照《中国应对气候变化科技专项行动》，控制温室气体排放和减缓气候变化的技术开发包括但不限于：节能和提高能效技术；可再生能源和新能源技术；煤的清洁高效开发利用技术；油气资源和煤层气勘探和清洁高效开发利用技术；先进核能技术；二氧化碳捕集与封存技术；生物固碳技术和其他固碳工程技术；农业和土地利用方式控制温室气体排放技术等。③ 2007 年 5 月 18 日，全球能源技术战略计划（Global Energy Technology Strategy Program，GTSP）④ 发布了题为《全球能源技术战略：应对气候变化》（Global EnergyTechnology Strategy: Addressing Climate Change）的研究报告。认为技术是应对气候变化的长期战略中最重要的部分。发展与提高能源技术，每年可将应对全球

---

① ppm，指容量的百万分之几，是温室气体浓度度量单位。
② 王勤花、曲建升、张志强："气候变化减缓技术：国际现状与发展趋势"，载《气候变化研究进展》2007 年第 6 期，第 322 页。
③ 中国应对气候变化科技专项行动 [M/OL]. http://www.most.gov.cn/yw/200706/P020070716507454844827.pdf, [2009 - 01 - 08]．
④ 该计划是由美国马里兰大学的全球变化联合研究院（Joint GlobalChange Research Institute）发起的一项战略性计划，其目标是提高人类社会对能源技术在应对全球变暖问题上的作用的认识。该计划的发起宗旨就是通过评估技术对减缓全球气候变化的重要作用，分析技术对减缓气候变化的影响。

变暖的成本降低近万亿美元。① 拥有最先进科技水平的日本在经济产业省于 2008 年 3 月发布的《凉爽地球：能源创新技术计划》（Cool Earth: Innovative Energy Technology Program）中确定了有助于减少温室气体排放的重点技术：包括新原理应用、已知材料的应用等材料创新技术（如新结构和新材料太阳能电池、燃料电池中替代白金的催化剂等）；生产工艺的创新（例如以氢为还原剂的制铁工艺）；建立基于基础技术的示范体系（如 CO_2 捕获与封存）。以及根据能源的供需流程，考虑到能效提高和低碳化两个方面而确定的能够大幅降低 CO_2 的 21 项在世界上处于领先地位的技术。它们分别是：高效的天然气火力发电；高效的煤炭发电技术；CO_2 捕获与封存；新型太阳能发电；先进的原子能发电；超导高效输送电技术；先进的道路交通系统；燃料电池汽车；插电式混合动力电动汽车；生物质替代燃料制造；新型材料制造和加工技术；新型制铁工艺；节能住宅和高层建筑；新一代高效照明；固定式燃料电池；超高效热力泵；节能型信息设备和系统；家庭、楼房和一定地域范围中的能源管理系统；高性能的电力存储；电力电子技术；氢的生成、运输和存储。利用以上 21 项创新技术可以实现 CO_2 总量减半目标 60% 的减排量。能源创新计划认为国际合作是能源技术创新的重要环节，日本将与国际能源署（IEA）合作，共享日本以及各国和各地区的技术开发路线图，促进有关技术开发现状和进展的信息交流，构建稳步推动技术开发的合作框架。②

3. 低碳经济发展依托的科技创新

2008 年 4 月 30 日，前世界银行首席经济学家斯特恩领导的研究小组推出《气候变化全球协定的关键要素》，报告将低碳技术分为 3

---

① Global Energy Technology Strategy: addressing climate change [M/OL]. The GlobalEnergy TechnologyStrategy Program (GTSP). http://www.pnl.gov/gtsp, [2008-11-08].

② 陈春、曲建升："日本凉爽地球能源技术创新计划"，载《中国科学院国家科学图书馆科学研究动态监测快报气候变化科学专辑》2008 年第 18 期，第 12 - 13 页。

类以区别对待：扩展现有的低碳技术（包括能源效率标准和基于市场化的运作）、鼓励商业化应用技术的发展（例如通过商业化的政策杠杆发展 CCS、太阳能和第二代生物燃料技术）、创建突破性技术（例如建立全球碳市场的长期稳定运行体制，促进碳资金的发展，鼓励风险投资和私营部门的合作等）。① 国际能源署（IEA）在《2008 能源技术展望：至 2050 年的能源情景与战略》（2008 Energy Technology Perspectives: Scenario & Strategies to 2050）的报告中，强调科技是未来可持续的能源前景的关键因素。必须大力开发新兴技术，以减少因依赖于化石燃料对能源安全和环境所带来的负面效应。报告对现有的、先进的清洁能源技术的现状及前景进行了深度评估，并为这些技术组合所产生的不同结果提供了情景分析。未来能源的高效利用必然是世界能源经济变革的核心要求。科技必须在可再生能源、核能、CO_2 捕获与封存技术（CCS），以及无碳运输领域有所突破。② 在 IEA 的新技术发展情景中，到 2050 年，建筑业、工业和交通运输业能效要比正常情景下（BAU）的能效高 17%~33%。在 2050 年节能贡献中，来自技术的贡献将占 CO_2 总减排量的 45%~53%。③ WWF 的报告指出，能效问题需要优先考虑特别是在发展中国家。根据预测，2020—2025 年在初级能源生产净需求稳定的情况下，能源效率的提高就可以满足能源的增长需求，到 2050 年，可以达到每年减排 9.4 Gt CO_2（94 亿吨二氧化碳）。④

---

① Stern N. *Key Elements of a Global Deal on Climate Change*. The London School of Economics and Political Science（LSE），April 30，122（2008）.

② 2008 能源技术展望：至 2050 年的能源情景与战略［M/OL］. http://www.iea.org/Textbase/techno/etp/ETP_2008_Exec_Sum_Chinese.pdf，［2008-12-10］.

③ Energy Technology Perspectives: Scenarios&Strategies to 2050 ［M/OL］. http://www.iea.org/w/bookshop/add.aspx?id=255，［2008-12-10］.

④ Climate Solutions: the WWF vision for2050. Switzerland ［M/OL］. http://www.panda.org/，［2008-12-10］.

二氧化碳捕获与封存技术将可能是目前诸多解决办法中代价更低的方案。如何找到稳定、安全、低成本甚至还会有收益的大容量地质埋存技术手段，为科技创新提供了舞台。这项技术被认为具有减排温室气体和减缓气候变化的巨大潜力。研发和储备这项技术将能够使我国今后参与减缓气候变化的国际行动具有更多的战略性选择。IPCC第三工作组于2005年完成了《关于二氧化碳捕获和封存的特别报告》，围绕着二氧化碳的捕获和封存（CCS）技术，阐明了CO_2源、CO_2的捕获、运输和采用地质方式封存、海洋封存、矿石碳化或在工业生产过程中对CO_2加以利用的技术特点。[①] 2008年10月20日，国际能源署（IEA）也发布了《CO_2捕获与封存：一个关键的碳消除选择》（Carbon Dioxide Capture and Storage：A Key Carbon Abatement Option）。报告关注碳捕获与封存（CCS）的相关核心技术问题进行了分析。报告对《2008能源技术展望》（Energy Technology Perspectives）中制定的17种能源技术的路线图进行了更新，提出了更详细的里程碑事件。它还提出了金融、法律和国际合作发展方面的建议，以成功地扩大实施CCS技术。[②]

（三）科技生态化指引下的国际环境法理念创新

虽然《经合组织至2030年环境展望》的中文概要显示，"应对今天面临的主要环境挑战，既是技术上可及的，也是经济上可行的"。[③]但要引导科技创新在应对气候危机和持续发展经济两者间寻求均衡点，

[①] IPCC 特别报告：二氧化碳捕获和封存之技术摘要，http：//www. mnp. nl/ipcc/pages_ media/SRCCS - final/IPCC%20CN. pdf，[2008 -12 -10].

[②] Carbon Dioxide Capture and Storage：A Key Carbon Abatement Option [M/OL]. http：//lysander. sourceoecd. org/vl = 1962753/cl = 13/nw = 1/rpsv/cgi - bin/fulltextew. pl? prpsv = /ij/oecdthemes/99980053/v2008n1/s1/p1l. idx，[2008 -12 -31].

[③] 经合组织至2030年环境展望中文概要 [M/OL]. http：//www. oecd. org/dataoecd/30/17/40203197. pdf，[2008 -03 -12].

则需要为科技创新设置生态化的发展目标,同时考虑在国际环境法框架内改革体制和机制,以促进科技生态化实现。

1. 科技应对气候变化的不确定性

气候变化减缓技术在改善环境的同时也可能会给环境带来其他的影响。世界自然基金会（WWF）对25种可商业化的可持续能源或技术进行了分析和排序,将其分为三类:一类是各方面效益均显积极的技术,包括提高能源利用效率、停止破坏森林、加快低排放技术发展、开发可替代燃料、碳捕获和封存等；另一类则有一些负面影响但总体仍对环境起积极作用,包括CCS和太阳热能等；而负面影响明显大于正面影响的技术包括核能技术和不可持续性的生物质能等。① 因此,控制科技的不确定性,实现安全稳定地减缓气候变化非常重要。从具体技术的应用上来看,CO_2封存技术可能产生渗漏的潜在后果。CO_2释放事故可能会对人类生命和健康产生直接威胁。另外,还有其他的可能影响,如海洋封存导致海洋"死亡区"以及CO_2加注引发小地震等。② 各种技术在用于减缓气候变化的过程中,可能会对自然生态系统和人类社会带来安全隐患。因此,许多技术的应用类似核能的发展,面临安全问题、放射性废物的处理以及未能彻底解决的核武器问题等各种限制。应对气候变化的各种技术发展很可能面临同样的问题需要解决。

2. 市场体制下科技促进减排的局限性

由于科技促进经济发展的同时的确也造成了生态环境的破坏,因此科技曾被称为"双刃剑"。在市场体制下,以提高技术来减少污染

---

① Climate Solutions: the WWF vision for2050. Switzerland [M/OL]. http://www.panda.org/, [2009-02-02].

② IPCC. *IPCC Special Report on Carbon Dioxide Capture and Storage*. Cambridge, UK: Cambridge University Press, 2005.

的策略可能不能实质上解决问题,因为它只能达到一般的、局部的和有限的污染转移而已。① 例如《京都议定书》设置的联合履约机制和清洁发展机制,通过市场机制在发达国家间以及发达国家与发展中国家间建立碳排放权交易,期望通过资金和技术的转移促进排放的减缓。但是,实质上,这样市场化的安排,并没有实现真正意义上的全球减排,仅仅是将发达国家的任意排放改为付费的任意排放。同时,碳市场和碳信用的市场机制创生的碳投资和碳金融,也往往偏离了应对气候变化危机的目标,成为全球市场经济体制下,以投机为主的虚拟经济膨胀发展的体制。掌握清洁发展技术的发达国家为维护自己的国家竞争力,通过国际知识产权制度和市场化的国际环境法安排,控制科技在发展中国家应用的机会和能力,使得本可以有所作为的科技促进减排只能成为一种口号。另外,科技促进经济持续发展和环境治理实现均衡仍有许多不确定因素。英国著名的经济学家杰文斯在其专著《煤炭问题》中提出,蒸汽机的每一次成功改进都进一步加速了煤炭的消费。提高自然资源的利用效率,比如煤炭,只能增加而不是减少对这种资源的需求,这是因为效率的改进会导致生产规模的扩大。② 也就是说科技创新并没有遏制环境危机,科技提高效率的同时带来的可能只是经济的持续增长,环境问题根本没有改变。从《框架公约》和《京都议定书》将减排标准设置在 1990 年的基准上,可以看出,科技提高效率改变的只是气候危机的发展速度。现有国际环境法提出的"减缓"和"适应"制度,恰恰说明了以发达市场经济国家为主体的国际制度建构者,并不愿彻底解决气候危机。但是这一推论又不能说明欧盟全力推进应对气候变化危机的内国法和国际法的事实。那么,

---

① [印]萨拉.萨卡:《生态社会主义还是生态资本主义》,张淑兰译,山东大学出版社 2008 年版,第 143 页。
② [美]约翰.贝拉米.福斯特:《生态危机与资本主义》,耿建新译,上海译文出版社 2006 年版,第 87 页。

是否需要重新审视制度设计本身的根源性问题呢？福斯特发出疑问：
"资本主义的环境危机——技术能解决问题么？"①在此，我们无意讨论社会制度的优劣问题，但为了真正实现全球环境权益，落实生态中心主义的价值观，公平保护发达国家和发展中国家的利益，促进国际环境法为上述目标而完善发展，是时候研究科学的体制和制度建设了。按照制度经济学的观点，影响发展的最关键因素包括制度和技术，而这两者相比较，科学的制度建设才是最关键的因素。摆脱局限于市场机制下的真正生态化的制度设计，将为科技提供施展的舞台，真正促进经济持续发展和环境治理的均衡实现。

技术扩散、低碳经济成长与中国可持续发展

■ 汤伟

人类很早就对愈益严重的生态环境问题表达了关注，从《增长的极限》到 B 方案，从全球环境治理到绿色 GDP 都说明人类试图在持续不断的经济增长和环境保护之间做出协同，可持续发展遂成为潮流。然而对环境问题的重视并不代表环境已成为社会科学理论核心，经济学主流范畴中资本、增长、劳动仍是问题分析的普遍范式，环境不过是被看成诸多外部性的一种。气候变化彻底颠覆上述局面，温室气体的"总量效应"、"地域差异性""时间无差异"和"生产生活的息息相关"说明碳排放既具有资源属性又具有基本生存属性，因而是人文发展水平的重要指标②。联合国政府间专家委员会认为气候变化要不

---

① ［美］约翰．贝拉米．福斯特：《生态危机与资本主义》，耿建新译，上海译文出版社 2006 年版，第 86 页。
② 潘家华、朱仙丽："人文发展的基本需要分析及其在国际气候制度设计中的应用——以中国能源与碳排放需要为例"，载《中国人口、资源与环境》2006 年第 16 期，第 23 - 29 页。

致产生不可逆转的危害就必须把温室升高控制在2℃,这一刚性指标向人类提出了低碳发展要求。低碳发展诸多驱动因子中技术最重要,其对人口、经济结构和能源的强大渗透力决定了其在应对气候变化中的关键性。然而现实却与理论相反,去年爆发的全球新能源产业过剩说明低碳经济过程中资源配置效率不当会不利于可持续发展。如何破解理论和现实的反差,如何分析和理解技术进步和低碳经济、低碳经济和可持续发展关系成为我国改善气候政策形成机制、制定更加合理的气候公共政策的关键。本文的贡献在于建立技术变迁—低碳经济—可持续发展的框架,尝试性总结低碳经济"潮涌"现象和低碳技术进步动力机制,并提出低碳经济发展关键在于技术和市场需求的有机结合。本文还认为低碳经济虽与可持续发展存在协同重叠效应,但这种协同和融合并不是天然的,其发展也需要平衡,一旦超越相关界限便会损害可持续发展。

一、应对气候变化关键在于低碳技术

应对气候变化成功关键在于物理上的温室气体减排,而物理上减排关键在于技术,因此气候减缓成本和效果就取决于技术应用成本、性能和可获得性。尼古拉斯·斯特恩爵士指出技术不仅扩大了温室气体减排选择范围,而且是温室气体排放限量—排放交易的最主要物质动因。一般而言技术减排能力越强,其减缓作用就关键。日本学者Kaya Yoyichi提出计算碳排放的kaya公式 碳排放 = 人口 $\times \dfrac{\text{GDP}}{\text{人口}} \times \dfrac{\text{能源消耗量}}{\text{GDP}} \times \dfrac{\text{碳排放量}}{\text{能源消耗量}}$,第一项人口、第二项人均GDP、第三项是单位 GDP 能耗即能源强度、第四项是不同能源类型的碳排放系数①，可以看出可预期将来人口和经济将持续增长，而大幅降低二氧化碳排放就必须降低单位 GDP 衡量的能源强度、优化能源结构，而无论降低能源强度还是优化能源结构都必须充分应用以能效技术和可再生能源技术为核心的低碳技术。技术作用就在于改变不同生产要素产出效率和他们之间的替代弹性，减少自然资源和环境需求同时增加产出，降低了能源强度，并且通过以自然资源要素要求和服务要求较低的技术取代要求较高技术使经济能源结构转型成为可能。通过改变能源、产出和温室排放之间的比率，经济增长和碳排放沿着脱钩方向演进。低碳技术的重要作用不仅表现在宏观层面，微观层面也大量存在破除基础设施的"锁定效应"、比如低碳社会、低碳生活的广泛应用等等。

既然能效技术和可再生能源技术为核心的低碳技术在气候减缓中异常关键，那气候减缓过程是否就是低碳经济成长过程呢？或者说低碳技术变迁是否就意味着低碳经济成长？索罗模型认为技术是经济增长外生因素，经济增长本身虽并不自动产生技术变迁需求但应用先进技术确实有助于经济增长。内生增长模型认为技术变迁内生于经济增长过程，完全竞争市场条件下各种要素资源按照供求自由定价，技术创新主体根据市场价格信号做出灵敏反应，经济刺激下创造出诱致性、原发性技术变迁②，技术变迁过程必然也就是经济增长的过程③。然而内生增长模型一般基于先进国家经验并不代表后发国家经验，后发国家一般不具备先进国家所具备的技术变迁基础设施和资本这一前提条

---

① 张坤民："低碳世界中的中国：地位、挑战与战略"，载《中国人口、资源和环境》2008 年第 3 期，第 1—6 页。

② Aghion, Philippe and Peter Howitt, 1998, Endogenous Growth Theory, Cambridge, Mass.: MIT Press.

③ Solow Robert, 1956, "a contribution to the theory of economic growth" Quarterly Journal of Economics, 70

件，更缺乏市场充分理性的制度条件，因此技术往往并非内生而是外生。技术引进成本相对低廉和成本收益的相对明确使后发国家先后走上模仿、创新路径，购买技术专利、核心零部件以及引进技术拥有者的生产投资往往是主要表现形式①。低碳技术变迁符合技术变迁的一般规律，技术变迁过程必然也就是经济增长过程，然而与其他技术不同的是低碳技术应用扩散可能更为重要。根据气候组织发布的《以技术构建低碳未来》报告低碳技术目前大多已经存在，如果世界各国能够关注于某些特定的低碳技术解决方案，那么2020年前将显著地减少温室气体排放②。可见对于大多数国家尤其是研发能力极其薄弱的发展中国家来说低碳经济发展的关键并不在于低碳技术的创新而在于有效的使用。

二、低碳技术变迁最重要的是政府政策

应对气候变化的关键是低碳技术应用，宏观上便表现为技术扩散。传统技术变迁文献认为技术或者新产品一旦被创造那么市场本身基于未来成本—收益预期将保证他们在现实中得到扩散，然而现实往往更为复杂。技术扩散就任何产品扩散一样都是两个过程的结合：一个是技术供给，另外一个是技术需求。技术供给即技术创造，或者技术的学习过程，具体表现"干中学"和成本收益不确定性的降低，消除技术扩散过程中的正外部性使得私人收益和社会收益一致往往成为技术供给者考虑的焦点；而技术需求即为社会对该技术的需求，而社会对该技术的需求又具体表现在需求者的数量、需求者成本承受力以及需求者对技术信息获取的数量和质量。如果存在技术供给或者说通过自

---

① 袁江："强制性技术变迁、二元分化与中国通货膨胀模型"，载《管理世界》2009年第3期，第9-20页。

② 气候组织："破解全球气候僵局—以低碳技术的开发应用构建低碳未来"，载《气候变化展望》2009年第2期，第3页。

身的"干中学"被成功创造而技术真正实际需求者又有渠道获取技术时技术转让就发生了,当这种现象大量存在时宏观上便表现出了显著的技术扩散。

无论基于自主创新内部扩散还是基于发达国家—发展中国家的技术转让都是成本—收益的经济理性以市场需要为前提,然而低碳技术却与其他技术有着重大区别。引致气候变化温室气体排放的物理属性并非是生产过程的一部分,经济属性上更不是生产成本的一部分,因此低碳技术应用引致的排放减少并不能直接在市场经济系统有所体现,市场本身并不能创造低碳技术需要。虽然有人指出低碳技术很大一部分是可再生能源和能效技术,随着化石燃料枯竭人类对能效和可再生能源需求将自然被创造,这种激励之下可再生能源和能效需求技术将会被激励。但问题的关键是可再生能源需求到技术创造的传导机制或缺,可再生能源生产—储存—输送并未构成一个完整的链条,基础设施更是缺乏,这导致的结果便是传统边际定价并不准确反应其内在的成本和收益,与传统化石燃料相比没有价格上的竞争力,而能效技术根本上又是一种服务,自然需求并未在市场价格体系得到合理反应。低碳技术变迁市场动力失败深刻说明气候变化实质是由全球性市场失灵造成的外部性问题,需要政府强制介入,如何介入便成为需要思考的问题。

政府对低碳技术投入最简单的是技术投资,Grubler 指出温室气体减排作为特殊的公共物品需要大规模前期投资,例如清洁基础设施、城市交通规划和 IGCC、CCS 等重点技术的研发等等。投资是经济增长的重要内容同时也是市场创造的重要方面,技术投资也会产生类似作用,刺激经济增长、创造相关技术市场需求,例如太阳光伏技术研发对多晶硅等原材料需求的拉动。然而"资金投入—技术产出"黑箱并不是想象那么简单,资金技术之间并不是简单的线性替代性关系。技术投资与其他物质投资最大不同在于外部性,具有明显的集群衍生挤出（crowding out）效应，政府对技术投资1元，私人企业就可以对清洁能源和其他能效技术节能4元[①]并在近邻技术之间制造出竞争替代效应。应对气候变化关键在于低碳技术的扩散，如果政府技术投资显然有助于企业的技术应用。一方面技术扩散需要商业化和市场化，另一方面是政府强制介入，路径就逐渐演变为政府如何利用市场给企业以经济激励，其中关键便是使企业承担二氧化碳排放带来的社会成本。根据环境经济学外部性内部化原理，企业要最终承担额外成本需要国家强制力，利用市场的国家强制力一般需要两种：环境税费和产权交易，具体到二氧化碳问题上便是碳税和限量交易，而碳税或者限量交易量的多少又直接取决于温室气体减排量。既然国家强制力最终决定着对市场利用程度和低碳经济实现程度，那么最后落脚点便成为国家使用自身强制力的政治意愿，而政治意愿又往往决定于减排分配额度，而减排的分配额度又和全球气候减排政策框架和国际合作相关。Sprinz and Weib 指出"减缓成本"（abatement cost）和"生态脆弱性"（ecological vulnerability）[②] 是气候政策立场关键，如果一国减排成本低下同时又具有较高的生态脆弱性那么减排往往比较积极，这种积极立场经过政策传导便可以转化为企业的技术投资激励。

国家积极投资技术同时又利用自身强制力创造企业技术投资激励说明全球气候框架对各国低碳经济成长的重要性，印证了"自上而下的路径"（top—bottom approach）是人类应对气候变化的关键途径之一。然而自上而下路径仍然存在一个至关紧要的问题即积极立场并不一定带来刚性政策变革，比如发展中国家减排成本很低、生态脆弱性

[①] David Popp, "Comparison of Climate Policies in the ENTICE – BR Model", the energy journal, special issue, p. 11 – 22

[②] Detlef F. Sprinz and Martion Weib, "Domestic politics and global climate policy" in Urs Luterbacher and Detlef F. Sprinz "International relation and Global climate change" the MIT Press London, 2001, p. 67

很强、减排立场亦很积极,但其气候政策转变并不是针对自身而是欧美等发达国家彰显了自上而下路径的国际困境。不仅如此,Grubb通过欧盟案例研究也揭示自上而下温室气体减排分配制度导入市场过程中仍存在竞争效率匮乏问题,而竞争效率一旦匮乏便会导致碳价格急剧下降使企业技术投资应用激励就化为无形①。自上而下路径的缺陷逻辑自然提出自下而上的政策问题,那么自下而上的企业技术投资激励动力机制又是怎么样的呢?这就需要把微观主体—消费者纳入到分析视野,探讨人类行为变化对低碳技术变迁的影响。我们假设所有微观主体消费倾向和行为已经低碳化,主要消费对象均为低碳产品,市场体系中低碳需求急剧扩大、盈利水平急剧上升,终端消费行为经过价格信号向上一个消费/生产阶段递进最终刺激企业扩张低碳产品生产并加大该产品生产的技术努力。然而碳排放总量和福利生活水平的正相关关系说明减排将遭致福利损失引起人们反对,而自下而上的路径的关键便是使微观主体行为和消费倾向低碳化。要改变消费行为和倾向只有两种选择:(1)微观主体低碳理念深入人心、气候危机预防文化浓厚(如欧盟),人们愿意接受低碳产品的高价格;(2)低碳产品与传统产品相比具有价格上的竞争力。市场理性存在决定了低碳理念如果没有价格的支撑很难大规模普及进而构成规模效应,而价格支撑或者价格竞争力要发挥作用存在两种可能性:一是低碳技术成熟,低碳产品自身对传统产品形成经济合理性,而这种情况对寻求低碳技术投资和低碳经济成长的当前来说并不合适,二是政府通过碳税等政策工具提升传统产品价格或者通过补贴等财政措施降低了低碳产品价格,这就是说即使自下而上的路径能够实现企业低碳技术创新激励,市场本身价格信号仍然需要政府政策工具引导。以上充分说明无论自上而

---

① Grubb, M, "special supplement on defining and trading emission targets", climate policy, 3s2: s1 – s2

下的政府管制还是自下而上的市场动力都需要依靠国家强制力,即使政府投资实现低碳技术变迁,其大规模的市场化利用和商业化仍然需要市场的牵引,而低碳市场的创造仍然离不开政府政策。

三、政府政策与可持续发展

政府投资从技术供给方面推动技术变迁,而政府作为应对气候变化的政策刚性努力又创造了低碳技术需求,这都说明了政府在低碳经济中的关键作用,也说明低碳技术和低碳经济的动力机制关键在于国家。然而公共选择理论说明政府也存在失灵,政府失灵不但造成效率损失而且还会造成资源配置错位、缺位和失位,使任何人都无法保证低碳经济成本会小于带来的收益。一些人指出国家不应引入一些法律以补贴或管制来随意支持某种技术(如可再生能源技术),也不应引入法律通过税收或管制来限定某种技术(如化石燃料),而应该让每一种技术在不存在管制、税收和补贴额情况下和其他技术展开充分竞争,只有这样才能迅速找到应对气候变化和环境问题的最低成本解决方案,这就是一种自然主义的演变路径。诺贝尔经济学奖得主加里·贝克尔也指出全球变暖引致损失贴现率过高的话通过发展低碳产业、低碳技术会使得成本将远远大于收益,不符合经济活动的逻辑,因此把资本用于回报率较高的地方而非气候治理可能对后代有更多的福利改进[1]。这些疑问内在提出一个问题,即低碳经济成长过程中符合不符合经济活动的逻辑,其成长路径会不会对可持续发展不利或者说低碳经济与可持续发展有没有存在矛盾的可能?

要完整理解低碳经济和可持续发展之间的关系就得首先厘清低碳经济和可持续发展定义,低碳经济直接触发点是气候变化,其本身指向是碳排放减少,与可持续发展的目的一致。经济学家们认为只要后

---

[1] 王军:"全球气候变化与中国的应对",载《学术月刊》2008年12期,第5-13页。

代人所能使用资本总量不少于当代人就是可持续（弱的意义上），而生态学家认为可持续发展要求自然资源存量必须维持在一定水平上，这就是说除了保持资本总量代际间的自然资本存量也有一个硬性要求（强的意义上）[①]，无论经济学家还是生态学家都同意资本如果没有合理配置或者自然资源向其他形式资本转换没有顺利实现，那么无论资本总量还是自然资本都可能趋于减少使得可持续发展受损。那么低碳经济成长过程中有没有可能出现影响资本存量配置不合理或者自然资源向其他形式资本转换不顺利情况呢？自然资源转换最重要的是技术，然而低碳技术本身作为众多细分技术的合集又包括可再生能源生产、存储、输送以及能效和末端治理等诸多方面，而这些方面相互影响相互制约。比如存储—输送技术对可再生能源市场扩展极为关键，如果没有智能电网，那么风能、太阳能等可再生能源的市场容量始终有限，如果没有有效的充电基础设施，电动车市场推广将会遭遇极大困难，如果没有大型工厂示范应用能效、IGCC、CSS 等应用范围也将极其有限。资本存量合理配置最重要的是政府政策，低碳经济既已成为国家核心竞争力的一部分，未来大国要取得国际体系优势就必须具有低碳创新优势，而发达国家诸多投入既为发展中国家指明了技术进步方向也为诸多经济行为体提供明确的成本收益。在新经济增长点、核心竞争力变迁动力导向下诸国普遍实行大规模支持政策[②]，即通过国家强有力的控制力，以优惠信贷、补贴、土地、劳动力等政策支持低碳产业发展，而企业在政策激励下成本收益最大化加大对该产业大规模投资，短期内宏观调控与微观逐利行为相结合便使得"资本、劳动力、土地以及自然资源"等要素单向集聚，形成林毅夫所谓的"潮涌"现象。低碳经济"潮涌"，产能必定在相关部门集聚规模效应显现，产

---

① 李志青："可持续发展的'强'与'弱'——从自然资源消耗的生态极限说起"，载《中国人口、资源与环境》2003 年第 5 期，第 1－4 页。
② 林毅夫："潮涌现象与发展中国家宏观经济理论的重建"，载《经济研究》第 1 期。

品价格开始回落。不容回避的是这些部门强势增长的同时可能掩盖了另外一些部门可能相对弱势。由于缺乏政策支持或者技术进展,有限生产增长缓慢,开始虽还能提供低碳发展必需品和一些中间产品(如太阳光伏发电多晶硅等等),但随着强势部门"潮涌"加剧,资本、土地、劳动力等诸多要素并未进一步供给,这些部门未获与强势部门同等发展,对强势部门"瓶颈效应"显现,强势部门的产能过剩只好依赖出口(太阳能光伏的大量出口)。如果此时政府政策仍然没有予以关注,非平衡部门弱势增长没有得到及时有效矫正,低碳部门仍然"潮涌"般发展,那么非平衡部门的"瓶颈效应"越来越显著,宏观经济上某些部门某些产品产能严重过剩。相当一部分低碳技术或者低碳产品没有发挥出气候减缓的目的,资本配置出现不合理,资本总量遭受削弱,制造低碳经济的自然资本(如稀有金属)遭受无谓损失从而不利于可持续发展。以上说明像其他技术一样,低碳技术产品生产会受到某一方面、某一环节会受到其他技术、其他部门以及其他经济社会制度的影响,反过来其他技术、其他方面进展又从物理上规定了这一方面技术应用扩散的物理容量,那么又是什么导致某一项低碳技术、某一环节出现突破扩散而其他方面并未获得充分发展呢?其中除了经济社会发展固有不平衡规律外最重要的莫过于政府政策。一般说来政府是资本配置、政策制定以及规范倡导的主导力量,而政府又存在着政府失灵的可能,使得政策在资源配置过程中出现诸多反常现象,这也从根本上说明政府可以创造低碳发展的动力机制,同时在创造动力机制过程中政府失灵又可能引致平衡机制失效从而使某些方面"潮涌"而另外一些方面又出现"严重不足",最终对资本总量和自然资本存量构成某种不利影响,影响可持续发展。

四、基本结论和主要政策建议

在得出基本结论之前,需要指出本文低碳经济概念并不是广义上的科学发展概念，也不具备制度含义，而只是一个以碳为标准的包括新能源、节能减排技术在内的新生产业等等，因此它符合产业经济规律，然而与其他产业不同的是它依靠市场本身无法实现其价值。作为气候减缓实现方式，低碳经济关键在于低碳技术，而低碳技术变迁的动力机制需要政府政策刚性压力去创造，而政府政策刚性压力又和气候变化的全球性框架有关。只有全球性框架下的主权国家的法律性承诺才会转化为国内真正的政策刚性压力。然而正像公共选择理论阐释的，政府也存在失灵，正是在全球性气候框架转化为低碳技术激励过程中的政府失灵造成了低碳经济出现不符合实际需求和实际消化吸收能力的"潮涌"和过剩。因此低碳经济虽有助于可持续发展但并不是无条件的，它要做到真正成功必须做到两点：（1）低碳产业经济上的合理性，即投入—产出技术效率最大化同时能够实现市场价值；（2）低碳技术内部、低碳技术内外取得平衡，避免低碳部门内部受到充分发展而另外一些部分未获充分发展的情况。从技术变迁到低碳经济成长再到可持续发展说明碳已经成为联系世界技术变迁和经济增长最核心的范畴，碳定价由此重新定义人们生产生活方式的关键，低碳技术开始代替劳动和自然要素成为新的制造和贸易标准，经济本身将最终出现新的形态——碳经济。

目前我国正处于全面建设小康社会阶段，致力于改善和提高13亿人民生活水平，工业化、城市化、现代化急剧推进，能源消费迅速增长、温室气体排放总量迅速攀升从而凸显低碳发展必要性，与此同时全球化继续推进低碳技术获取可能性急剧提升了低碳发展可行性。双重因素推动之下中国以新能源为核心的低碳经济突飞猛进，太阳能、风能等规划产能、实际产能取得突破性进展，甚至大量新能源设备还出口欧美等国家。一方面是迫切的甚至潜力无穷的低碳发展需求，另一方面是过剩的新能源产业，这说明中国低碳经济的平衡机制出现某些问题。平衡机制失效一般在于技术瓶颈效应和政府政策失灵，就技术瓶颈效应来说我国在能源储存、输送技术和基础设施方面确实严重不足，为此政府应加大技术投入或者引进相关技术争取在国际气候谈判下构建更为强劲的低碳技术扩散机制。中国的政府政策失灵主要表现在地方政府在既有制度激励下追求低碳治理和经济增长的双重绩效，在支出法的GDP核算原则推动下充满着类似其他产业的供给冲动，大型风场、太阳能光伏在全国诸多省市推广说明中国低碳经济正在重蹈其他产业的覆辙，因此政府必须采取制度创新使得那些已经成熟的低碳产品既服从市场需求同时又满足气候减缓的目的。那么这种制度创新又如何做起呢，这又是一个中央地方关系、各部门协调等更为广阔的研究课题。